TABLE DES

REMERCIEMENTS

Maurice Jacob nous a fait le grand plaisir d'écrire la préface de ce livre.

Jacques Friedel, Carl Gaarde, Hélène Langevin, Ming Wong et Evry Schatzman ont bien voulu relire, à la veillée, quelques-unes des histoires racontées ici et nous faire part de leurs remarques. Gunnar Tibell nous a accompagnés sur les pistes d'Ustebu.

Marietta Kurz nous a rapporté ses souvenirs sur le laboratoire de Powell, à Bristol, en 1947.

Nous remercions aussi les astrophysiciens qui ont répondu à nos questions sur les supernovae.
Nous sommes très reconnaissants à Dietrich Hahn, Jean Gagnerault, Rudolph Vápenik, Ursula Amann, Takeo Hasegawa, Sumi Yukawa, Spencer Weart et à la Bibliothèque Niels Bohr de l'American Institute of Physics, Erik Rüdinger et aux Archives Niels Bohr de Copenhague, Emile Heintz du bureau du C.N.R.S. à Bonn et aux Archives de la Société Max Planck, à l'Institut Carnegie de Washington, au Brookhaven National Laboratory, à l'European Southern Observatory ainsi qu'à l'Association Frédéric et Irène Joliot-Curie d'avoir mis à notre disposition un certain nombre de photographies et de documents.

Enfin, nos familles ont eu la gentillesse et la patience de commenter ces pages.

P.R. M.B.

PRÉFACE

Je ne connais pas le petit village d'Ustebu, mais je connais bien Spåtind, perdu comme lui dans les montagnes de Norvège et où, tous les deux ans, une centaine de physiciens de mon domaine de recherche, la physique des particules, se réunissent pour une semaine. Je peux témoigner de la stimulation bénéfique qu'apportent ces rencontres, où l'effort accompli à ski de fond durant les quelques heures de jour en janvier enrichit les discussions qui accompagnent les séminaires et stimule les idées de recherche que l'on y confronte.

C'est une telle rencontre de physiciens, dans le cadre hivernal des montagnes norvégiennes, qui sert de décor aux sept récits que rassemble ce livre. On est tenté de dire les sept contes d'Ustebu dans la mesure où chaque chapitre est une histoire particulière qui peut être lue séparément. Elles nous transportent dans l'espace et le temps en nous racontant beaucoup de faits intéressants sur la science, sur les gens qui la font progresser, sur le monde autour d'eux, un monde et des gens qui changent au gré de l'Histoire, mais un esprit et une volonté qui restent.

Ces sept récits sont présentés comme étant chacun un exposé d'un soir, pour parler de physique à un groupe de skieurs en cours d'entraînement, intrigués par ces physiciens qui partagent avec eux pendant une semaine ce rude et magnifique décor de montagnes et de neige. Les références au ski nordique s'arrêtent cependant là et, au gré de chaque récit, apparaissent bien vite de multiples faits, citations et commentaires qui nourrissent pleinement une réflexion sur la nature de la recherche en physique, ce qui la motive, ce qui la fait vivre, ce qui lui permet de s'épanouir. Les références françaises déferlent parfois sur la neige de Norvège, et la lecture de ces récits doit être très enrichissante pour quiconque s'intéresse à la physique, mais aussi à tous les problèmes humains et financiers de la recherche, et ceci bien au-delà de la physique.

La recherche coûte cher. La recherche est devenue un métier aussi bien qu'une vocation. Le public, dont la générosité, certes parfois intéressée, est lourdement sollicitée, désire en savoir plus sur ce qui se cache derrière ce qu'on appelle recherche. En fait, rien ne se cache. Tout est là pour être librement visible et partagé mais la science reste hélas un livre fermé pour beaucoup. Son langage est souvent hérissé de concepts et d'équations que seuls ceux qui sont passés par un gros effort d'apprentissage peuvent pleinement apprécier. Ceci est magnifiquement traduit par la remarque de Niels Bohr citée au cours d'une des histoires : « Vérité et clarté sont deux concepts complémentaires ». Désirant mieux cerner la vérité que la nature recèle, une vérité qui paraît un devenir, asymptotique pour notre compréhension humaine, les physiciens peuvent parfois sembler manquer de clarté lorsqu'ils essayent d'expliquer ce qu'ils ont appris dans le langage habituel fondé sur les concepts qui sont familiers à tous. Ils souhaitent être clairs pour tous, mais ils ont le sentiment fort désagréable de ne donner qu'une version trop simplifiée des choses, et leur profond désir de dire ce qu'ils savent avec toute la précision qu'ils ont, s'insurge parfois contre cette simplification abusive. Niels Bohr n'a-t-il pas dit : « Une vérité simple est quelque chose dont le contraire est faux, mais une vérité profonde est quelque chose dont le contraire est aussi une vérité profonde » ? Partager avec le grand public les résultats qu'apporte la recherche fondamentale est toujours bien difficile !

Le lecteur non physicien ne peut cependant ici résister au charme du style et à l'épopée du récit en apprenant en même temps beaucoup de physique au fil d'histoires captivantes. C'est la structure de la matière, de la philosophie grecque aux alchimistes du Moyen Age, de la structure atomique à la structure en quarks du proton, qui se trouve dévoilée par son Histoire au gré de sept histoires. C'est la grande unité de la physique qui fait que la clef du début et de l'évolution de notre Univers se trouve sans doute au plus profond de la matière, juste devant nous, qui est magnifiquement illustrée. Les lecteurs physiciens et, en particulier, tous ceux qui en grand nombre se sont lancés professionnellement dans la recherche en physique pendant ou depuis la grande expansion qu'elle a connue au cours des années soixante peuvent beaucoup apprendre de ce qu'a été leur discipline dans les quelques décennies qui ont précédé cette phase d'expansion.

Comme l'a dit Richard Feynman, enseigner la physique c'est parler des merveilles du monde mais c'est aussi donner les outils qui permettent d'apprécier ces merveilles. Ces récits nous dévoilent beaucoup de merveilles. S'ils ne peuvent donner tous les éléments qui permettent de les apprécier pleinement, ils peuvent inciter ceux qui ne les ont pas encore à en savoir plus, à apprendre pour mieux apprécier.

Ces « Histoires d'Atomes » ont un charme original. Au-delà des faits scientifiques et des connaissances nouvelles qu'apporte la recherche, elles mettent l'accent sur le caractère profondément humaniste de la recherche scientifique et sur le rôle très important qu'elle joue dans la culture humaine.

On peut mentionner à ce sujet trois thèmes principaux : la recherche du savoir, le partage du savoir et la responsabilité du savoir. On les retrouve bien souvent dans chaque récit avec des cadres ou des éclairages différents mais toujours avec l'importance qui leur est due. C'est la composante culturelle de la recherche, oh combien importante, qui est omniprésente. Chacun peut et devrait la partager, même sans connaître le langage précis mais souvent jugé rédhibitoire de la physique, ses concepts et les équations qui les mettent en œuvre.

A l'origine de toute recherche, il y a un profond désir de savoir mais aussi de partager. Il s'agit d'apprendre mais aussi de convaincre. Le physicien est face aux mystères de la nature, mais aussi face aux autres hommes et en premier lieu face à ses collègues. Tout résultat doit être obtenu mais aussi accepté comme vérité scientifique par les autres, dont les vues du monde peuvent se trouver ainsi modifiées et parfois transformées. Ceci peut demander de nombreuses vérifications et un long effort de persuasion !

Ce contact fondamental avec les autres transcende bien sûr frontières et cultures traditionnelles. C'est aussi un des aspects passionnants de la recherche. Par l'intermédiaire d'une passion et d'une façon de voir et d'analyser les choses partagées avec de très nombreux chercheurs d'autres régions du monde, on se trouve sans cesse en contact, et dans une certaine harmonie, avec cette pluralité de cultures qui est un des charmes de l'aventure humaine.

Si la curiosité scientifique profondément associée à la nature humaine est le moteur de la recherche, le contrôle que l'on peut ainsi obtenir sur certains phénomènes naturels modifiera tôt ou tard notre façon de vivre. Notre monde est hélas plein de misères et d'injustices criantes, et le rôle bénéfique qu'a toute connaissance scientifique nouvelle est aussi une raison importante de progresser. Les applications maléfiques passées ou potentielles sont cependant trop connues. Où s'arrête la responsabilité particulière du scientifique ? Il est impossible de le dire, mais il semble exister une responsabilité claire et nette, c'est celle de faire savoir ce que l'on sait. Ces « Histoires d'Atomes » touchent bien souvent à ce problème. Si elles ont la sagesse de ne pas proposer de solution, elles réussissent magnifiquement à sensibiliser le lecteur.

MAURICE JACOB
Chef de la division des études
théoriques du CERN, Genève

USTEBU

Nous étions partis une semaine, au mois de janvier, pour la Norvège. Nous allions assister à des « journées d'études » de physique nucléaire, dans le petit village d'Ustebu, en pleine montagne, à quatre heures de route au Nord-Ouest d'Oslo.

Notre auberge était à l'écart du village. En cette période de l'année, la neige est épaisse et les journées sont courtes : le soleil n'apparaît que vers dix heures et il disparaît dès quinze heures. Les touristes sont rares.

Nos journées se déroulaient toutes de la même façon : à sept heures et demie, dans la nuit noire, nous sortions de nos chalets, nous écartant parfois du chemin pour éviter les chasse-neige, déjà à l'oeuvre, tous phares allumés ; nous nous rendions au bâtiment principal pour y prendre un copieux petit déjeuner : du pain ou du knäckebroëd, des oeufs, des poissons de toutes les saveurs, des fromages en fines lamelles, du beurre et des confitures faites avec toutes sortes de baies. Nous gagnions ensuite la salle de réunion très proche. Nous étions au travail depuis un certain temps quand, à travers les fenêtres, nous apercevions les premières lueurs de l'aube puis les premiers rayons du soleil sur la montagne. La séance du matin s'achevait avant midi, et nous profitions, après un rapide déjeuner, de quelques heures de plein air, sur les pentes ou le long des pistes de ski de fond tracées autour des lacs. C'est, dit-on, un peu plus au Sud, dans l'une de ces vallées isolées où les paysans étaient bloqués pendant tout l'hiver dans leurs fermes, que fut inventé le ski. Nous nous retrouvions tous après un thé bien chaud, dans la salle de travail, pour entendre les différents exposés jusqu'au dîner. Après le repas, nous rejoignions la grande salle commune.

Nous étions une bonne trentaine de physiciens, venus de tous les coins du monde. Dans le domaine qui était le nôtre, nous exposions les derniers résultats auxquels nous étions parvenus et nous les soumettions à la critique commune. C'était, pour nous, en somme, à la fois un bilan de travail et un recyclage.

Nous n'étions cependant pas les seuls pensionnaires de cette grande auberge... Une équipe d'une trentaine de jeunes sportifs était venue avec ses moniteurs, pour un stage de ski de fond. Les jeunes gens contribuaient à créer dans notre hôtel une ambiance colorée et animée.

Dès notre premier repas, le samedi soir de notre arrivée, nous les avions intrigués ! Nos conversations, où des mots techniques revenaient fréquemment, notre manière de faire des petits dessins ou d'écrire des équations sur nos serviettes en papier, avaient tout de suite attiré leur attention. Aussi, dès le lendemain matin, une jeune fille s'approcha de l'une de nos tables pour nous demander ce que nous faisions à Ustebu. Il y avait sûrement pour les sportifs, un moyen d'en savoir plus !

C'est ainsi que nous avions accepté de satisfaire leur curiosité : chaque soir, l'un de nous raconterait...

En partant des grands épisodes de l'histoire ancienne, nous allions faire revivre quelques aventures de notre histoire à nous.

I

DIMANCHE

LA MAGIE DES NOMBRES

4	9	2
3	5	7
8	1	6

Il avait fait très froid, mais les jeunes sportifs comme les physiciens avaient tenu à chausser leurs skis. Nous-mêmes, nous nous étions ensuite retrouvés en séance de travail, devant le tableau noir. Au dîner, tout le monde était fatigué. Après le repas, nous avons continué la soirée dans le salon. L'un des physiciens se leva pour expliquer :
« Sept d'entre nous, venus de pays différents, vont, à tour de rôle, vous raconter sept aventures, allant de la découverte des particules les plus petites jusqu'à l'étude des étoiles qui peuplent notre univers. Nos connaissances ont prodigieusement progressé au cours des siècles. Nous souhaitons, chaque fois, situer les observations et les efforts successifs dans leur lieu et dans leur époque respectifs. Nous parcourerons ainsi ensemble le monde — de l'Angleterre jusqu'au Japon — et le temps — depuis la lointaine antiquité chinoise ou grecque jusqu'au vingtième siècle. Vos questions seront les bienvenues ; vous pourrez intervenir à tout moment, si vous le souhaitez. Voici Sven notre premier narrateur. »

Je m'appelle Sven Gustafsson et je travaille à l'Université d'Uppsala, en Suède, fondée il y a plus de cinq siècles.

Depuis la plus haute Antiquité, l'homme a trouvé nécessaire de mesurer les grandeurs du monde physique à l'aide de nombres. Au cours de ces observations, des relations parfois surprenantes ont été mises en évidence. Des années, voire des décennies, s'écoulèrent sans que nous n'en comprenions la raison profonde.

Notre ambition de scientifiques est de découvrir des relations simples derrière des faits complexes. De temps à autre, y compris dans les recherches les plus récentes, nous voyons apparaître des régularités, des symétries, qui sont pour nous le signe de propriétés plus fondamentales, encore inconnues. Ce sont ces régularités, ces éventuelles périodicités, parfois très apparentes, parfois plus subtiles, que nous recherchons. Même les écarts par rapport à une telle structure peuvent devenir également révélateurs ; ils peuvent dévoiler, à leur tour, une nouvelle périodicité. Comme l'a si bien exprimé le grand physicien français Pierre Curie, à la fin du siècle dernier : « Lorsque certaines causes produisent certains effets, les éléments de symétrie des causes doivent se retrouver dans les effets produits. Lorsque certains effets révèlent une certaine dissymétrie, cette dissymétrie doit se retrouver dans les causes qui leur ont donné naissance ». Cette citation peut sembler bien abstraite, mais je l'illustrerai au moyen d'exemples que je prendrai tantôt dans l'infiniment grand, l'astronomie, et tantôt dans l'extrêmement petit, les constituants de la matière.

Les premiers hommes étaient effrayés par certains phénomènes naturels comme la foudre et le tonnerre, les tempêtes et les éruptions volcaniques. En revanche, ils s'étaient familiarisés avec des événements plus réguliers comme les mouvements du Soleil, de la Lune et des étoiles, qu'ils pouvaient associer au jour, à la nuit, aux saisons. Toute perturbation de cet ordre ne pouvait que leur inspirer de la terreur : les éclipses ou les comètes, par exemple. Devant ces phénomènes qu'ils ne comprenaient pas, les hommes préhistoriques étaient superstitieux. Par la suite, ils attribuèrent la responsabilité de l'ordre naturel à des divinités toutes puissantes. Nous retrouvons, jusqu'au début des temps modernes, et peut-être même dans l'esprit du grand public jusqu'à nos jours, une alternance entre mythes et conquêtes scientifiques. Chaque fois qu'un phénomène ne trouve pas d'explication, la tentation est grande de chercher refuge dans l'irrationnel ou le surnaturel.

Le printemps reviendra-t-il ?

Un grand nombre de légendes anciennes témoignent de la crainte des premiers hommes que le Soleil ne se lève plus à la fin de la nuit ou que le printemps ne renaisse pas après l'hiver. Ainsi, pour les Grecs, Déméter, déesse de la terre cultivée et des récoltes, eut une fille de Zeus, appelée Perséphone, éblouissante de beauté. Hadès, frère de Zeus et dieu des enfers, tomba amoureux d'elle. Un jour, alors qu'elle cueillait des narcisses dans une prairie de Sicile, la terre s'ouvrit à côté d'elle, et Hadès l'entraîna dans le royaume des enfers. Perséphone appela au secours et implora les dieux, mais Zeus consentit au rapt. Déméter, alertée par les cris, accourut et, désespérée, rechercha sa fille pendant neuf jours et neuf nuits, à travers le monde, jusqu'à ce que Hélios, le dieu du soleil, qui voit tout, lui révélât ce qui s'était passé. Irritée, la déesse décida de ne plus remonter au ciel. Elle parcourut différentes contrées et, partout où elle fut bien accueillie, elle laissa des dons, apprenant aux uns à utiliser la charrue, aux autres à cultiver le blé. Cependant son absence du ciel rendit la terre stérile. Les dieux se résolurent à intervenir, car l'ordre naturel se trouvait bouleversé ; ils décidèrent de rendre Perséphone à sa mère, à condition qu'elle n'eût encore rien consommé dans le monde souterrain. Hermès, envoyé comme messager sur les lieux, constata qu'elle avait déjà mangé un pépin de grenade qu'Hadès lui avait offert en témoignage de son amour : un retour définitif semblait alors impossible. Un compromis fut recherché : Perséphone reviendrait sur terre, auprès de sa mère, chaque année, au printemps, pour huit mois, et retournerait, à la fin de l'automne, sous terre, pour quatre mois, auprès de son époux. Aussi longtemps qu'elle resterait séparée de Déméter, le sol serait stérile et ce serait l'hiver. Perséphone symbolise la végétation et la graine ensevelie sous terre pendant l'hiver, qui germe au printemps.

Initialement, l'homme se nourrissait du produit de la chasse, de la pêche et de la cueillette de fruits sauvages. Rapidement, il eut besoin de dénombrer ses prises. Il le fit, par exemple, en entaillant les parois rocheuses ou le bois. Puis l'élevage et, par la suite, l'agriculture et la sédentarisation imposèrent d'autres nécessités : introduire des nombres plus grands, mesurer des surfaces et des intervalles de temps. Il fallut un système numérique fondé sur le groupement des unités. Quoi de plus naturel que d'utiliser comme base le nombre des doigts de nos deux mains ?

Un exemple particulièrement intéressant de l'emploi des nombres est la mesure du temps qui nous conduit à la définition du calendrier. Il était nécessaire, en effet, pour prévoir les semailles, les récoltes et la reproduction des troupeaux, pour prédire le retour des saisons, de fixer un calendrier. Dans la plupart des civilisations, les hommes chargés des rites religieux furent aussi responsables de son établissement.

Le calendrier avait donc une importance pour la vie civile et pour les rites religieux. Les cycles solaires étaient naturellement associés à l'agriculture, ceux de la Lune à la religion. Les premières grandes civilisations apparurent dans des contrées méridionales, que ce soit en Mésopotamie, dans le bassin méditerranéen, en Chine ou en Amérique Centrale, régions où les nuits sont claires et où l'observation du ciel et des étoiles est aisée.

Pour le temps, l'unité naturelle de base était évidemment

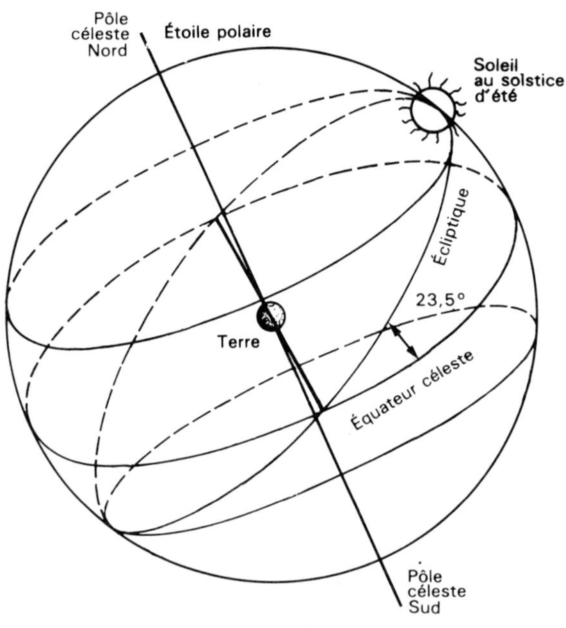

La Terre tourne autour du Soleil dans un plan incliné de 23° ½ par rapport au plan équatorial : c'est le plan de l'écliptique dans lequel le Soleil effectue son mouvement apparent annuel.

le jour, entre deux levers de Soleil consécutifs. L'unité naturelle suivante était le mois, associé à la Lune, d'une nouvelle Lune à la suivante. Cependant, une « lunaison » ne représentait pas un nombre entier de jours, ce qui amena à alterner des mois de 29 jours et des mois de 30 jours. La troisième unité naturelle était l'année, au cours de laquelle le Soleil vient à suivre une série de trajectoires successives différentes dans le ciel. Une année séparait deux jours où le Soleil effectuait la même course. Les anciens peuples, des Sumériens aux Chinois, des Egyptiens aux Grecs, avaient observé les déplacements annuels du Soleil par rapport aux constellations des étoiles fixes. Ils notaient le lever ou le coucher de tel ou tel astre, peu avant le lever ou peu après le coucher du Soleil, tel ou tel jour de l'année. Pour les « astronomes » de l'époque, les étoiles tournaient dans le ciel autour d'un axe passant près de l'Etoile polaire ; ils purent définir alors l'équateur céleste dans le plan perpendiculaire à cet axe passant par l'observateur. Le Soleil, dans son mouvement annuel, ne suivait pas cet équateur céleste, mais une autre trajectoire, oblique, appelée *écliptique*.

Le jour de l'année où, pour nous, le Soleil est au plus haut dans le ciel est le *solstice d'été,* aux environs du 21 juin. Ce jour-là, l'ombre portée par une tige fixée dans le sol est la plus courte. Une telle tige, lorsqu'elle est utilisée pour les observations et les mesures de temps, est appelée *gnomon ;* c'est l'origine de l'obélisque et du cadran solaire, qui furent les premières horloges publiques. Le jour de l'année où le Soleil, à midi, est au plus bas, c'est-à-dire le jour où l'ombre du gnomon est la plus longue, est le *solstice d'hiver* (vers le 21 décembre). Enfin, quand le jour et la nuit sont de même durée, c'est l'*équinoxe de printemps ou d'automne,* respectivement vers le 21 mars et le 21 septembre. Ces quatre moments de l'année, correspondant aux quatre saisons, étaient connus depuis des temps très reculés. Ainsi, l'ensemble de pierres dressées de Stonehenge, au Sud de l'Angleterre, remonte à environ 1900 ans avant notre ère ; les axes de sa construction correspondent à la direction du Soleil levant ou couchant, aux solstices et aux équinoxes.

Dans de nombreuses civilisations, la durée de l'année était définie par le temps séparant, par exemple, deux solstices d'hiver consécutifs. Les Egyptiens, près de 4000 ans avant

J.C., avaient fixé sa durée en comptant le nombre de jours qui séparaient ceux où Sirius, l'étoile du chien, se levait immédiatement avant le Soleil. Les Babyloniens et les premiers Egyptiens avaient défini une année de 360 jours que l'on pouvait diviser en 12 mois de 30 jours, qu'ils complétèrent ensuite par cinq jours supplémentaires. C'est certainement à cette division de l'année en 360 jours que l'on peut faire remonter la division du cercle en 360°. Plus tôt que d'autres peuples, les Chinois avaient effectué une détermination plus précise de l'année et obtenaient, comme il est indiqué dans le texte classique du *Shu-jing*, 365 jours 1/4 ; ils divisèrent alors la circonférence du cercle en 365 1/4 parties égales. La difficulté, pour ceux qui avaient à fixer le calendrier, était, en fait, que l'année solaire ne comprenait ni un nombre entier de lunaisons (chacune de 29,53 jours), ni un nombre entier de jours (365,25 jours). Il fallait donc procéder à des corrections qui n'ont été établies avec précision que peu à peu, ce qui nous a valu une succession de calendriers.

Le nombre 365,25 n'est pas divisible par 29,53 et il fallait, par conséquent, recourir à des « expédients ». Les anciens peuples — chinois, hébreu, grec ou chaldéen — ajoutèrent des jours ou des lunaisons supplémentaires. Les Chinois représentaient cette lunaison intercalaire, par un idéogramme particulier. Ils avaient observé que 19 années solaires correspondaient presque exactement à 235 lunaisons ; celles-ci représentaient, en effet, 19 années de 12 lunaisons plus 7 lunaisons, qu'il suffisait donc de répartir sur 19 ans pour obtenir un décalage inférieur à un jour tous les 320 ans. Ce cycle de 19 ans fut, indépendamment, découvert par Méton d'Athènes et annoncé en 432 avant notre ère aux Grecs rassemblés à l'occasion des Jeux Olympiques : c'est le cycle métonique que le calendrier hébraïque utilise encore.

Dans d'autres régions du monde, les calendriers étaient encore différents :

- les Mayas de l'Amérique pré-colombienne utilisaient deux calendriers : l'un rituel, comportant une année de 365 jours répartis en 18 mois de 20 jours, plus cinq jours complémentaires considérés comme de mauvais augure ; l'autre était un calendrier divinatoire de 260 jours. La combinaison des deux conduisait à un cycle de base de 52 ans. Les astronomes mayas construisirent des observatoires permettant de repérer, par simple visée, certaines directions astronomiques, lever ou

Observatoire de Chichen-Itza, appelé « el caracol » (l'escargot), construit par les Mayas au XIe ou XIIe siècle (presqu'île du Yucatan, Mexique).

coucher de la Lune ou de l'étoile du berger (Vénus), aux équinoxes et aux solstices;

- le calendrier musulman actuel utilise une année purement lunaire où le début du mois coïncide toujours avec la nouvelle Lune ; 34 années musulmanes correspondent à 33 de nos années solaires grégoriennes.

Pour leur part, les Européens ont décidé de définir le mois en abandonnant la correspondance avec les phases de la Lune, ce qui a conduit finalement, pour retrouver la durée exacte de l'année, à notre succession de mois de 30 et de 31 jours, avec 28 ou 29 jours pour février. Sous Jules César, février comptait 30 jours les années bissextiles et 29 jours les autres années. Lorsque l'on choisit le nom du mois d'août en l'honneur de l'empereur Auguste, il sembla aux hommes politiques de l'époque que ce mois ne pouvait pas avoir 30 jours seulement alors que le mois précédent, juillet, appelé ainsi d'après Jules César, en avait 31. On retira alors un jour à février pour le donner au mois d'août ; cette complication du calendrier s'est maintenue jusqu'à nos jours ! Dans le calendrier institué par le Pape Grégoire XIII, en 1582, les années multiples de 100, qui ne sont pas divisibles par 400, ne sont pas bissextiles pour tenir compte du fait que l'année ne dure pas exactement 365 jours 1/4.

Le début de l'année, que l'on peut fixer arbitrairement, n'a pas toujours été le même. Chez les anciens Romains, l'année commençait au début de mars ; sous Charlemagne, à Noël. Pour nous, solstices et équinoxes marquent le début des saisons ; pour la civilisation chinoise, ils en indiquent le milieu. L'année chinoise traditionnelle commence au début du printemps. Le début de l'année fixé au premier janvier a été appliqué en France en 1567, et en Angleterre en 1752 seulement. Les dames anglaises de qualité protestèrent, car elles se trouvaient vieillies d'un trimestre ; les ouvriers, eux, déclenchèrent une émeute, croyant perdre trois mois de salaire. Lord Chesterfield fut poursuivi dans les rues de Londres aux cris de : « Rendez-nous nos trois mois ! »

Les Chaldéens et les Grecs avaient identifié cinq étoiles mobiles par rapport aux autres étoiles, dites fixes. On les appela planètes, du mot grec qui signifie « errant ». Pour les Chaldéens, astronomie et astrologie étaient intimement liées. La définition des constellations le long de l'écliptique et leur représentation par les signes du zodiaque remontent à leurs observations. Ces signes et le mouvement des planètes leur permettaient d'établir des horoscopes. Les Grecs, quant à eux, cherchèrent une description et une explication rationnelle à ces différents mouvements.

La division en semaines de sept jours est arbitraire. Peut-être remonte-t-elle à la division du mois lunaire en quatre parties égales, correspondant aux quatre phases de la Lune, et certains ont suggéré une origine chaldéenne. Elle apparaît, en tout cas, sous forme écrite, pour la première fois, dans l'Ancien Testament et est ainsi une base du calendrier hébraïque. De là, elle sera adoptée par la Rome chrétienne. Les sept jours de la semaine reçurent une désignation mythique et on les associa aux sept astres mobiles connus à l'époque : les cinq planètes — Mars, Mercure, Jupiter, Vénus et Saturne — plus le Soleil et la Lune. L'église chrétienne conserva la plupart de ces dénominations ; le jour du Soleil — encore appelé ainsi dans les pays de langue nordique (Sunday en anglais, Sonntag en allemand) — fut remplacé par le jour du Seigneur, dimanche en français ; le jour de Saturne, dans certaines langues, devint le jour du sabbat.

On décida de diviser le jour en autant de parties qu'il y a de mois dans l'année, ce qui donna lieu d'abord à une division du jour en 12 parties, aussi bien chez les Chaldéens que dans l'ancienne civilisation chinoise. Les Egyptiens inventèrent la journée de deux fois douze heures (pour le jour et la nuit) : il était facile de diviser un cercle en six parties égales de 60° et chacune de celles-ci en quatre fois 15° pour obtenir enfin la division en 24 parties égales.

L'harmonie des nombres

Revenons maintenant du calendrier aux nombres. Comme l'a écrit Platon : « C'est la vue du jour et de la nuit, des mois, des révolutions de l'année, des équinoxes, des solstices qui nous a fait trouver le nombre, qui nous a donné la notion du temps et les moyens d'étudier la nature du tout ».

En fait, le maître grec du nombre fut Pythagore dont on connaît, hélas, mal la vie. Né dans la première moitié du VIe siècle avant notre ère, dans l'île de Samos, Pythagore eut des contacts avec l'Ecole de Milet et voyagea, semble-t-il, en Egypte où il se familiarisa avec l'art médical, en Phénicie où il s'intéressa à la géométrie naissante et en Chaldée d'où, dit-on, il rapporta aussi bien des connaissances astronomiques que des mythes et des traditions mystiques liées notamment à l'astrologie. On rapporte que c'est lui qui utilisa le premier le terme de philosophie, englobant science, religion, morale et politique. Il enseigna à Samos, avant d'émigrer à Crotone, au sud de l'Italie, vers l'âge de 40 ans. Il fonda là une communauté ou Institut, à l'origine de l'Ecole pythagoricienne. Pythagore n'a pas laissé d'écrit, et nous connaissons davantage l'Ecole que son fondateur. Son enseignement comportait aussi bien des éléments rationnels que des croyances mystiques.

On attribue à Pythagore un certain nombre de découvertes mathématiques : le théorème qui porte son nom, donnant la relation entre les côtés d'un triangle rectangle, la somme des angles d'un triangle, la construction de différentes figures géométriques et des éléments de calcul des proportions. Son Ecole a développé un certain nombre de connaissances en arithmétique auxquelles elle associa souvent, comme on le verra, un certain nombre de symboles. Elle poursuivra son oeuvre dans l'esprit du Maître, mais alors que ce dernier diffusait son savoir par son enseignement, elle prendra la forme d'une sorte de société secrète, les initiés se transmettant sous serment les propriétés mathématiques qu'ils avaient découvertes. On raconte qu'au IVe siècle avant J.C., Hippasus, membre d'une des sociétés pythagoriciennes, fut noyé dans son bain pour avoir divulgué gratuitement la découverte de l'existence d'un polyèdre régulier à douze faces. On décrit parfois les Pythagoriciens comme une secte d'hommes vêtus de blanc, obéissant à toute une série de pratiques, mais certains philosophes grecs ont fait valoir que Pythagore avait élevé l'arithmétique au-dessus des besoins des marchands. Pour Pythagore et les pythagoriciens, « toutes choses sont des nombres, les nombres sont, pour ainsi dire, le principe, la source et la racine de toutes choses » et l'univers est considéré comme une vaste harmonie.

Pythagore aurait découvert les rapports numériques simples des intervalles harmoniques de la musique. On rapporte que, passant devant un atelier de forgeron, il entendit les sons de marteaux formant la quarte, la quinte et l'octave. Il constata que les poids des marteaux avaient entre eux les rapports 3/4, 2/3 et 1/2. Cela démontrait, pour les pythagoriciens, que c'étaient les nombres et non pas les sens qui définissaient l'harmonie. L'Ecole étendit cette idée à tous les arts et à toutes les branches de la nature. Le nombre était harmonie ; la beauté et l'univers devaient être également harmonie. Sans doute y avait-il là un excès de simplification, mais l'idée allait se montrer fertile.

Les Pythagoriciens inventorièrent les nombres premiers, c'est-à-dire les nombres qui ne sont divisibles par aucun autre nombre sauf eux-mêmes et un. Ils définirent aussi des nombres qu'ils appelaient « parfaits » pour lesquels la somme de tous leurs diviseurs est égale au nombre lui même : par exemple, 6 est la somme de 1, 2 et 3. Ils définirent des nombres carrés représentés par des points formant un carré : c'est la suite bien connue 1, 4, 9, 16... Et des nombres triangulaires qui, représentés par des points, forment un triangle : c'est la suite 1, 3, 6, 10. Le nombre triangulaire 10, somme des quatre premiers nombres, qui comprend le pair et l'impair, était la *tétraktys,* symbole du triangle parfait et fondement de toutes choses. La sphère était considérée comme la figure la plus parfaite. Les Pythagoriciens avaient découvert qu'il n'existait que cinq polyèdres réguliers : le tétraèdre, le cube, l'octaèdre, le dodécaèdre et l'icosaèdre. Ils leur attribuèrent des propriétés magiques.

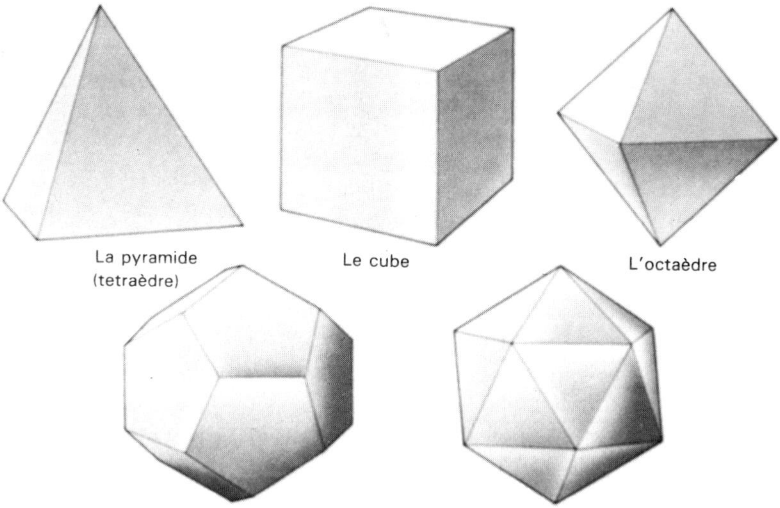

Les cinq polyèdres réguliers
identifiés par Pythagore et les Pythagoriciens.

On retrouve des nombres magiques dans toutes les civilisations, mais ce ne sont pas nécessairement les mêmes. Si l'on tient compte de toutes les croyances, tous les nombres sont magiques, et des symboles leur ont été attachés. En Europe et dans le bassin méditerranéen, en nous en tenant à quelques nombres premiers, plus particulièrement le 3, le 7 et le 13 ont été considérés comme bénéfiques ou maléfiques.

On trouve le 3 chez les anciens Hittites. Primitivement, on lui avait attribué une signification sexuelle. Le symbole des deux triangles formant une étoile apparaît dans le judaïsme. Les Pythagoriciens lui donnent une vertu mystique. On le retrouve sous forme d'un seul triangle dans la religion chrétienne.

Le 7 évoque les sept merveilles du Monde, les sept sages de la Grèce, les sept jours de la semaine, le chandelier à sept branches, les sept couleurs de l'arc-en-ciel, les sept astres mobiles de l'Antiquité (on en connaît aujourd'hui plus de sept) et l'on tourne sept fois la langue dans la bouche avant de parler !

La superstition concernant le nombre 13 doit sans doute son origine aux 13 convives à la table de la Cène : Jésus et ses 12 apôtres, dont Judas : c'est à cause de ce dernier que le 13 peut porter malheur, au point qu'il n'y a pas de chambre n° 13 dans beaucoup d'hôtels !

Vous connaissez aussi le 666, le nombre de la bête, que l'on trouve dans l'Apocalypse.

En Extrême-Orient, les nombres qu'il faut aimer ou craindre ne sont pas exactement les mêmes. Il y a bien le 7, qui est heureux à cause des 7 dieux du bonheur — les *shichifuku-jin* japonais. Le 4 et le 9, dont la prononciation rappelle en chinois et en japonais les mots mort et mauvais, sont, par contre, maléfiques.

Pour les anciens Chinois, il y avait cinq directions : l'Est, le Sud, le Centre, l'Ouest et le Nord ainsi que cinq éléments, le bois, le feu, la terre, le métal et l'eau, avec cinq couleurs correspondantes : le bleu-vert, le rouge, le jaune, le blanc et le noir.

On a, très tôt, construit des carrés magiques, par exemple, de trois fois trois nombres dont la somme des nombres de n'importe quelle ligne, colonne ou diagonale est égale à 15. Le plus ancien carré magique apparaît dans le livre chinois des Mutations, *le Yi-jing,* écrit environ 1000 ans avant notre ère. Il y est rapporté que l'empereur mythique Fu-xi vit un dessin mystérieux sur le dos d'un animal symbolique ; ce dessin lui donna l'idée de deux figures élémentaires, une ligne pleine représentant *le yang* — l'actif, le céleste, le lumineux, le masculin — et une ligne brisée, *le yin* — le passif, le terrestre, l'obscur, le féminin — . La composition de ces lignes donne une série de 4 figures, puis de 8 trigrammes, et enfin de 64 hexagrammes symboliques.

Dès l'Antiquité, on se proposait de retrouver sur terre la régularité et la périodicité des phénomènes célestes, représentées par les nombres et leurs propriétés et correspondant à l'harmonie musicale. Les formes régulières extraordinaires des cristaux, la disposition des pétales de fleurs ou des feuilles sur les tiges paraissaient répondre à ces mêmes critères. La beauté des oeuvres humaines, incarnée par les monuments, les sculptures et la peinture devait se conformer aux mêmes canons.

Les hommes souhaitaient, dans l'édification des grands monuments, introduire certains éléments de l'ordre naturel. Nous trouvons dans la construction des grandes pyramides d'Egypte, entreprise par les pharaons de la quatrième dynastie, à la fois des éléments d'astronomie et des propriétés numériques connues à l'époque. Les quatres faces sont orientées perpendiculairement aux quatre points cardinaux. On a relevé que le demi-périmètre de la base de ces pyramides divisé par leur hauteur était sensiblement égal au nombre π. Il est certain, en tout cas, que pour les anciens Egyptiens, une façon simple de construire un triangle rectangle était d'utiliser la propriété que $3^2 + 4^2 = 5^2$, donc de réaliser, avec une corde et des noeuds, un triangle rectangle dont les côtés avaient des longueurs proportionnelles à 3, 4 et 5. Dans la Grande Pyramide de Khéops, le jour où l'étoile Sothis (Sirius) se lève immédiatement avant le Soleil, annon-

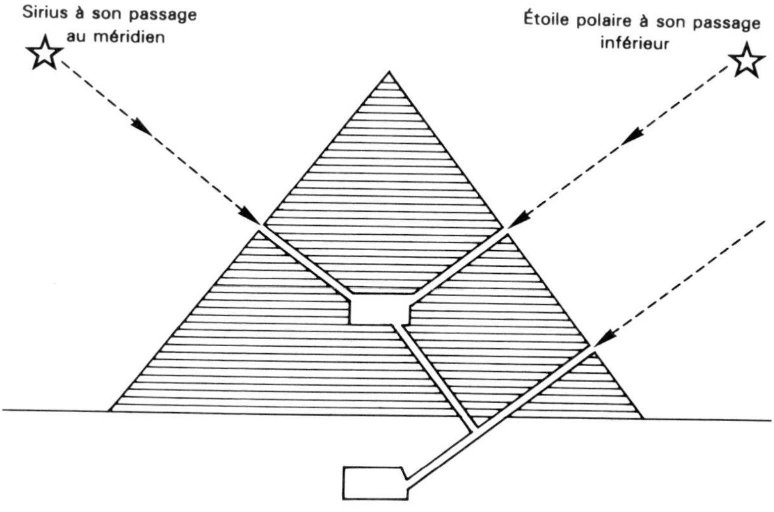

Orientation astronomique de la Grande Pyramide de Khéops.

çant la crue du Nil, au moment où cette étoile passe au méridien, ses rayons pénètrent directement, par une cheminée, dans la chambre royale jusqu'à la tête du pharaon. Deux autres ouvertures, sur la face opposée, étaient par ailleurs orientées de manière à laisser passer les rayons de lumière provenant de l'Étoile polaire lors de son passage inférieur au méridien.

Origène et Saint-Augustin font remarquer que, d'après les Ecritures, l'Arche d'Alliance de Moïse et l'Arche de Noé avaient les mêmes proportions, le rapport longueur sur largeur et sur hauteur étant égal à 30/5/3. L'intérieur du sanctuaire du Temple de Salomon était un volume cubique parfait. On retrouve des proportions de ce type dans la construction des églises. On a souvent comparé le plan d'une basilique ou d'une église au corps humain dont la tête serait orientée vers l'Est. Comme dans les religions égyptiennes et persanes, la prière, dans les églises chrétiennes, se fait en direction du Soleil levant. D'après la Genèse, le paradis est situé en orient ; pour les Romains, l'entrée des Enfers se situe en occident.

Une proportion qui a souvent été utilisée en architecture est la divine proportion, ou *nombre d'or*

$$(1 + \sqrt{5})/2 = 1{,}618...$$

Vitruve, l'auteur romain qui nous a laissé un important traité d'architecture, la définit déjà comme un segment divisé en deux parties de manière qu'il y ait de la petite partie à la grande, le même rapport que de la grande au tout. Une telle proportion frappe agréablement l'oeil. A partir d'elle, on peut aussi construire un rectangle d'or dont les côtés sont dans la divine proportion. Si l'on ajoute à un tel rectangle un carré construit sur son grand côté, on obtient un nouveau rectangle d'or. Les peintres ont également utilisé ce nombre d'or, tels Léonard de Vinci, Raphaël ou N. Poussin. Plus près de nous, le cubisme, entre autres, a largement fait usage de la géométrie. L'urbaniste et architecte Le Corbusier, pour créer une harmonie dans les édifices, a défini, à l'aide de la divine proportion, ce qu'il appela le Modulor, représenté notamment par l'homme au bras levé ; le nombril divise alors le corps humain selon le nombre d'or.

Nous nous sommes égarés dans les temps modernes ; il nous faut revenir à la vision du monde et de la matière des grands penseurs grecs, là où nous les avons laissés. Ils voyaient dans la nature, y compris dans ses constituants les plus élémentaires, régularités et symétries. C'est ainsi que le philosophe Démocrite, à la fin du Ve siècle av. J.C., eut l'intuition géniale que la matière était formée d'éléments premiers, les *atomes,* extrêmement petits et insécables.

Un demi-siècle plus tard, Platon, aux idées peut-être plus conservatrices, parfois plus proches des mythes que des réalités, explique, dans le *Timée*, sa conception du monde. Dans ce Dialogue, le Pythagoricien Timée dit que Dieu part de quatre éléments, le feu, la terre, l'eau et l'air. « Dieu commença par leur donner une configuration distincte au moyen des idées et des nombres. Qu'il les ait tirés de leur désordre pour les assembler de la manière la plus belle et la meilleure possible, c'est là le principe qui doit nous guider constamment... »

Les quatre éléments de base doivent être constitués de volumes dont la surface est formée d'éléments que l'on peut décomposer en triangles. Ce sont, d'après Platon, les volumes les plus beaux qu'il faut prendre, et nous retrouvons évidemment les polyèdres réguliers, dont les faces sont constituées de triangles équilatéraux ou de carrés (décomposables en deux triangles rectangles isocèles). La terre sera constituée de cubes, le feu de tétraèdres, l'air d'octaèdres et l'eau d'icosaèdres. Dieu utilise les dodécaèdres pour achever le dessin de l'univers.

Après avoir décrit les éléments constitutifs de la matière, Timée expose le modèle platonicien du ciel ; les sept astres mobiles se trouvent sur sept orbites circulaires autour de la Terre : la Lune dans la première, le Soleil dans la seconde, l'astre du matin (Vénus) et Hermès (Mercure) dans la troisième et la quatrième, Mars, Jupiter et Saturne dans les suivantes. Platon décrit ensuite l'harmonie des sphères célestes. Cicéron, après lui, dans le Songe de Scipion, l'évoque ainsi : « ... Formée d'intervalles inégaux mais combinés suivant une juste proportion, l'harmonie résulte du mouvement des sphères qui, formant les tons graves et les tons aigus dans un commun accord, fait de toutes ces notes si variées un mélodieux concert. »

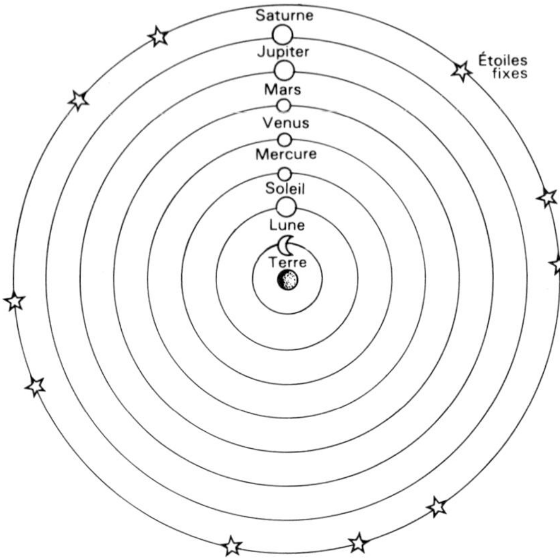

Les sept orbites circulaires
et la sphère contenant les étoiles fixes, selon Platon.

Plus de 2000 ans plus tard, Goethe fera dire à l'archange Raphaël, dans le prologue de *Faust* : « Le soleil résonne sur le mode antique dans le choeur harmonieux des sphères, et sa course ordonnée s'accomplit avec la rapidité de la foudre. »

De l'importance de l'observation

Pour les Pythagoriciens et Platon, la nature devait se plier à la beauté du nombre. La place qui est ainsi attribuée à ce dernier est excessive mais elle révèle également une intuition plus profonde. Des relations numériques simples peuvent révéler des lois et une réalité sous-jacente. Ce que les hommes apprendront, c'est qu'il ne faut pas plaquer les nombres sur la réalité, mais les y découvrir par l'observation et l'expérience.

Platon formera, dans son école d'Akademos, de nombreux disciples, dont les plus connus sont Aritoste, Eudoxe et Héraclide du Pont qui fut le premier astronome à admettre la rotation de la Terre sur elle-même pour expliquer le mouvement apparent des étoiles.

Aristote fut le précepteur d'Alexandre le Grand qui fonda la ville d'Alexandrie, au débouché du Nil sur la Méditerrannée. A la mort du conquérant, en 323 av. J.C., l'un de ses généraux, Ptolémée Sôter, devint roi d'Egypte. Ce fut lui qui donna à Alexandrie un essor intellectuel extraordinaire, en y établissant la Bibliothèque (qui brûla sous Jules César) et le Musée.

Les besoins du développement de la civilisation, par exemple la navigation, rendirent nécessaires de nouveaux progrès des mathématiques. Il était utile de savoir mesurer à quelle distance un bateau se trouvait du rivage, de pouvoir déterminer un cap à prendre par rapport aux étoiles. Il fallut essayer de déterminer les dimensions du monde et établir des cartes du Ciel et de la Terre. Des mathématiciens de talent illustrèrent cette époque. Euclide avec son traité de géométrie, Archimède de Syracuse qui sut calculer, plus précisément que ses devanciers, la valeur de π nombre irrationnel, Apollonius de Perge qui étudia les coniques, Diophante qui développa l'arithmétique et l'algèbre.

Nous sommes aussi frappés par l'oeuvre de quatre astronomes remarquables de l'Ecole d'Alexandrie. Aristarque de Samos, qui vécut entre 310 et 230 avant notre ère, fut un précurseur de Copernic. Il fut sans doute le premier à imaginer que la Terre tournait sur elle-même et autour du Soleil. Malheureusement, son enseignement sur ce sujet n'eut pas d'écho à l'époque. En déterminant le temps qui s'écoule entre l'observation de la demi-lune (la moitié du disque lunaire est alors éclairée par le Soleil) et le premier quartier (à mi-temps entre la nouvelle lune et la pleine lune), Aristarque mesura le premier la distance relative de la Terre à la Lune et au Soleil.

Eratosthène, conservateur de la Bibliothèque d'Alexandrie, au troisième siècle avant Jésus-Christ, apprit qu'il y avait à Syène (aujourd'hui Assouan), en Haute-Egypte, à peu près à la même longitude qu'Alexandrie, un puits très profond dans lequel le soleil se réfléchissait à midi un certain jour de l'année. Eratosthène décida de mesurer le même jour à midi, l'angle que faisait l'ombre d'un pilier à Alexandrie, qui se trouve 806 km plus au Nord. Il trouva, à peu près 7° 1/2, ce qui lui permit de calculer la circon-

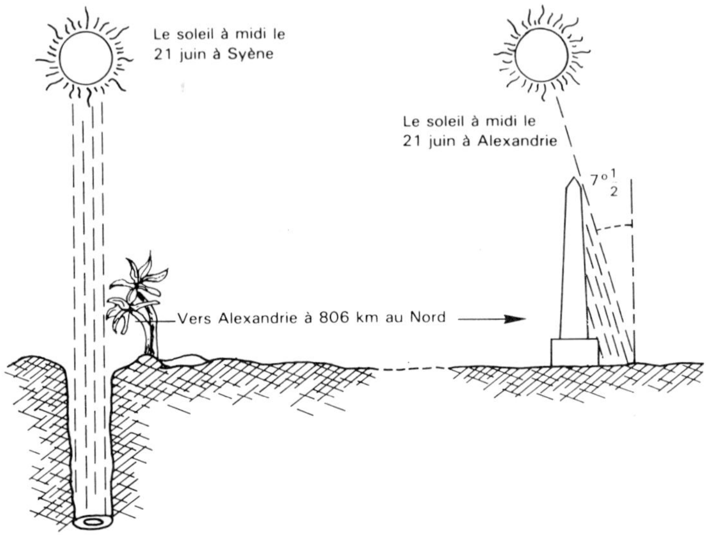

Principe de la mesure de la circonférence de la Terre par Eratosthène. (806 km correspondent à 7° ½/360° de la circonférence de la Terre).

férence de la terre qu'il trouva égale à 250 000 stades soit 40 0000 km d'aujourd'hui. On est étonné par l'exactitude de cette mesure à l'aide d'une méthode aussi simple.

L'astronome Hipparque, un siècle plus tard, fut peut-être le plus grand observateur de l'Antiquité. Il établit une carte de 1080 étoiles fixes et découvrit la précession des équinoxes. Il parvint à mesurer le diamètre de la Lune qu'il trouva égal à un tiers du diamètre de la Terre, ainsi que la distance entre la Terre et la Lune, en mesurant la dimension du cône d'ombre lors d'une éclipse de Lune. Il trouva que la distance à la Lune est de 60 rayons terrestres ; la valeur admise aujourd'hui est de 60,27. Il fonda la trigonométrie en établissant la première table de sinus. Il introduisit en Grèce la division du cercle en 360°.

Claude Ptolémée, qui vécut de l'an 90 à l'an 168 de notre ère, fut à la fois astronome, mathématicien et géographe. Son oeuvre nous est connue, en particulier, par la traduction de son grand ouvrage d'astronomie, faite par les Arabes sous le nom d'*Almageste*, par un traité de géométrie et par son livre sur les harmonies. Son modèle géocentrique de l'Univers, où les planètes décrivent des épicycles, a été admis jusqu'à Copernic. Il réalisa des cartes géographiques qui furent utilisées par les premiers grands navigateurs de la Renaissance. Ce fut aussi sur les conseils d'un astronome d'Alexandrie que César réforma le calendrier, introduisant l'année bissextile.

La civilisation d'Alexandrie fut connue, en Europe occidentale, à la fin du Moyen Age, par l'intermédiaire des Arabes, notamment par les centres universitaires maures de Cordoue et de Séville, en Espagne. Les anciennes connaissances astronomiques, sauvegardées par les savants arabes, permirent notamment aux astronomes juifs demeurés au Portugal et en Espagne, après la Reconquista, de préparer les tables de navigation pour les grands explorateurs.

Les savants et philosophes arabes purent faire une synthèse entre les acquis d'Alexandrie et le savoir des Indes et de la Chine. Les Hindous, en effet, au début de notre ère, avaient inventé le zéro, ce qui permit l'essor de l'algèbre : l'introduction du zéro permit d'exprimer tous les nombres, y compris les plus grands au moyen de dix symboles chacun recevant une valeur de position, aussi bien qu'une valeur absolue. Au début, les auteurs inconnus du zéro s'en étaient servi pour représenter une colonne vide de l'abaque, par un point d'abord, puis par le signe zéro, désigné par le mot *sunya* qui signifie vide. La Renaissance reprit toutes ces connaissances, mais elle fut aussi une gigantesque remise en cause des idées et des méthodes.

Un moine polonais, Nicolas Copernic, étudiant le système de Ptolémée, au début du XVIe siècle, fut frappé par ses insuffisances. Il fut amené à reprendre, sans le savoir, l'idée d'Aristarque : il montra que la Terre était une planète comme les autres et que les planètes tournaient sur elles-mêmes et autour du Soleil. Galileo Galilei, un siècle plus tard, confirma cette théorie par la découverte, le 7 janvier 1610, des quatre Lunes de Jupiter. Le savant italien montra aussi qu'un corps sur lequel ne s'exerce aucune force décrit un mouvement uniforme, le repos n'étant qu'un cas particulier du mouvement.

Johannes Kepler, contemporain de Galilée, fut appelé à Prague par l'astronome Tycho Brahé dont on vous parlera davantage demain. C'est sur la base des observations de Tycho Brahé et, en particulier, de ses mesures des positions successives de la planète Mars, que Kepler formula les deux premières de ses fameuses lois : la trajectoire des planètes est une ellipse dont le Soleil est un des foyers ; les aires balayées par le rayon Soleil-Mars en des temps égaux sont égales. Cette dernière loi, dite loi des aires, qui s'applique à toutes les planètes et plus généralement à tous les satellites, implique que lorsque Mars est plus proche du Soleil, il a une vitesse plus grande que lorsqu'il en est plus éloigné. La troisième loi de Kepler, publiée vers la fin de sa vie, indique que pour les différentes planètes, le carré de leur temps de révolution autour du Soleil est proportionnel au cube du grand axe de leurs orbites elliptiques. Pour Kepler, l'origine de ces lois devait se trouver dans le Soleil qui en conservait le secret.

L'explication de ces périodicités et de ces régularités ne viendra qu'un siècle plus tard avec Isaac Newton qui montrera que l'accélération d'un corps est proportionnelle à la force qui s'exerce sur lui et inversement proportionnelle à sa masse. Il démontrera aussi que, dans un mouvement circulaire uniforme, l'accélération est dirigée vers le centre de la trajectoire, correspondant à la force centripète. Tout le monde connaît l'anecdote de Newton regardant tomber une pomme dans son verger et se disant soudain que la force qui faisait tomber cette pomme était la même que celle qui maintenait la Lune dans sa rotation autour de la Terre. Newton fut ainsi conduit à formuler la loi de l'*attraction universelle,* selon laquelle deux corps s'attirent proportionnellement à leurs masses et en raison inverse du carré de leurs distances. Cette loi, donnant la force de gravitation, permettait d'expliquer et de retrouver les lois de Kepler.

Tout est orbite

Du mouvement des astres dans le ciel, nous allons maintenant redescendre au coeur de la matière. Là aussi, on pouvait observer certaines périodicités qu'étudia le chimiste russe, Dimitri Ivanovitch Mendeleïev, né en Sibérie, en 1834.

Devenu professeur de chimie à l'Université de Saint-Pétersbourg (aujourd'hui Léningrad), il souhaitait rédiger un traité sur les principes de la chimie ; il avait remarqué que les nouveaux éléments chimiques avaient été découverts, en fait, au hasard. Un certain nombre de chimistes de l'époque étaient déjà convaincus que les éléments chimiques étaient formés d'atomes qui pouvaient se combiner entre eux. La nécessité d'une unification des notations et d'une compréhension des notions utilisées avait été à l'ordre du jour du congrès de chimie qui s'était tenu à Karlsruhe, quelques années auparavant. Mendeleïev ne pouvait admettre le désordre ni le hasard dans la nature et souhaitait, comme d'autres chimistes contemporains, établir un classement des 64 éléments alors connus. Certaines affinités chimiques et analogies étaient bien établies. Mendeleïev plaça les éléments dans un tableau, par ordre croissant de leurs poids atomiques spécifiques, en lignes et en colonnes de manière à mettre en évidence les régularités connues. Les éléments analogues se trouvaient dans une même colonne ; ainsi, par exemple, les métaux alcalins : lithium, sodium, potassium, rubidium et césium ; de même les halogènes, tous des métalloïdes : fluor, chlore, brome et iode.

Après avoir travaillé pendant plusieurs mois à son tableau, Mendeleïev l'envoya à tous les physiciens et chimistes de sa connaissance ; il le fit également présenter, le 18 mars 1869, à la Société Russe de Chimie. Ce tableau paraîtra, en 1871, sous forme d'un article. Il faisait apparaître la périodicité des propriétés chimiques des éléments, en fonction de leur position, c'est-à-dire, en fonction de leur numéro de classement. Mendeleïev était tellement convaincu de la signification profonde de son travail qu'il rectifia les poids atomiques connus de certains éléments pour les faire correspondre à la place que leurs propriétés leur assignaient. D'autre part, certaines places restaient encore vides : six dans la première version de son tableau, 16 dans la version finale. Il expliqua qu'elles devaient être occupées par des éléments chimiques non encore découverts, dont il prédit les propriétés physiques et chimiques, en particulier pour les homologues supérieurs du bore, de l'aluminium et du silicium.

Le 20 septembre 1875, Charles Wurtz présenta à l'Académie des Sciences de Paris, une communication de Paul

Emile, dit François Lecoq de Boisbaudran, qui expliquait que « le 27 août 1875, entre 3 et 4 heures du matin, il avait décelé les indices de l'existence probable d'un nouveau corps simple qu'il nomma gallium ». Il donna sa densité comme étant de 4, 7 et son poids atomique comme étant de 69. Mendeleïev remarqua immédiatement cette communication, mais indiqua que la densité du gallium devait être de 5, 9. Des mesures plus précises confirmèrent sa prédiction.

En 1880, les scandinaves Nibon et Kleve trouvèrent, dans un minerai de terres rares, un nouveau corps, de propriétés voisines de celles du bore, qu'ils baptisèrent scandium. Ce fut le triomphe de Mendeleïev.

En 1885, le chimiste allemand Winkler découvrit le germanium, de propriétés analogues à celles du silicium. Les propriétés qu'il détermina expérimentalement correspondaient exactement à celles prévues par le savant russe quinze ans auparavant.

En 1893, les anglais William Ramsay et John Rayleigh trouvèrent, dans l'air, un gaz inerte, l'argon, qui ne semblait pas se placer dans le tableau, mais en 1895, les mêmes scientifiques découvrent l'hélium, également inerte, puis au cours des trois années suivantes, trois nouveaux gaz rares, de propriétés analogues : le néon, le krypton et le xénon. Il suffisait alors d'ajouter une colonne, dite 0, au tableau de classification périodique des éléments.

Dans l'une des éditions de ses *Principes de chimie*, Mendeleïev écrira : « Considérant la voie de l'expérience comme la seule qui soit juste, j'ai moi-même vérifié ce que j'ai pu et j'ai donné aux autres les moyens de vérifier ou d'infirmer la loi... Je n'espérais pas voir de mon vivant la confirmation de la loi périodique, mais la réalité a été autre. J'ai décrit plus particulièrement trois éléments et moins de vingt ans après, j'ai eu la joie d'en apprendre la découverte. »

Ranger les éléments par poids atomiques croissants, en donnant ainsi un numéro atomique à chacun, paraissait cependant contenir encore beaucoup de mystères. Quelle était la raison profonde du succès de cette classification ? Il fallut attendre presque 40 ans pour comprendre l'origine de la périodicité. C'est une suite de découvertes importantes qui nous y amena.

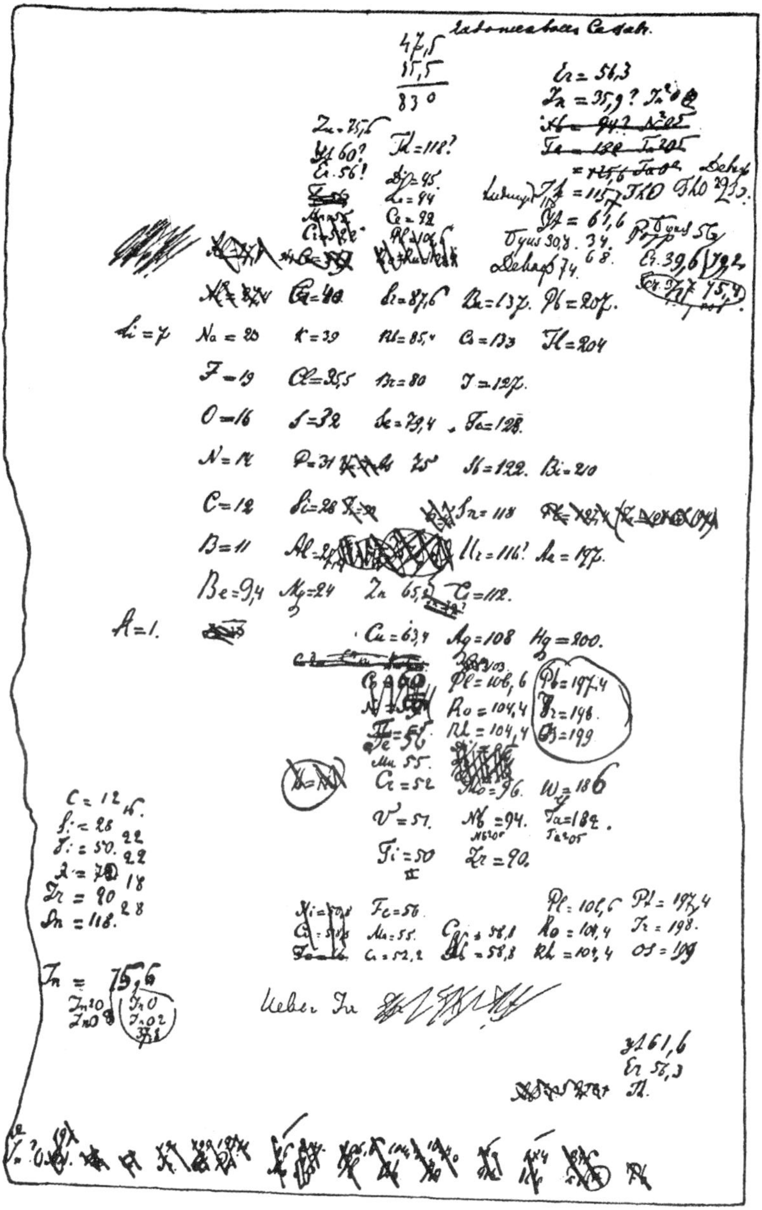

Premier brouillon de Mendeleïev donnant la classification périodique des éléments. La suite des éléments est ici rangée par colonnes ; ultérieurement elle sera rangée en lignes.

En 1911, à Manchester, Ernest Rutherford montre que l'atome est composé d'un petit noyau central de charge électrique positive, dans lequel est concentrée presque toute la masse, et d'un cortège d'électrons de charge négative tournant autour de lui. La charge totale de ces électrons doit être égale à la charge positive du noyau. Deux ans plus tard, le hollandais A. van den Broek suggéra que cette charge électrique était égale au numéro atomique de l'élément dans la classification périodique de Mendeleïev. A l'automme 1913, Henry Moseley montra, par ses mesures précises sur les spectres de rayons X, que leurs raies caractéristiques se déplaçaient régulièrement en longueur d'onde d'un élément au suivant ; ce déplacement dépendait d'un nombre qui augmentait chaque fois d'une unité. C'était la preuve expérimentale que la charge du noyau et le nombre d'électrons autour de lui étaient effectivement les mêmes que le numéro atomique de l'élément. Ce numéro atomique, un nombre entier, semblait être une grandeur physique plus importante que la masse atomique. Le plus léger des éléments, l'hydrogène, avait le numéro 1 et le plus lourd, l'uranium, le numéro 92. Les résultats de Moseley montraient qu'il ne pouvait exister que 90 éléments intermédiaires. On en connaissait alors 84 et six restaient donc à découvrir.

Il restait à comprendre la stabilité de l'édifice atomique et la périodicité de la classification de Mendeleïev. L'atome est, en effet, une entité stable, conservant son identité même si on le « brutalise ». Qu'on le chauffe à une température élevée, qu'on exerce sur lui une forte pression ou qu'on le fasse passer d'une combinaison chimique à une autre, l'atome d'aluminium, par exemple, demeure de l'aluminium et l'atome de silicium, du silicium. Le noyau, par sa charge (13 pour l'aluminium et 14 pour le silicium) entraîne la stabilité des propriétés atomiques, c'est-à-dire du nombre total d'électrons : si un électron est arraché, très vite l'atome en reprendra un autre pour le remplacer.

La même année 1913, le jeune théoricien danois, Niels Bohr, formula son modèle de la constitution de l'atome : les électrons se meuvent sur des orbites circulaires (par la suite des orbites elliptiques furent également introduites), et leur énergie de liaison est bien définie. Classiquement, l'électron tournant sur une orbite est soumis à une accélération et doit, par conséquent, rayonner ; ceci lui ferait gagner de *l'énergie de liaison* et se rapprocher du noyau. Or ce n'était pas ce qui était observé : un atome stable n'émet pas de rayonnement. Bohr supposa que lorsqu'un électron libre se lie à un noyau, un photon monochromatique, un « grain de lumière », est émis. L'état qui en résulte peut être l'état fondamental de l'atome, celui qui est le plus stable ; ce peut être aussi un état excité, si l'électron est retenu sur une orbite supérieure. Bohr postula que l'électron, dans son orbite autour du noyau, se trouvait ainsi dans un état stationnaire. Il introduisit les idées de *quantification* de Max Planck et d'Albert Einstein, selon lesquelles l'énergie d'un rayonnement est égale à sa fréquence de vibration multipliée par ce qu'on appelle la *constante de Planck*. Bohr fit ainsi l'hypothèse que seuls certains états de mouvement — et donc certaines énergies de liaison seulement — sont permis pour un électron dans un atome : ceux qui correspondent à un moment cinétique (classiquement, la quantité de mouvement de l'électron multipliée par sa distance au noyau central) multiple entier de la constante de Planck divisée par 2 π. On dit qu'un tel moment cinétique est quantifié, c'est-à-dire qu'il ne peut avoir que certaines

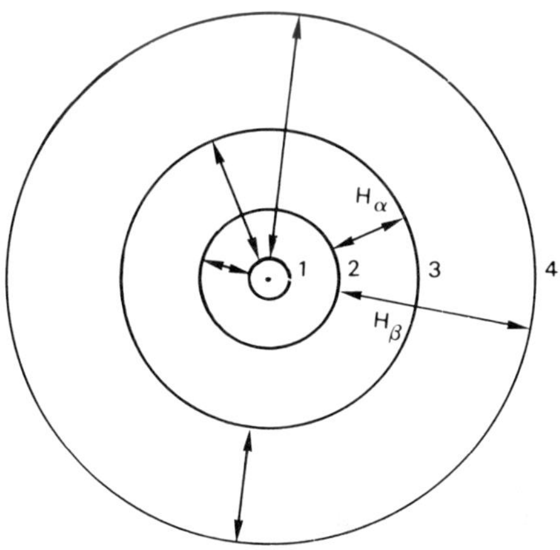

Atome de Bohr. Les quatre premières orbites stationnaires de l'atome d'hydrogène (le point central représente le noyau). Le saut d'un électron d'une orbite à une autre donne lieu à l'émission d'un photon ; les flèches indiquent les transitions possibles entre les différents états. H_α est la raie rouge de l'hydrogène, H_β est la raie de couleur turquoise.

valeurs finies. Il est alors représenté par un *nombre quantique*. Le jeune théoricien en déduisit également que l'atome n'émettait un rayonnement de fréquence bien définie que lorsqu'un électron changeait d'état de mouvement et donc d'énergie de liaison. La quantification du mouvement et des énergies conduit alors à la quantification et à la spécificité des propriétés atomiques.

Le modèle de Bohr reçut une brillante confirmation expérimentale par son accord avec le spectre de raies observées pour l'hydrogène. Le modèle fut complété et perfectionné par la suite. Le mouvement des électrons est, en fait, défini par plusieurs nombres quantiques, comprenant le moment cinétique dont nous venons de parler et le *spin* qui caractérise la rotation de l'électron sur lui-même.

En 1925, le physicien Wolfgang Pauli montra que deux électrons, dans un atome, ne peuvent pas occuper simultanément le même état de mouvement, c'est-à-dire avoir exactement les mêmes nombres quantiques. Ce principe

N° atomique	Élément	K	L	M	N
		1	2	3	4
		s	s p	s p d	s p d f
1	H	1			
2	He	2			
3	Li	2	1		
4	Be	2	2		
5	B	2	2 1		
6	C	2	2 2		
7	N	2	2 3		
8	O	2	2 4		
9	F	2	2 5		
10	Ne	2	2 6		
11	Na	2	2 6	1	
12	Mg	2	2 6	2	
13	Al	2	2 6	2 1	
14	Si	2	2 6	2 2	
15	P	2	2 6	2 3	
16	S	2	2 6	2 4	
17	Cl	2	2 6	2 5	
18	Ar	2	2 6	2 6	
19	K	2	2 6	2 6 ..	1
20	Ca	2	2 6	2 6 ..	2

Couches et sous-couches des électrons atomiques jusqu'au calcium.

d'« exclusion » est appelé aujourd'hui *principe de Pauli*. Il est alors possible d'établir la configuration des atomes des différents éléments, en considérant les valeurs successives que peuvent prendre les nombres quantiques des électrons occupant les différents états. Les électrons remplissent ainsi, peu à peu, des couches, en passant d'un élément au suivant. L'hydrogène, de numéro atomique Z = 1, possède un seul électron ; l'hélium, de Z = 2, en possède 2, et la première couche est alors complète. Le lithium a un troisième électron dans la deuxième couche, qui est remplie avec 8 électrons pour le néon de Z = 10. Le sodium, l'élément suivant, a un électron dans la troisième couche, et ainsi de suite. L'affinité chimique correspond à des couches qui ne sont pas entièrement remplies ; le nombre d'électrons excédentaires ou de vacances, donne la valence chimique. Les atomes des gaz rares ont des couches complètes, et ces gaz sont inertes. La classification périodique de Mendéleïev avait ainsi trouvé son explication.

Qui a commandé ce plat ?

L'étape suivante, dans notre connaissance de l'infiniment petit, était la structure du noyau lui-même. On sait, depuis 1932, qu'il est composé de *nucléons* : les *protons* et les *neutrons*. Ceux-ci interagissent fortement les uns avec les autres et occupent un volume réduit. Le centre du noyau n'est pas matérialisé comme l'est le centre du système solaire par le Soleil, ou le centre de l'atome par le noyau. On pensait donc devoir décrire ce dernier par un modèle d'une autre nature. Aussi, la communauté des physiciens accueillit-elle avec scepticisme les premiers qui affirmèrent, comme Elsasser en 1934, que les nucléons dans le noyau pouvaient se grouper par couches, les couches ne pouvant résulter, croyait-on, que d'une force exercée par un objet central. On pensait plutôt que le noyau ressemblait à une goutte liquide, ce qui permettait d'expliquer toute une série de réactions nucléaires comme la fission. Il fallut recueillir beaucoup de résultats expérimentaux pour démontrer, plus de dix ans plus tard, que les noyaux, eux aussi, présentaient une certaine périodicité. Les énergies de liaison des nucléons comportent des discontinuités remarquables pour certaines valeurs du nombre de neutrons N ou de protons Z. Les abondances relatives des différents isotopes, en fonction de ces nombres N et Z, font apparaître également des régularités. Pour ces mêmes valeurs de N et de Z, l'énergie d'excitation des premiers niveaux excités des noyaux est plus élevée que pour leurs voisins. La section efficace de capture de neutrons par les noyaux présente une variation périodique où interviennent encore ces valeurs particulières de N. Ces valeurs, à savoir les nombres 2, 8, 20, 50, 82 et 126, furent appelées *nombres magiques*.

Ce fut la base expérimentale sur laquelle s'appuyèrent Maria Goeppert-Mayer, O. Haxel, J. H. D. Jensen et H. E. Suess, qui expliquèrent ces nombres magiques par un modèle en couches, appelé aussi modèle à particules individuelles. Dans ce modèle, les forces nucléaires se conjuguent pour créer un champ de force moyen à partir du centre du noyau, auquel il faut toutefois ajouter ce que l'on appelle la force spin-orbite : l'interaction à laquelle est soumis chaque nucléon dépend également de l'orientation relative de son moment cinétique par rapport à celle de son spin. C'est le principe de Pauli qui — comme dans le cas des électrons — interdit à deux nucléons d'occuper exactement le même état, ce qui leur donne un long parcours moyen dans la matière nucléaire. Dans le modèle en couches, protons et neutrons occupent des couches successives dont le remplissage correspond aux nombres magiques. Les noyaux à 2, 8, 20, 50, 82 ou 126 protons ou neutrons sont ainsi particulièrement stables ; leur forme, dans leur état fondamental, est sphérique, alors que les noyaux intermédiaires sont plus ou moins déformés en saucisse ou en galette.

Les considérations de symétrie allaient jouer un rôle remarquable dans le passage aux dimensions plus petites encore, lorsqu'on se mit à étudier la structure même du nucléon et des autres *particules élémentaires*. Jusqu'en 1947, celles-ci se limitaient au proton, au neutron, à l'électron (positif ou négatif), au *neutrino*, au *photon* et à une particule intermédiaire baptisée *méson*. Mais, à partir de cette date, ce fut l'explosion : d'abord la découverte, par Cecil Powell et ses collaborateurs, du méson π et de l'électron lourd μ, qui vous sera racontée cette semaine, et, la même année, la découverte, par les anglais G. D. Rochester et C. C. Butler, de la particule Λ légèrement plus lourde que les nucléons. Dans les années 1949-1953, une nouvelle famille de mésons fut mise en évidence : les mésons K. Les découvertes de nouvelles particules se succédèrent rapidement.

On raconte qu'Isidore I. Rabi, professeur à l'Université Columbia de New York, qui prenait souvent ses repas dans les restaurants chinois avec ses collègues, apprenant l'existence de l'électron lourd, *le muon,* particule en apparence « inutile » pour la structure de la matière, s'écria : « Mais qui a commandé ce plat ? » Vers la même époque, le physicien italien Enrico Fermi remarqua que la physique des particules allait ressembler à la botanique.

En 1953, l'américain Murray Gell-Mann et le japonais K. Nishijima, indépendamment, proposèrent d'appeler les particules Λ et les mésons K, des particules étranges et de leur attribuer un nouveau nombre quantique, l'étrangeté.

M. Gell-Mann, plus particulièrement, s'attacha à classer et à trouver un ordre dans les particules nouvellement découvertes. Pour cela, il utilisa la « théorie mathématique des groupes » : l'idée était que, en examinant les relations entre les propriétés des différentes particules, en étudiant leurs symétries, en tentant de les décrire dans le cadre de groupes mathématiques à l'aide de leurs nombres quantiques, on découvrirait la réalité physique sous-jacente. C'est ainsi que M. Gell-Mann, ainsi que G. Zweig, partant de l'idée que les nucléons eux-mêmes ont une structure, proposèrent, en 1964, l'existence de *quarks,* particules qui n'apparaissent pas à l'état libre et qui seraient les constituants ultimes des nucléons, des particules plus lourdes et des mésons. Ce ne semblait, au début, qu'un outil mathématique commode. Cependant, ce modèle, qui prévoyait des familles de 1, 8, 10 ou 27 particules, rencontra, dans les années qui suivirent, un succès considérable. De nouvelles particules furent prédites, puis découvertes (comme celle qui fut baptisée Ω^-). D'autres expériences confirmèrent la validité de la théorie de Gell-Mann. De nouveaux nombres quantiques (tel le charme) furent mis en évidence, correspondant à de nouveaux types de quarks. On pense aujourd'hui qu'il y en a six ; on dit « six saveurs de quarks ».

Les efforts des hommes, au cours des âges, ont ainsi porté sur la compréhension de tous les phénomènes, de l'extrêmement grand jusqu'à l'extrêmement petit. Malgré les analogies, les forces mises en jeu sont de nature difféa)

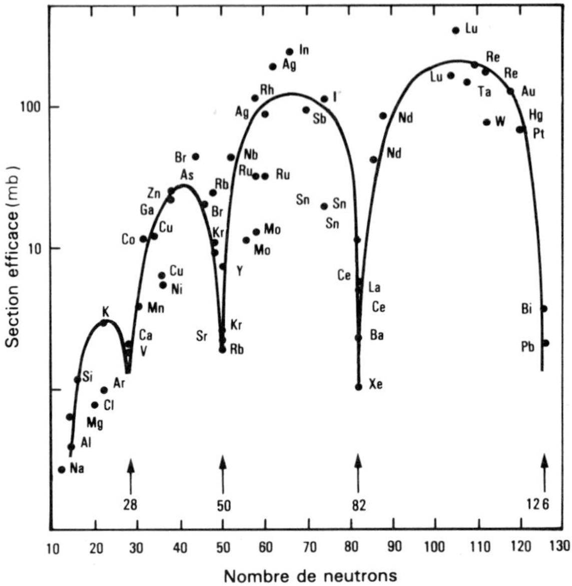

b)

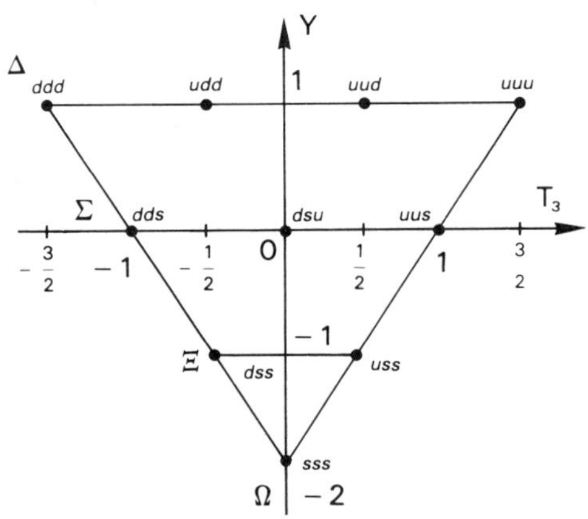

a) Section efficace de capture des neutrons par les noyaux en fonction du nombre de neutrons. Les minima correspondent aux nombres magiques.

b) Combinaisons possibles des trois premiers quarks (appelés u, d et s), formant un décuplet de spin 3/2, en fonction de leurs nombres quantiques (d'après Gell-Mann).

rente : planètes et étoiles interagissent par les forces de *gravitation* ; les électrons sont maintenus, dans l'atome, par les forces *électromagnétiques*. La cohésion des nucléons dans le noyau et des quarks à l'intérieur des nucléons est due à *l'interaction forte*. Il existe encore un quatrième type de force, responsable des phénomènes de radioactivité, que les physiciens appellent *interaction faible ;* son intensité est intermédiaire entre celle de la gravitation et celle des forces électromagnétiques. Les portées de ces quatre interactions fondamentales ne sont pas les mêmes : la gravitation et la force électromagnétique agissent à grande distance, alors que l'interaction forte et, plus encore, l'interaction faible, sont de très courte portée.

Depuis de nombreuses années, on s'efforce de placer ces interactions dans un cadre unique, d'établir des liens entre elles. Les premiers succès dans ce sens ont été obtenus avec les interactions faibles et électromagnétiques, et l'on parle aujourd'hui d'*interactions électrofaibles*. Des recherches sont en cours sur l'unification entre l'interaction électrofaible et l'interaction forte. C'est ce que l'on appelle la *grande unification*. Dans le cadre d'une telle théorie, le proton aurait une durée de vie finie, mais extrêmement longue, même à l'échelle de la durée de vie de notre galaxie. Des expériences ont été entreprises pour tenter de mettre en évidence une telle instabilité. La gravitation, pour l'instant, se trouve encore en dehors de ces travaux, mais l'ambition des physiciens est de réussir demain à unifier les quatre interactions fondamentales universelles connues.

En même temps que nous sondons les profondeurs de l'univers, nous allons de plus en plus loin dans l'étude des particules les plus infimes que nous connaissons. La mise en évidence de régularités, de symétries, de périodicités nous guide pour trouver ordre et explication dans ce qui peut paraître, au départ, embrouillé et complexe. C'est l'observation et l'expérience qui nous permettent de distinguer la connaissance véritable de ce qui n'est que mythe ou vaine spéculation.

II

LUNDI

« TAIS-TOI, ON VA NOUS PRENDRE POUR DES ALCHIMISTES »

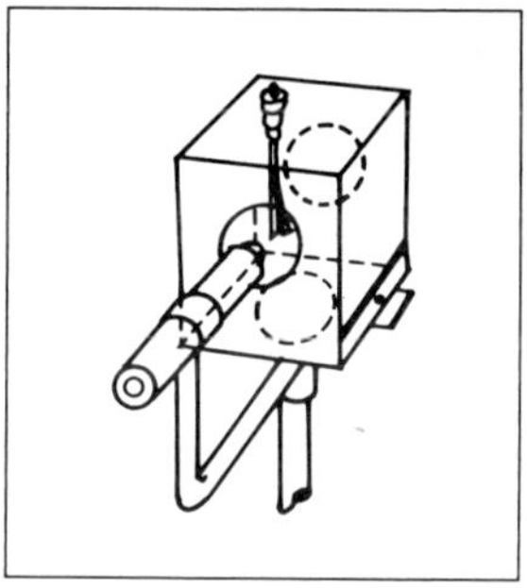

Il avait neigé toute la journée. Quelques flocons dansaient encore à la lumière des réverbères. Dehors, les promeneurs étaient de plus en plus rares. Notre repas s'achevait ; tandis que les physiciens terminaient leur discussion, les sportifs se dirigeaient vers les banquettes de la grande salle où des bûches flambaient. Tous les yeux se tournèrent vers l'homme aux cheveux blancs portant une chemise à carreaux, qui s'avançait dans la salle. Le silence se fit.

Je m'appelle Jan Budovec et je travaille en Tchécoslovaquie, à l'Université Charles de Prague. J'évoquerai d'abord pour vous, ce soir, ma ville natale qui fut, il y a quelques siècles, à la fois le berceau de l'astronomie naissante et un haut-lieu de l'alchimie. Je vous expliquerai ensuite comment on a découvert que la radioactivité est la transmutation d'un élément en un autre, le vieux rêve des alchimistes.

« La petite mère a des griffes »

Mon Université est l'une des plus vieilles d'Europe : elle fut fondée en 1348, par l'empereur Charles IV. On appelle parfois Prague, « la ville aux cent tours ». Majestueuse, la rivière Vltava forme un coude au milieu de la vieille ville. Le château, le Hradschin comme nous l'appelons, la domine. De là, la vue s'étend sur les collines et les maisons serrées les unes contre les autres, sur le pont de pierre aux multiples statues où il fait bon flâner par les beaux soirs d'été ainsi que sur les toits pentus des clochers de couleur verte, dont le cuivre devait étinceler au soleil dans les années qui suivirent leur construction. Mais ma ville n'est pas seulement belle sous le soleil ; c'est peut être sous un ciel gris, dans la brume, qu'elle est la plus attachante, enveloppée de ses mystères. On cherche leurs traces dans les ruelles du vieux quartier de la rive droite ou au milieu des belles demeures des siècles passées, étagées sous le château, sur la rive gauche. On songe au Golem, l'automate légendaire, fidèle serviteur du rabbin qui l'aurait construit, parcourant les venelles du quartier juif, ou à Kafka écrivant dans un café enfumé : « Prague ne nous lâchera pas, la petite mère a des griffes ».

Prague était, à la fin du XVIe siècle, la capitale intellectuelle de l'Europe Centrale. C'était déjà une époque troublée ; la Renaissance s'était emparée des esprits cultivés, mais le Moyen Age était encore présent. La religion réformée s'affrontait au catholicisme et à la contre-réforme : Luther et Calvin d'un côté, le Pape de l'autre. Des massacres étaient perpétrés ; l'Inquisition sévissait, notamment en Espagne et au Portugal. En une année, dans une petite ville de l'Empire, six femmes furent brûlées vives comme sorcières. En 1600, on conduisit au bûcher, sur une place de Rome, Giordano Bruno qui avait osé affirmer que l'Univers était infini et que le Soleil n'était qu'une étoile parmi d'autres.

Cependant, l'homme qui gouvernait le Saint Empire Romain Germanique était un empereur éclairé et refusait de prendre parti. Comme son père Maximilien II, Rodolphe II de Habsbourg, pourtant petit-fils du très catholique Charles Quint, pratiquait la tolérance malgré les pressions du roi d'Espagne et du Pape : il voulait éviter que la guerre ne vînt ravager ses états.

L'Empereur n'aimait pas les cérémonies protocolaires, mais son maintien forçait le respect. S'échappant de Vienne, dont l'atmosphère bruyante et futile lui déplaisait, il avait installé sa cour à Prague, dans le château du Hradschin où il pouvait s'isoler dans ses rêves. Cette ancienne résidence de Charles IV, enserrée dans son enceinte avec ses tours, ses églises et ses ruelles, convenait bien au caractère mélancolique et secret de l'Empereur. C'était un homme curieux que Rodolphe II ! Les mariages consanguins depuis plusieurs générations avaient laissé leurs marques. Elevé en Espagne, il avait conçu une profonde aversion envers les fanatiques.

Portrait de l'empereur Rodolphe II par Giuseppe Arcimboldo.

Il se sentait plus à l'aise au milieu des artistes, des savants et des magiciens dont il aimait s'entourer qu'auprès des princes et des « puissants de ce monde ». Il attira de nombreux peintres des Flandres et d'Italie, tel le célèbre Giuseppe Arcimboldo. Ses collections comprenaient, non seulement des oeuvres d'art, mais aussi des objets curieux comme les bézoards, ces concrétions pierreuses formées dans le tube digestif de certains animaux et auxquelles on attribuait des vertus médicinales. Parmi les personnages reçus par Rodolphe, se trouvait le rabbin Loeb, humaniste du ghetto, qui fréquentait les astronomes et qui, dit-on, était le père du Golem, l'automate.

A la fin du XVIe siècle, on ne savait pas encore démêler connaissances et superstitions, distinguer ce qui était fondé sur une tradition de ce qui s'appuyait sur l'expérimentation. L'Empereur avait une prédilection pour l'astronomie et l'alchimie dont il espérait des révélations. Pour le premier de ces domaines, il sut faire appel à des hommes exceptionnels, convaincus du rôle primordial des observations rigoureuses, qui furent les pionniers de la science moderne. Pourtant, certains de ces savants, tel Kepler, qui pratiquaient l'étude systématique, scientifique, des corps célestes et de leurs mouvements — sujet même de l'astronomie — cherchaient, simultanément à prédire l'avenir au moyen d'horoscopes, ce que l'on appelle l'astrologie. L'alchimie poursuivait des chimères ; la science chimique, qui chercherait à comprendre les faits, ne naquit, elle, que quelques dizaines d'années plus tard. Les frontières entre les différentes activités intellectuelles n'étaient pas aussi marquées qu'aujourd'hui, et un artiste pouvait, par exemple, s'adonner aux sciences naturelles et à la médecine.

Astronomes et alchimistes de la ville aux cent tours

En 1599, Rodolphe II réussit à attirer à sa cour un observateur remarquable, Tycho Brahé, le prince des astronomes. A l'aide d'instruments de mesures permettant la visée précise des étoiles, réalisés sur ses indications par des artisans ingénieux, mais sans disposer encore de ces lunettes grossissantes introduites quelques années plus tard par Galilée, il avait fait édifier, dans son Danemark natal, dans l'île de Hveen, l'observatoire d'Uraniborg, et il avait mesuré les positions des planètes et des étoiles pendant plus de 20 ans. Cet astronome, dont les mesures faites à l'oeil nu étaient d'une précision jusque là inégalée, avait établi un catalogue de toutes les étoiles qu'il avait observées dans le ciel. Il avait suivi les mouvements de la Lune, des planètes et des comètes. Il est particulièrement connu pour sa découverte, en 1572, d'une étoile très lumineuse, nouvellement apparue, qu'il appela « nova ».

Un an après son arrivée à Prague, Tycho Brahé fit venir de Graz, le jeune astronome et mathématicien Johannes Kepler qui avait eu à souffrir des persécutions religieuses. Durant l'été 1601, l'Empereur les chargea d'établir les *Tables rodolphines* qui devaient prévoir le mouvement des planètes, sur la base des données astronomiques antérieures de Tycho Brahé. Ce dernier demanda alors à Kepler de s'attacher plus particulèrement au mouvement de la planète Mars. Le maître et son assistant n'avaient pourtant pas la même conception de ce mouvement. Pour Tycho, la Terre était au centre de l'Univers, le Soleil tournait autour de la Terre et les planètes autour du Soleil ; au contraire, Kepler avait adopté le point de vue révolutionnaire du moine polonais Copernic, selon lequel la Terre était une planète comme les autres, tournant elle aussi autour du Soleil. Cependant, cette controverse n'eut pas le temps de se développer, car, quelques mois plus tard, Tycho Brahé mourut, et Kepler fut nommé par Rodolphe II « mathématicien impérial », avec la charge de veiller sur les instruments de son maître et de poursuivre les travaux entrepris.

Grâce aux observations de Tycho, Kepler découvrit que la planète Mars — comme les autres planètes — décrivait autour du Soleil, une ellipse et non un cercle comme on le pensait jusqu'alors. Kepler publia, en 1609, cette observation, que l'on appelle aujourd'hui première loi de Kepler, dans son livre sur la physique du ciel, *Astronomia nova.* Il pouvait écrire à Prague ce que Galilée, au même moment, ne pouvait pas affirmer en Italie. Malgré la protection de l'Empereur, sans laquelle ce livre ne serait pas paru, Kepler était soucieux de ne pas entrer en conflit ouvert avec les autorités religieuses ; il expliquait : la Terre tourne autour du Soleil selon une ellipse ; dans un de ses foyers se trouve le Soleil, dans l'autre se tient Dieu avec tous ses anges.

Les temps, comme je l'ai dit, étaient troublés. En 1620, Kepler dut retourner près de Stuttgart, pour aller défendre sa mère, emprisonnée pour sorcellerie. Grâce à son plaidoyer, il réussit à l'innocenter et à la faire libérer.

Si vous vous promenez derrière la cathédrale de Prague, vous trouverez une petite rue où s'alignent des petites maisons colorées, comme des maisons de poupées. On l'appelle la ruelle des alchimistes ou ruelle dorée. Les historiens affirment cependant que les alchimistes de la cour de Rodolphe II n'habitaient pas en ce lieu, mais plutôt près de là, dans la *Vikarska ulicka,* à l'ombre de la cathédrale Saint Guy. L'alchimie tenait alors une grande place . Dans l'un de ces ateliers, travaillait le propre fils de Tycho Brahé. Parmi les alchimistes qui entouraient l'Empereur se trouvaient aussi certains personnages étranges, tels John Dee et son aide Edward Kelley, dont on ignore aujourd'hui encore s'il s'agissait d'artisans sincères, de charlatans ou d'espions d'une cour étrangère.

Le mot alchimie provient de l'arabe *al-kimiya.* Auparavant, au IVe siècle, Zosime, à Alexandrie, attribua les origines et le nom d'alchimie à Chémés, qui aurait été, d'après lui, un prophète juif ; mais *chemesch,* en hébreu, signifie le Soleil, par lequel l'Oeuvre s'accomplit.

Les alchimistes poursuivaient des buts multiples et enchevêtrés ; leur étude des éléments fondamentaux de la nature devait les conduire à l'ultime sagesse, leur permettre de trouver la pierre philosophale et les aider à « transmuter » les métaux vils, comme le plomb, en métal noble, comme l'or.

L'alchimie s'était développée aussi bien en Chine et aux Indes qu'à Alexandrie, puis dans les pays arabes et en Europe. Certaines de ses recettes remontent à l'art des forgerons antiques. L'idée que la matière est une, que les minéraux, et notamment les métaux, proviennent d'un élément unique, ou des quatre éléments primordiaux, remonte à l'Antiquité grecque. La fusion d'un métal, les alliages auxquels celui-ci se prête, permettent des transformations qui paraissaient spectaculaires aux Anciens, d'où l'idée qu'un métal pouvait être transmuté en un autre. On confondait les éléments chimiques et leurs composés, ne disposant pas encore de techniques permettant de les distinguer. On avait trouvé des métaux non seulement dans des mines, au fond de la terre, mais aussi dans des pierres et des roches tombées du ciel, connues aujourd'hui sous le nom de météorites, auxquelles on prêtait autrefois des propriétés surnaturelles. Il s'agissait de dompter les métaux auxquels étaient attribuées des vertus magiques.

Dans sa quête de l'absolu, l'alchimie s'appuyait autant sur des assertions mystérieuses et extravagantes — par exemple que le sang frais de cerf peut dissoudre l'or dans certaines conditions — et des formules cabalistiques faisant référence aux textes de l'Ancien Testament, que sur des observations réelles. Une affirmation, une hypothèse n'était pas systématiquement vérifiée. De la sorte, magie et connaissances nouvelles véritables ne pouvaient pas être démêlées. La littérature s'est faite l'écho de ces tentatives infructueuses. Ainsi l'écrivain anglais Chaucer, vers la fin du XIVe siècle, a mis en scène, dans ses *Contes de Canterbury,* un apprenti alchimiste rencontrant un groupe de pélerins et leur faisant part de son amertume et de son désenchantement : « Mon

Un cabinet d'alchimiste. (Estampe du XVIIIe siècle, d'après D. Téniers).

visage est blême et mon regard est de plomb ; si vous vous essayez à la science, vous aurez à rendre compte. A force de travailler sur des préparations, mes yeux sont devenus troubles ; c'est tout ce que peuvent vous apporter les transmutations. ». De nos jours, dans l'*Oeuvre au noir*, Marguerite Yourcenar écrit : « Le grand mérite de la magie et de l'alchimie, sa fille, était de postuler l'unité de la matière à telle enseigne que certains philosophes de l'alambic avaient cru pouvoir assimiler celle-ci à la lumière et à la foudre ».

Imaginez un cabinet d'alchimiste, installé grâce aux subsides de l'Empereur : dans une haute salle voûtée et sombre, des cornues au col étroit recourbé voisinent avec des alambics utilisés pour les distillations, un feu, des creusets, une forge, des soufflets ; des vapeurs s'échappent des récipients ; le maître et ses aides opèrent pendant des semaines, des mois, voire des années. Certaines des recettes des alchimistes, pourtant tenues secrètes, sont parvenues jusqu'à nous. En voici une, tirée d'un livre attribué à Maître Albert, mais certainement apocryphe, le *Petit Albert,* recueil de prescriptions élaborées sans doute à l'époque qui nous occupe : « Faites infuser une livre de sulfate de cuivre de Chypre dans une livre d'eau de forge bien clarifiée par filtration. Au bout de 24 heures, distillez par filtration avec des morceaux de feutre bien net, puis par l'alambic au feu de sable... Par ailleurs, mettez une once de bon vif-argent purifié dans le creuset... Quand il commencera à bouillir, ajoutez une once de feuilles fines de bon or, et retirez aussitôt le creuset du feu... Prenez

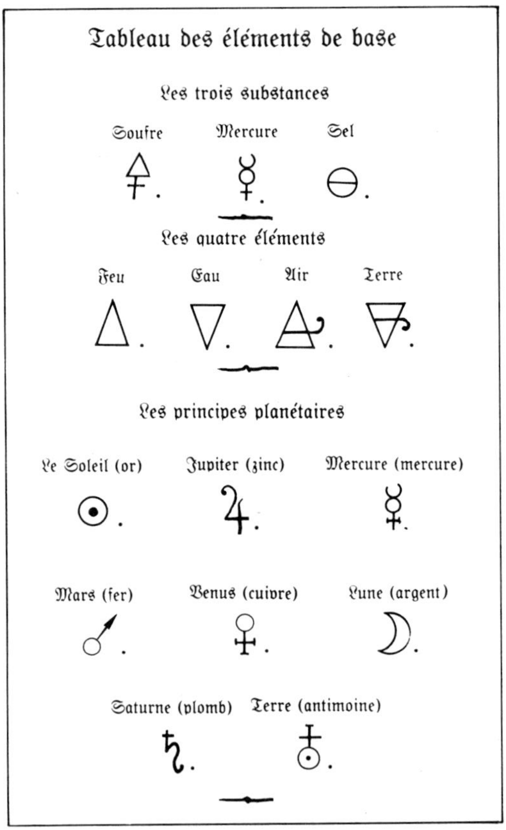

Quelques symboles de base de l'alchimie.

une livre de plomb fin et très purifié. Après fusion, incorporez la composition d'or et de vif-argent... Ajoutez une once de l'eau de sulfate de cuivre... Après digestion de l'ensemble sur le feu pendant un certain temps et refroidissement, on aura obtenu du bon or... »

Un peu d'or doit être introduit dans ces préparations, mais il est censé en produire bien davantage !

Obtenir de l'or, pour Rodolphe II, dont les coffres étaient toujours vides, était essentiel ; mais, en dépit des affirmations de certains charlatans, la transmutation des métaux en or demeurait, depuis des siècles, une quête vaine.

Il ne faut pas croire, cependant, que tout, dans ces travaux, n'était que croyances irraisonnées ou superstitions. Les alchimistes, au cours des siècles, avaient réussi à découvrir les propriétés réelles de certains corps et celles de transformations chimiques qu'ils conservaient secrètement et transmettaient jalousement à des disciples initiés. Les débuts de la chimie ont pu bénéficier de certaines connaissances dues aux alchimistes.

Où l'on verra qu'un élément chimique se transmute en un autre

Néanmoins, la véritable mutation se produisit quand s'imposa l'idée qu'une propriété ne pouvait être admise que lorsqu'elle reposait sur une observation précise et rigoureuse. La primauté de l'expérience sur la théorie est à la base de la science moderne. Ceci suppose le développement d'instruments de mesures précis. Une théorie, aussi séduisante soit-elle, ne peut être acceptée que si elle s'appuie sur des expériences donnant lieu à publication, qui peuvent ainsi être vérifiées et confirmées dans des laboratoires différents.

C'est surtout à partir du XVIIIe siècle que l'on put débrouiller la confusion des apparences. On réussit à établir que certaines substances étaient réellement élémentaires et que d'autres étaient leurs composés. Les premières, que l'on ne pouvait pas décomposer, furent appelées éléments chimiques. Les corps élémentaires ne pouvaient être définis qu'en fonction des perfomances des techniques d'analyse que l'on avait obtenues. Ce n'est qu'en 1913, avec Moseley et Bohr, que l'on comprit réellement la nature d'un élément chimique. A la Renaissance, on n'en connaissait encore qu'un petit nombre : le plomb, l'étain, le fer, le cuivre, l'argent, l'or, le mercure (vif-argent), le soufre, l'arsenic et le carbone. A partir du XVIIIe siècle, on en découvrit et on en isola beaucoup d'autres. On démontra que ces éléments chimiques étaient formés d'un très grand nombre d'atomes semblables, de taille infime, dont on parvint à déterminer les dimensions. Ils s'unissent entre eux, formant les molécules des corps simples et composés. On admit, comme l'avaient imaginé, il y a près de 2 500 ans, les philosophes grecs Démocrite et Leucippe, que ces atomes, grains ultimes, étaient insécables et immuables. Ce fut là la grande conquête des chimistes et des physiciens du XIXe siècle. Un grand nombre d'expériences, celles de Joseph Proust, interprétées par John Dalton, puis celles de Louis Gay-Lussac, permirent de vérifier « l'hypothèse atomique ». *Ainsi, a-t-on établi que, dans un gramme du gaz hydrogène, il y a 600 000 milliards de milliards d'atomes.*

Vous allez voir que des découvertes remarquables, à partir de 1896, permirent d'aller plus loin. A Paris, Henri Becquerel, puis Pierre et Marie Curie découvrent et étudient une propriété étrange des atomes les plus lourds, tout au bout de la classification périodique des éléments. Ils sont *radioactifs :* ils émettent, spontanément et d'une manière continue, des rayonnements pénétrants. Ces derniers sont capables d'impressionner une plaque photographique et également d'électriser l'air, « d'ioniser » l'air. Cette ionisation permet de mesurer quantitativement les rayonnements. Outre l'uranium et le thorium, que l'on connaissait déjà, Pierre et Marie Curie découvrent puis isolent, grâce à leurs rayonnements, des éléments chimiques nouveaux, présents en quantités infimes dans les minerais d'uranium. Ils baptisent ces nouveaux corps radioactifs « polonium » et « radium ».

Traversons maintenant l'Atlantique pour nous rendre au Canada, à Montréal, alors dominion britannique. Au milieu de cette cité, dont la population parle en majorité le français, l'Université Mc Gill, de langue anglaise, abritait le laboratoire de physique Mac Donald, particulièrement bien équipé, grâce à un mécène qui avait fait fortune dans le tabac. Un jeune

Ernest Rutherford,
devant son appareil de mesure des rayons alpha,
au Laboratoire Mac Donald, à Montréal, en 1906.

physicien néo-zélandais de 27 ans, Ernest Rutherford, qui travaillait avec le célèbre J. J. Thomson, au laboratoire Cavendish de Cambridge, en Angleterre, accepte, en 1898, de devenir professeur dans cette université lointaine. Ce qui l'attire n'est pas le traitement relativement modeste qu'on lui propose, mais les moyens exceptionnels de ce laboratoire, qui vont lui permettre d'aborder efficacement le nouveau domaine de la radioactivité. Pour cela, avant de quitter l'Angleterre, il fait envoyer au Canada des sels d'uranium et de thorium afin de poursuivre les recherches qu'il a déjà commencées sur ce sujet. C'est à l'étude de la radioactivité du thorium et de ses dérivés que va se consacrer particulièrement Ernest Rutherford. Le thorium est un métal lourd, blanc argenté, relativement mou, qui avait reçu son nom en l'honneur de Thor, le dieu de la mythologie scandinave. Le jeune chercheur a le sens de la compétition. Pour lui, dans cette course scientifique, les meilleurs sont Becquerel et les Curie et il s'agit de les rattraper, voire de faire mieux.

Dès la fin de septembre 1898, c'est-à-dire après la découverte du polonium, mais avant celle du radium, il se met au travail. A Cambridge, il avait observé que du nitrate de thorium placé dans l'air semblait émettre des rayons d'une manière très capricieuse et non pas de façon constante. Il reprend cette observation à Montréal, en cherchant à comprendre l'origine du phénomène et il s'aperçoit que la radioactivité mesurée varie selon que la porte de son laboratoire est ouverte ou fermée... Un autre que lui n'aurait peut-être pas prêté attention à cette circonstance, en apparence fortuite, mais Rutherford a totalement confiance dans ses mesures et il estime que toute observation mérite une explication. Il reprend ses expériences en modifiant chaque fois les conditions, et il parvient ainsi à montrer que le thorium émet, en permanence, une sorte de « vapeur », de gaz radioactif, qu'il appelle émanation, ne connaissant pas encore sa nature exacte. Le courant d'air produit par la porte ouverte suffisait à balayer l'émanation, et l'intensité du rayonnement mesuré diminuait alors.

Pour mieux étudier cette émanation, Rutherford fait passer, au-dessus d'un échantillon d'oxyde de thorium, un courant gazeux qui traverse ensuite un récipient contenant l'appareil de mesure. Il observe que la radioactivité de l'émanation décroît au cours du temps ; au bout d'une minute environ, il n'en subsiste plus que la moitié ; au bout d'une autre minute, il n'en reste plus que le quart et ainsi de suite. Nouvelle surprise : tout objet en contact avec l'émanation apparaît recouvert, au bout d'un certain temps, d'une radioactivité nouvelle, elle aussi temporaire, mais dont le temps caractéristique est plus long que celui de l'émanation (11 heures au lieu d'une minute). On l'appela radioactivité induite, lorsque Pierre et Marie Curie, en novembre 1899, trouvèrent un phénomène analogue qui se produisait avec les sels de radium. Rutherford montra, par la suite, que c'était l'émanation qui était à l'origine de ce dépôt radioactif.

Cette émanation et ce dépôt actif posèrent des problèmes aux chercheurs du laboratoire Mac Donald. L'un des collaborateurs de Rutherford, A.S. Eve, raconta plus tard qu'il fit fabriquer par un mécanicien un instrument, appelé électroscope à feuille d'or, pour mesurer l'électricité libérée par les corps radioactifs. Quand on charge électriquement cet appareil, la feuille d'or, attachée à une tige, prend une certaine position ; les rayonnements ont pour effet de décharger l'instrument et de provoquer alors le déplacement de la feuille d'or. Or, dans l'appareil qui venait d'être fabriqué, la feuille ne restait jamais en position et retombait irrémédiablement au bout d'un certain temps. Par une nuit d'insomnie, A. S. Eve réfléchit à ce problème ; il a une intuition, se lève et construit un électroscope rudimentaire avec une boîte à tabac métallique, l'embout isolant en ambre d'une pipe et un peu de cire. Cette fois, chez lui, la petite feuille métallique reste en position. La conclusion s'impose : le laboratoire de Rutherford est contaminé par l'émanation et son dépôt actif. Rutherford est ravi de l'explication trouvée par son collaborateur ; à partir de ce jour-là, des précautions particulières furent prises pour que de tels ennuis ne se reproduisent plus.

En lisant la correspondance de Rutherford, on constate pourtant que ce dernier, à Montréal, s'estime isolé. Il écrit à J.J. Thomson, fin mars 1901, « que ce sentiment d'isolement est le grand inconvénient des postes aux colonies, car, à moins d'accepter la stagnation, on ressent vivement le besoin d'échanges scientifiques ». Il se sent bien loin des laboratoires européens où se trouvent les principaux acteurs de la physique. Moins d'un an plus tard cependant, tout a changé. L'isolement n'existe plus. C'est à Montréal que les jeunes scientifiques européens les plus dynamiques souhaitent se rendre pour travailler avec Rutherford.

Que s'était-il donc passé entre temps ?

Dans la même lettre, Rutherford avait écrit : « Nous allons avoir demain une grande discussion dans notre Société de Physique locale et nous espérons démolir les chimistes à cette occasion. » Le jeune physicien veut montrer aux chimistes, avec lesquels il se prépare à croiser le fer, qu'il y a plus petit que l'atome, comme cet électron découvert par son maître J.J. Thomson, moins de quatre ans auparavant, et qu'un élément chimique peut être décelé et séparé, non point par des méthodes chimiques classiques, mais à l'aide de son seul rayonnement. En face de lui, il trouve à qui parler. C'est un jeune chimiste de talent, devenu préparateur à Mc Gill, Frederick Soddy, arrivé d'Oxford à l'automne précédent, qui aime le débat contradictoire et impressionne son interlocuteur par sa verve. Soddy rappelle que l'atome immuable et insécable est à la base de la chimie et soutient que les rayonnements n'ont pas la même consistance matérielle qu'une substance chimique bien pondérable, quant à elle. Pourtant, après cette discussion mémorable, Rutherford propose à Soddy de venir travailler avec lui, car la collaboration d'un physicien et d'un chimiste lui semble indispensable pour parvenir à élucider la nature de l'émanation du thorium.

Rutherford était un homme d'une grande énergie, enthousiaste, capable d'accès soudains de colère ; il savait emporter la conviction par la force de son argumentation. Sa perspicacité était célèbre : au milieu d'une foule de faits contradictoires, il voyait ce qui était significatif et suivait alors le fil conducteur avec persévérance. Il avait l'intuition de la solution. Ses expériences étaient toujours simples, sans complication inutile. La primauté de l'expérience était un impératif absolu ; une hypothèse théorique qui ne reposait pas sur des observations n'avait, pour lui, aucune valeur. Un de ses collègues de l'Université, professeur de littérature, a dit que l'impression qu'il laissait ne pouvait être décrite que par un seul terme : il était « radioactif ».

Frederick Soddy avait une intelligence très vive. Rapide dans ses raisonnements, il était brillant et très cultivé. Il savait présenter et expliquer les nouveaux résultats, que ce soit oralement ou par écrit ; il aimait la discussion.

L'association, particulièrement fructueuse, de ces deux personnalités, dura environ 18 mois, Soddy prenant en charge les séparations chimiques et Rutherford les mesures physiques. Soddy utilise les meilleurs réactifs de la chimie pour tenter de décomposer l'émanation ou de réaliser avec elle des combinaisons chimiques. Rien n'y fait. Le gaz reste tel quel. C'est la preuve que l'émanation n'est pas susceptible d'avoir une liaison chimique ; elle est donc un gaz inerte, sans doute un nouvel élément, appartenant à la famille récemment découverte de l'argon qui devait, par la suite, recevoir le nom de famille des gaz rares ; l'émanation du thorium fut baptisée thoron. Les deux jeunes chercheurs ont alors l'intuition décisive de ce qui allait constituer leur grande découverte commune. Le thorium, un solide, semble, en permanence, donner naissance à un gaz ! Ils se regardent, saisis par la signification de cette constatation. Soddy dit à Rutherford : « Ceci est une transmutation. Le thorium se désintègre et se transforme en un autre élément ». Rutherford lui répond : « Pour l'amour de Dieu, Soddy, tais-toi, on va nous prendre pour des alchimistes ! ».

Cependant une telle hypothèse demande confirmation. Le thorium est-il bien la véritable source de l'émanation ?

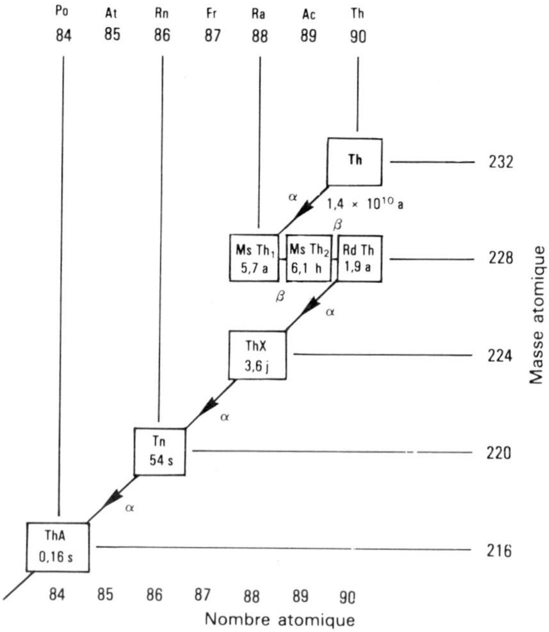

La famille du thorium, jusqu'au premier radioélément du dépôt actif (thorium A) (lorsque Rutherford et Soddy découvrirent le thorium X, on ne connaissait pas encore les deux mésothorium et le radiothorium). Chaque radioisotope de la famille du thorium a reçu un nom particulier ; le symbole de l'élément correspondant apparaît en haut de la figure.

Une nouvelle série de recherches commence. Soddy s'efforce, à nouveau, d'isoler du thorium très pur, séparé de tous ses composés. Au grand étonnement des deux savants, c'est le précipité dont le thorium avait été séparé qui s'avère produire l'émanation et qui contient une grande partie de la radioactivité d'origine jusque là attribuée au thorium. Le thorium pur, quant à lui, est beaucoup moins radioactif qu'avant la séparation ; un nouvel élément accompagne donc le thorium. Rutherford et Soddy l'appellent le thorium X, par analogie avec l'uranium X, découvert une année auparavant par Crookes dans l'uranium. Cette séparation ne semble pas permanente et il paraît nécessaire de la répéter plusieurs fois. Les deux hommes commandent en Allemagne un nitrate de thorium particulièrement pur permettant des études plus précises et ils reprennent le travail avec fièvre.

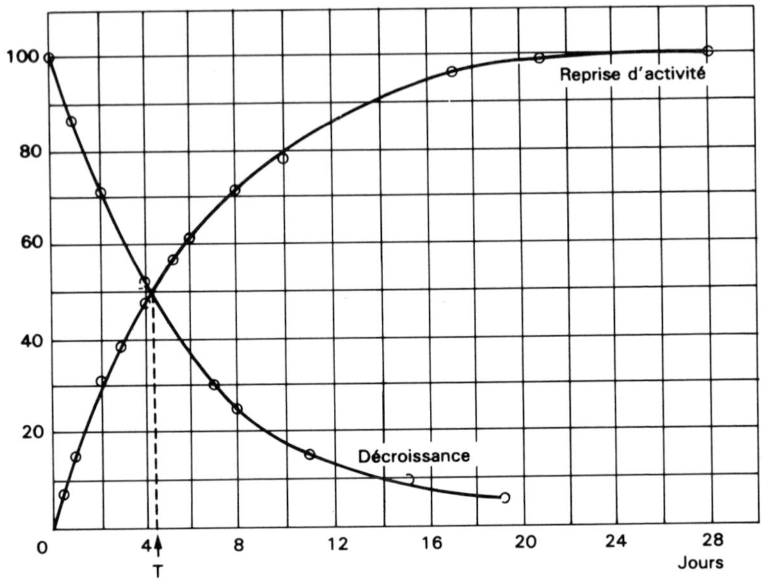

Décroissance de la radioactivité du thorium X et reprise de la radioactivité de l'échantillon de thorium dans les expériences de Rutherford et Soddy. T est la période du thorium X (un peu plus longue que celle déterminée ultérieurement).

Chaque nouvelle séparation chimique de Soddy exige de nouvelles mesures de Rutherford sur les rayonnements caractéristiques.

Juste avant Noël 1901, Soddy s'efforce de séparer complètement tout le thorium X du thorium d'origine. Au début de janvier, quand Rutherford reprend ses mesures, une grande surprise l'attend : la radioactivité du thorium X a considérablement décru, alors que le thorium a retrouvé presque entièrement sa radioactivité constante d'origine et son pouvoir de produire l'émanation. Les deux jeunes scientifiques répètent l'expérience avec émotion : la radioactivité du thorium X diminue bien au fur et à mesure que la substance d'origine retrouve son rayonnement ; la somme des deux est constante. La réalité des faits s'impose alors à eux : l'élément thorium se transforme en élément thorium X. *Ils venaient de prouver la réalité de la transmutation.*

Les transformations radioactives ont leur loi

L'apparition de l'émanation dans le thorium X ainsi que celle du dépôt actif de l'émanation devaient résulter de transformations similaires. A chaque instant, un certain nombre d'atomes de l'élément parent se désintègrent, se transmutent spontanément en un autre corps qui peut lui aussi être radioactif. Le rythme de cette transformation est très différent selon les corps. Comme le thorium a une vie extrêmement longue à l'échelle géologique, sa radioactivité propre semble invariable. Le thorium X, qui en résulte, lui, décroît de moitié en 3,6 jours. Quand on l'isole, on le voit disparaître peu à peu. Dans le thorium d'origine apparaissent régulièrement, par transmutation, des atomes nouveaux de thorium X. Le nombre d'atomes qui se reforment est égal au nombre d'atomes qui se désintègrent, de sorte que leur somme reste constante. Cette situation constitue l'équilibre radioactif réalisé dans les minerais naturels.

Le nombre d'atomes qui se transforment par unité de temps constitue toujours la même proportion du nombre total d'atomes présents. Cette constante de proportionnalité est caractéristique de chaque corps radioactif. On a montré qu'elle est indépendante aussi bien des conditions physiques - comme la température ou la pression - que des conditions chimiques. Il en résulte la loi exponentielle de décroissance d'un corps radioactif : en un temps caractéristique, appelé *période*, il ne subsiste plus que la moitié de la radioactivité initiale ; au bout d'une deuxième période, il n'en subsiste que le quart ; au bout de trois périodes, il n'en reste que le huitième. L'émanation du thorium - nous l'avons dit - décroît de moitié en une minute. Isolons, par exemple, au départ, 1000 atomes de thoron : au bout d'une minute, la moitié se sera désintégrée et il n'en restera que 500, au bout d'une nouvelle minute, la moitié de ce qui reste aura également disparu et il ne restera plus que 250 atomes, etc... *La radioactivité est la transmutation spontanée d'un élément chimique en un autre.* Un métal, le thorium, se transforme en un autre métal, le thorium X, qui se transforme, à son tour, en un gaz, le thoron. Ce dernier, enfin, donne naissance à nouveau à un solide, l'élément de départ du dépôt actif. La transmutation, le changement chimique, accompagne et résulte de l'émission de rayonnement par l'atome initial.

Il fallait publier au plus vite cette découverte qui allait bouleverser les conceptions sur l'immuabilité de l'atome, mais les revues scientifiques les plus importantes étaient éditées en Europe, où se trouvait, à l'époque, la plupart des laboratoires. Les manuscrits devaient traverser l'Atlantique, et on ne pouvait pas aller discuter directement avec les responsables des revues. De ce fait, il fallait être attentif à convaincre sans choquer, car les résultats étaient révolutionnaires. De publication en publication, les explications de Rutherford et de Soddy se précisaient et s'affermissaient. Au début, les professeurs les plus timorés de l'Université Mc Gill furent effrayés. Les nouvelles idées de transmutation n'allaient-elles pas ridiculiser l'Université et porter atteinte à sa réputation ? Ceux-là prêchèrent la prudence aux jeunes savants, qui trouvèrent cependant des défenseurs. C'est ainsi que John Cox, le plus ancien des professeurs de physique, affirma qu'au contraire « ces nouvelles conceptions apporteraient la renommée à l'Université ».

En fait, la nouvelle théorie fut acceptée d'emblée par la communauté scientifique. Les expériences étaient concluantes et pouvaient être répétées ; elles apportaient enfin une explication rationnelle et cohérente au phénomène de la radioactivité. Il y eut bien quelques réticences de la part du vieux Lord Kelvin, mais elles ne durèrent pas. C'était enfin la lumière dans l'obscurité, la clarté dans la confusion, l'ordre dans la complexité. La découverte des transmutations spontanées — ce que l'on appela la loi des transformations radioactives — apportèrent à Rutherford et à Soddy une notoriété mondiale.

Frederick Soddy rentra en Angleterre tandis que Rutherford travailla encore pendant quelques années au Canada. L'un des rayonnements émis dans les transmutations attira plus particulièrement son attention : il ne s'agissait ni d'électrons, ni de grains de lumière. Ce rayonnement-là, qui pouvait être absorbé par une simple feuille de papier, se révéla être constitué de particules matérielles relativement lourdes, de charge électrique positive, qu'il nomma particules alpha. Par la suite, il démontra que ces particules étaient des atomes d'hélium dépouillés de leurs deux électrons. Il prouva ainsi qu'un atome de thorium X, par exemple, se transformait en un atome de gaz thoron plus un atome d'hélium (particule alpha) emportant une grande énergie.

En 1908, Rutherford reçut le Prix Nobel de Chimie pour ses études sur la transformation des substances radioactives. Le Comité Nobel qui attribuait le Prix expliquait : « La théorie de la désintégration et les résultats expérimentaux sur lesquels elle s'appuie ont conduit à une interprétation nouvelle et beaucoup plus large des concepts fondamentaux de la chimie. Au cours du XIXe siècle, l'atome et l'élément chimique représentaient les unités ultimes que l'on pouvait atteindre par décomposition chimique et constituaient ainsi la limite de la recherche expérimentale. Savoir ce qui pourrait exister au-delà de cette limite n'était qu'un sujet de spéculations plus ou moins vagues et stériles. Cette frontière, pendant longtemps infranchissable, a maintenant été supprimée... La loi de l'immuabilité des éléments ne peut plus être maintenue et, comme celle des molécules avant eux, la structure des atomes et les lois qui la gouvernent peuvent maintenant être étudiées par des méthodes scientifiques s'appuyant sur des mesures exactes ».

Si l'on demande aujourd'hui à un physicien nucléaire quels sont les principaux travaux de Rutherford, ce n'est pourtant pas à cette loi des transformations radioactives qu'il pensera, mais aux deux découvertes que le grand savant fit quelques années plus tard, à Manchester. En 1911, il met en évidence l'existence, au centre de l'atome, d'un noyau, siège de toutes les transmutations. Puis, en 1919, il réalise la première transmutation artificielle, en transformant un atome d'azote en atome d'oxygène, premier exemple de *réaction nucléaire*. Il devient alors possible de changer un atome de plomb en atome d'or... mais le prix de l'or ainsi obtenu est beaucoup plus élevé que celui de l'or que l'on trouve dans la nature. L'énergie libérée dans la radioactivité et emportée par les rayonnements est considérable. Elle résulte du jeu de forces bien plus grandes que celles qui agissent dans les réactions chimiques ; ce sont, en effet, les forces nucléaires qui interviennent et non pas les forces électromagnétiques qui sont, elles, à la base des transformations chimiques.

Vous voyez que les alchimistes, comme ceux de Rodolphe II, n'avaient aucune chance de réaliser la transmutation du plomb en or, car pour y parvenir, il faut disposer d'énergies comparables à celles emmagasinées dans les noyaux. Les recherches sur la radioactivité ont permis de les mettre en évidence et d'ouvrir la voie à leur libération.

III

MARDI

« MONSIEUR LE MINISTRE, JE N'AI PAS BESOIN D'ETRE DECORE, MAIS J'AI GRAND BESOIN D'UN LABORATOIRE »

Ce soir-là, tout le monde s'assembla, de nouveau, dans la grande salle. Un fauteuil fut tiré vers la cheminée. On attendait le conférencier. Un physicien avait apporté avec lui une bouteille d'Armagnac ; il en offrit à ses voisins qui acceptèrent avec enthousiasme. Enfin, un homme souriant, portant des lunettes aux montures dorées, entra, quelques livres sous le bras. Il vint s'asseoir au milieu de nous.

Mon prénom est André, et je travaille dans un laboratoire de la région parisienne.

Ce soir, je vais vous parler du métier de chercheur qui n'était pas reconnu en tant que tel jusqu'au début de ce siècle, et des difficultés rencontrées, dans le passé, par des découvreurs de génie. J'évoquerai, plus particulièrement, des personnalités souvent citées dans les livres de classe des écoles primaires françaises : celle de Bernard Palissy, qui vécut au XVIe siècle, connu surtout aujourd'hui pour ses travaux sur la céramique émaillée, mais qui fut aussi un éminent naturaliste ; puis celles de Pierre et Marie Curie, dont les travaux ont eu lieu, il y a moins de 100 ans. Vous verrez ensuite avec quelles difficultés les organismes de recherche modernes se sont constitués !

Comment le potier fut contraint de brûler les tables de sa maison.

Le philosophe Bernard de Fontenelle écrivait, en 1720 : « Un potier de terre, qui ne savait ni latin ni grec, fut le premier, vers la fin du XVIe siècle, qui osa dire dans Paris et à la face de tous les docteurs, que les coquilles fossiles étaient de véritables coquilles déposées autrefois par la mer, dans les lieux où elle se trouvait alors ; que des animaux et surtout des poissons, avaient donné aux pierres figurées, toutes leurs différentes figures, etc... et il défia hardiment toute l'école d'Aristote d'attaquer ses preuves. C'est Bernard Palissy, Saintongeois, aussi grand physicien que la nature seule en puisse former un ».

En l'an III de la République, la Convention Nationale décida que « voulant récompenser le génie, dans quelque siècle qu'il ait vécu, et Bernard Palissy ayant bien mérité de la Science et de la Nation, son buste serait commandé à un artiste et placé dans la Salle des Séances. »

On ne connaît pas la date de naissance exacte de Bernard Palissy. Il naquit, sans doute vers 1510, dans le village de La Capelle-Biron, près d'Agen. Son père était un fabricant de tuiles qui lui avait fait donner une instruction rudimentaire grâce à laquelle il exerça, par la suite, les métiers d'arpenteur, de sculpteur, de peintre et de verrier. Bernard Palissy fit un tour de France qui le mena des Pyrénées aux Cévennes, à la Bourgogne, aux Ardennes, à la Bretagne et au Val de Loire. Il alla jusqu'en Flandres, aux Pays-Bas et dans la vallée du Rhin où il rassembla des observations qui lui permirent d'être l'un des fondateurs de la science géologique. Vers 1535, il se fixa à Saintes, où il exerça ses différentes professions et se maria avec une jeune fille de la ville. C'est à cette date qu'il eut l'occasion de voir une superbe coupe émaillée d'origine italienne. Dès lors, il rechercha, inlassablement, les secrets de sa fabrication.

De tous temps, les céramiques ont été d'abord des objets utilitaires ; fabriqués avec des matériaux plus raffinés, ils devenaient des objets d'art recherchés. On constata, dès l'Antiquité, que les poteries de terre pouvaient être peintes et recouvertes d'un enduit avant d'être cuites dans un four à des températures allant jusqu'à 800 et même 1000 degrés. On les appela, par la suite, des poteries tendres, car on pouvait les rayer avec des objets en fer. Il y a 2000 ans, on découvrit, en Chine, la technique de la fabrication d'une céramique dure (même l'acier ne peut pas la rayer) qui devint, à la fin de la dynastie des Tang, au IXe siècle, ce que l'on appelle aujourd'hui porcelaine en français et « china » en anglais. Il s'agit d'une poterie dure dont la matière est complètement vitrifiée, translucide et imperméable. Cette technique se généralisa sous les Ming, au XVe siècle. Pour fabriquer de la porcelaine, il faut chauffer, entre 1300 et 1500 °, un mélange d'argile blanche, le kaolin et d'une variété de feldspath fusible, le bai-dun-zi. Le feldspath est un minéral à structure lamelleuse, à base de silicium, d'aluminium et d'autres métaux, très abondant dans l'écorce terrestre.

Quelques pièces de porcelaine parvinrent en Europe, dès le Moyen Age, par l'intermédiaire des caravanes, qui suivaient la route de la soie. Marco Polo évoque sa fabrication dans son *Livre des Merveilles* : « On tire de la mine une sorte de terre dont on fait un grand monceau qu'on laisse exposé au vent, à la pluie et au soleil pendant trente à quarante ans, sans jamais y toucher... La terre devient ainsi fine et propre... Ceux qui extraient cette terre le font pour leurs enfants ou petits enfants. »

A la Renaissance, on s'efforça, en Europe, d'améliorer les techniques de glaçure et d'émaillage des poteries et par la suite, de retrouver les procédés chinois. On réussit, en Italie, notamment à Faenza, à fabriquer de la faïence émaillée selon le procédé du « grand feu sur émail cru » : après une première cuisson, on plongeait la pièce dans un bain d'émail, et celle-ci, une fois sèche, recevait son décor peint. La technique s'avérait délicate car les retouches n'étaient pas possibles. C'est sans doute une coupe de ce type que Bernard Palissy eut entre ses mains et qui fut à l'origine de sa passion. Il travailla pendant des années — 15 à 20 ans — malgré les sarcasmes de sa famille et de ses voisins, avant de réussir. Tous ses gains y passèrent. Il décrit ses labeurs et ses sacrifices dans son ouvrage *De l'Art de Terre* : « La première chose est qu'il faut que tu soies veuillant, agile, actif et laborieux. Secondement, il te faut avoir du bien pour soutenir les pertes qui surviennent en exerçant le dit art. ».

En 1543, sous le règne de François 1er, le connétable Anne de Montmorency vint en Saintonge pour assurer la

Statue de Bernard Palissy devant l'église Saint-Germain-des-Prés à Paris. A ses pieds, des fossiles et des cristaux.

perception de la gabelle. Palissy fut chargé de dresser le plan des salines en sa qualité d'arpenteur, ce qui lui rapporta de l'argent, aussitôt dépensé en nouveaux fours ; il se fit ainsi connaître du connétable.

Je vous lis ce qu'il a lui-même écrit sur son travail : « Je me mis à chercher les émaux comme un homme qui taste en ténèbres... Une de mes épreuves se trouvant blanche et jolie me causa une telle joie que je pensais être devenu nouvelle créature... Je me pris à ériger un fourneau semblable à ceux des verriers, lequel je bastis avec un labeur indicible ; car il fallait que je maçonnasse tout seul, que je détrempasse mon mortier, que je tirasse l'eau pour la détrempe d'iceluy, aussi me fallait moi-même aller quérir la brique sur mon dos, à cause que je n'avais nul moyen d'entretenir un seul homme pour m'aider en cette affaire. Je fis cuire mes vaisseaux en première cuisson ; mais quand ce fut à la seconde cuisson, je reçus des tristesses et labeurs tels que nul homme ne voudrait croire... ayant couvert les dites pièces du dit émail, je les mis dans le fourneau, continuant toujours le feu en sa grandeur ; mais sur cela, il me survint un autre malheur, lequel me donna grande fascherie, qui est que le bois m'ayant failli, je fus contraint de brûler les estapes qui soutenaient les tailles de mon jardin, lesquelles étant brûlées, je fus contraint de brûler les tables et plancher de ma maison, afin de faire fondre la seconde composition. J'étais en une telle angoisse que je ne saurai dire, car j'étais tout tari et desseché à cause du labeur et de la chaleur du fourneau ; il y avait plus d'un mois que ma chemise n'avait séché sur moi, encore pour me consoler on se moquait de moi et même ceux qui me devaient secourir, allaient crier par la ville que je faisais brûler le plancher, et par tel moyen on me faisait perdre mon crédit et m'estimait-on être fol... et m'en allai par les rues tout baissé comme un homme honteux, j'étais endetté en plusieurs lieux et avais ordinairement deux enfants aux nourrices ne pouvant payer leur salaire... le mortier et la brique du four s'étant liquéfiés et vitrifiés de telle sorte qu'en le démaçonnant j'eus les doigts coupés et incisés en tant d'endroits que je fus contraint de manger mon potage ayant les doigts enveloppés de drapeaux... »

Bernard Palissy réussit finalement à réaliser, en 1555, des poteries recouvertes d'un émail jaspé, après avoir imaginé la technique de l'encastage qui permet de protéger ces poteries du contact direct du feu dans de grands récipients de terre lors de la cuisson. Les vases, les plats, les statuettes qu'il fabriquait eurent rapidement du succès auprès des seigneurs de Saintonge, puis du connétable de Montmorency qui devint son protecteur et le chargea d'embellir son domaine.

A cette époque, les idées nouvelles de Luther et de Calvin pénètrent en Saintonge et Palissy adhère à l'Eglise

Réformée. Après l'Edit de 1559,le Parlement de Bordeaux réclame son incarcération. Plusieurs seigneurs s'efforcent de lui venir en aide. Le connétable de Montmorency s'adresse à Catherine de Médicis, et le roi accorde la grâce de Palissy, qui fut nommé inventeur des rustiques figulines du roi (en latin *figulina* désigne les ouvrages de poterie). La reine-mère l'appelle à Paris, le loge aux Tuileries et il est chargé de la décoration des jardins royaux.

L'un de ses fours vient d'être retrouvé par une équipe d'archéologues, opérant des fouilles à la limite de l'ancien Palais des Tuileries, près du Pavillon de Flore.

Le logement du potier dans une maison royale lui vaut d'échapper au massacre de la Saint-Barthélémy, en 1572. Ce massacre s'étendit à toute la France. Une ville seulement y échappa, celle d'Autun ; son gouverneur, le président Jeannin, ne suivit pas les ordres reçus, disant : « Il faut obéir lentement aux souverains, quand ils commandent en colère. »

Bernard Palissy donna un cours public à Paris, en 1575, et constitua le premier cabinet de sciences naturelles. Cependant, l'intolérance continuait à règner. Par ordre de la Ligue, il fut jeté, malgré son grand âge, à la Bastille, et condamné à être brûlé. Le roi Henri III vint le voir dans son cachot et lui demanda d'abjurer sa religion et de se convertir. « Sire, répondit Palissy, ça n'est pas parler en roi. Vous ne sauriez contraindre un potier à fléchir le genou devant des statues, parce que je sais mourir ». Henri III réussit à lui éviter le bûcher, mais Palissy mourra dans sa prison, quelques mois plus tard, vers l'âge de 80 ans. Sa devise avait été : « Pauvreté empêche les bons esprits de parvenir ».

Comment fut retrouvé le secret de la porcelaine

Palissy avait réussi à perfectionner la couverte des céramiques et à les enrichir de nouvelles couleurs. La fabrication de la porcelaine chinoise restait cependant mystérieuse.

C'est en Saxe, plus d'un siècle plus tard, que Jean Frédéric Böttger redécouvrit son secret. Né en 1682, il commença par faire son apprentissage chez un pharmacien de Berlin. Tout en apprenant son métier, il s'adonna à l'alchimie, cherchant des recettes pour transformer certains métaux en or. Ce jeune préparateur n'est pas aussi connu qu'il le mériterait, et son sort ne fut pas tellement plus enviable que celui de Bernard Palissy. Böttger lut, dans la bibliothèque du pharmacien, toute une série de traités sur l'alchimie, comme par exemple celui d'un moine bénédictin, Basilius Valentinus. La nuit, il se levait pour faire des expérimentations.

Devenu compagnon-pharmacien, il fit, devant témoins, la nuit du 1er octobre 1701, une expérience de transmutation dans l'officine, à l'issue de laquelle il présenta un petit morceau d'or aux assistants. Nous ne savons pas comment il procéda exactement. Sans doute ajouta-t-il, subrepticement, de l'or dans sa mixture. En tous cas, le lendemain, la rumeur de cet exploit courait dans tout Berlin ; le grand mathématicien Leibniz en fit même état dans sa correspondance. Le roi de Prusse, Frédéric Ier, convoqua alors le maitre-pharmacien et se fit remettre l'or qui avait été préparé. Il prit ensuite des mesures pour s'assurer la personne et les services de Böttger et « l'invita » à se présenter d'urgence à la cour. Le jeune alchimiste ne demanda pas son reste et disparut, dans la nuit, de Berlin. Il se réfugia en Saxe, dans la petite ville universitaire de Wittenberg, près de la frontière prussienne. Frédéric Ier ne se donna pas pour battu ; il manda un officier, accompagné de soldats, pour obtenir que l'alchimiste lui fut remis par les autorités de la ville. Les magistrats de Wittenberg commencèrent par emprisonner Böttger, mais, ayant appris entre temps la véritable raison de la démarche du roi de Prusse, ils avertirent leur propre souverain, Auguste le Fort, Electeur de Saxe et roi de Pologne. Celui-ci refusa de livrer Böttger à la Prusse, le prit sous sa protection et le fit conduire, sous escorte, dans sa ville de Dresde où il l'obligea à travailler pour lui à la transmutation du plomb en or. Böttger tenta de s'évader, fut repris et de nouveau transféré à Dresde pour poursuivre ses expériences sous bonne surveillance.

L'Electeur de Saxe demanda au savant Ehrenfried W. von Tschirnhaus de superviser les travaux de Böttger. Tschirnhaus, mathématicien, physicien et chimiste, correspondait avec Huygens et Leibniz et était membre étranger de l'Académie des Sciences de Paris. Il avait réalisé des miroirs ardents avec lesquels il réussissait à fondre différents matériaux. Son ambition, depuis longtemps, était de retrouver le secret de la porcelaine chinoise, mais il n'y parvenait pas. Il ne croyait pas aux possibilités de transmutation mais avait constaté les grandes capacités de Böttger. Les expériences de ce dernier demeuraient évidemment infructueuses. Pressé par Auguste le Fort, et conseillé par Tschirnhaus, le jeune alchimiste proposa, en juin 1907, de chercher plutôt à fabriquer de la porcelaine, autre objet de convoitise de l'époque. Il fut alors enfermé dans le château de l'Albrechtsburg, à Meissen, où il eut à sa disposition de nombreux fours. De peur qu'il ne tombât entre les mains des Suédois, dont l'armée menaçait la Saxe, Böttger fut transféré de château en château et, finalement, enfermé dans un bastion de l'enceinte fortifiée de Dresde. L'un de ses aides rapporta : « Nous étions traités comme du bétail ». Les expériences de Böttger se poursuivirent et, après avoir fabriqué tout d'abord un grès rouge, dit jaspe porcelaine, Böttger obtint, en janvier 1708, au terme de la cuisson, trois fournées sur sept, blanches et transparentes. Ce n'est qu'un peu plus tard que Böttger remit à l'Electeur de Saxe un mémoire sur cette fabrication.

Une manufacture de porcelaine fut créée, la même année, à Dresde, et transférée, deux ans après à Meissen. Böttger en devint l'administrateur. C'étaient les débuts de la porcelaine de Meissen, dite porcelaine de Saxe, la première en Europe. Böttger trouva même, semble-t-il, des gisements de kaolin en Saxe, pays riche en minéraux de toutes sortes. Ce n'est qu'en 1714 qu'Auguste le Fort lui rendit la liberté. Il mourut cinq ans plus tard, âgé de 37 ans.

La même année, à Vienne, l'empereur Charles VI, ayant réussi à faire débaucher des artisans de Meissen, fit fabriquer de la porcelaine en Autriche. De là, le « secret » gagna Venise, Berlin et Strasbourg, d'où il parvint à Vincennes et à Sèvres.

« Les lueurs suspendues dans l'obscurité nous étaient une cause toujours nouvelle d'émotion »

L'histoire des obstacles sur le chemin de la découverte semble parfois se répéter, comme vous allez le constater par le récit des difficultés rencontrées par deux savants, il y a à peine un siècle.

En 1891, arrive, à Paris, une jeune polonaise, Marya Sklodowska, pour faire des études supérieures en sciences. Elle dispose d'une faible bourse pour préparer à la Sorbonne une licence qu'elle réussit brillamment. Des amis la présentent à Pierre Curie, un physicien déjà connu pour ses travaux sur la symétrie et le magnétisme. Tous deux ont la passion de la recherche et, peu de temps après, ils décident de se marier.

Avec l'aide de Pierre, Marie Curie choisit un sujet de thèse en sciences physiques. C'est le phénomène de l'émission spontanée de rayonnement par l'uranium, découvert une année auparavant, au Muséum d'Histoire Naturelle, à Paris, par Henri Becquerel, qui l'intéresse. L'uranium est un métal gris, dur et très dense, dernier élément de la classification de Mendéléïev.

Ce tout nouveau sujet passionne Marie Curie ; les Notes de Becquerel représentaient la seule bibliographie sur ce sujet. Où entreprendre cette étude ? Pierre Curie est professeur à l'Ecole de Physique et Chimie Industrielles de la Ville de Paris ; il demande au directeur de l'Ecole si sa femme peut utiliser, pour ses travaux, un atelier vitré situé au rez-de-chaussée, servant jusque-là de magasin et de salle de machines. L'autorisation est accordée à Marie Curie, qui cherche alors si d'autres corps que l'uranium émettent également des rayonnements, propriété qu'elle appellera par la suite radioactivité. Pour effectuer des mesures précises, elle utilise une chambre d'ionisation associée à un électromètre et à un quartz piézo-électrique, méthode qui avait été mise au point par Pierre Curie et son frère Jacques. Après avoir montré que le rayonnement émis est bien une propriété atomique de l'élément uranium et qu'un autre élément lourd, le thorium, est également radioactif, elle constate que les minérais d'uranium sont plus actifs que l'uranium pur. Elle en déduit que ces minerais contiennent, en quantité minime, des corps très radioactifs encore inconnus. Ces résultats sont tellement spectaculaires que Pierre Curie abandonne ses recherches en cours pour collaborer avec sa femme.

C'est le début d'un travail considérable. Ils s'efforcent d'isoler dans un minerai d'oxyde d'urane, la pechblende, la substance chimique inconnue que l'on pouvait suivre par son rayonnement. C'est ainsi que Pierre et Marie Curie découvrent, en 1898, deux nouveaux éléments chimiques : en juillet, le polonium et, en décembre, le radium. Le travail n'était pas achevé pour autant, car il fallait prouver leur existence matérielle aux chimistes, en préparant un sel de radium, à l'état pur, et en mesurant sa masse atomique. Des quantités importantes de minerai étaient nécessaires. Grâce à l'Académie des Sciences de Vienne, le couple de jeunes savants réussit à obtenir des résidus de l'extraction d'uranium de la mine de pechblende de Saint-Joachimsthal, en Bohême. Une première livraison de deux tonnes et demie, apportée par une charrette, arrive dans la cour de l'Ecole de Physique et Chimie. Il faut manipuler toute cette matière. Pour subvenir aux frais du traitement chimique, Pierre et Marie Curie doivent d'abord prendre sur leurs propres ressources. Pendant toute cette période, Marie Curie ne bénéficia d'aucune bourse ni d'aucun salaire.

Ouvrons le livre que Marie Curie a consacré à son mari. Elle raconte : « Une question particulièrement grave était celle du local ; nous ne savions où faire nos traitements chimiques. Il a fallu les organiser dans un hangar abandonné, séparé par une cour de l'atelier où était notre installation électrométrique. C'était une baraque en planches, au sol bitumé et au toit vitré, protégeant incomplètement contre la pluie, dépourvue de tout aménagement ; elle contenait pour tout matériel des tables de bois de sapin usées, un poêle en fonte dont le chauffage était très insuffisant et le tableau noir dont Pierre Curie aimait tant à se servir. Il ne s'y trouvait pas de hottes pour les traitements qui dégagent des gaz nuisibles ; il fallait donc exécuter ces opérations dans la cour quand le temps le permettait, sinon il fallait les faire à l'intérieur, laissant les fenêtres ouvertes. Dans ce laboratoires de fortune, nous avons travaillé presque sans aide pendant deux ans, nous occupant en commun aussi bien du travail chimique, que de l'étude du rayonnement des produits de plus en plus actifs que nous obtenions. Ensuite il a fallu

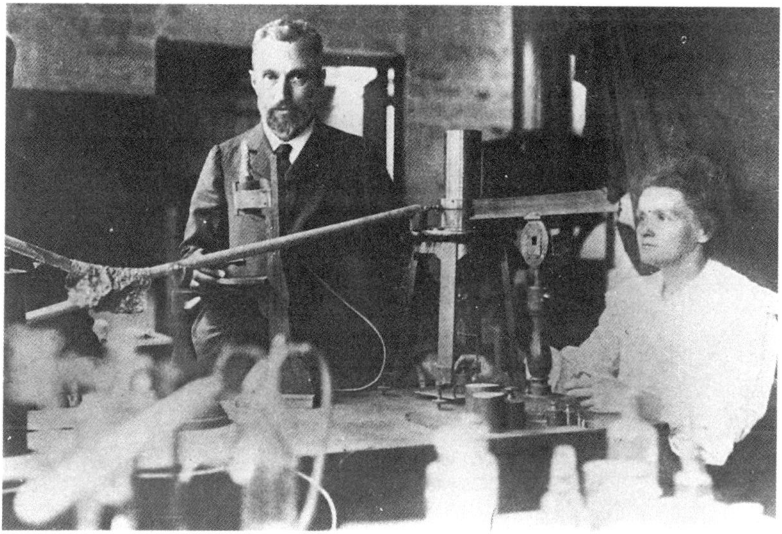

Pierre et Marie Curie
devant leur appareillage de mesure de la radioactivité (1898).

séparer nos efforts ; Pierre Curie continua les recherches sur les propriétés du radium, tandis que je poursuivais les traitements chimiques en vue de la préparation de sels de radium purs. J'ai été amenée à traiter jusqu'à vingt kilogrammes de matière à la fois, ce qui avait pour effet de remplir le hangar de grands vases pleins de précipités et de liquides ; c'était un travail exténuant que de transporter les récipients, de transvaser les liquides et de remuer pendant des heures, au moyen d'une tige de fer, la matière en ébullition dans une bassine en fonte. »

Marie Curie ne dit rien des dangers des rayonnements émis par toute cette matière radioactive ; en fait, ces dangers n'étaient pas connus alors. Un gramme de radium émet environ 3 000 000 de fois plus de rayonnements qu'un gramme d'uranium.

En juin 1903, Marie Curie soutient sa thèse de doctorat d'état intitulée : « *Recherches sur les substances radioactives* ». En décembre de la même année, Pierre et Marie Curie reçoivent, avec Henri Becquerel, le prix Nobel de Physique.

Le hangar de la rue Lhomond dans lequel P. et M. Curie effectuèrent leurs séparations chimiques.

Les produits préparés, de forte teneur en radium, étaient tous spontanément lumineux. Marie Curie écrit : « Pierre Curie, qui avait souhaité leur voir de belles colorations, dut reconnaître que cette particularité inespérée lui donnait une satisfaction supérieure à celle qu'il avait ambitionnée... Dans notre hangar si pauvre régnait une grande tranquillité ; parfois, en surveillant quelque opération, nous nous y promenions de long en large, causant du travail présent et futur ; quand nous avions froid, une tasse de thé chaud prise auprès du poêle nous réconfortait. Nous vivions dans une préoccupation unique, comme dans un rêve. Il nous arrivait de revenir le soir après dîner pour jeter un coup d'oeil sur notre domaine. Nos précieux produits pour lesquels nous n'avions pas d'abri étaient disposés sur les tables et sur les planches ; de tous côtés, on apercevait leurs silhouettes faiblement lumineuses, et ces lueurs qui semblaient suspendues dans l'obscurité nous étaient une cause toujours nouvelle d'émotion et de ravissement ».

Le couple de savants doit sans cesse faire face à deux difficultés : l'insuffisance de ressources financières, rendue encore plus sensible par la naissance de leur première fille, Irène, et le manque d'un laboratoire correct pour poursuivre ces recherches, qui attirent pourtant l'attention du monde savant étranger.

N'étant passé ni par l'Ecole Normale Supérieure ni par l'Ecole Polytechnique, Pierre Curie manque de l'appui souvent décisif que ces grandes écoles apportent à leurs anciens élèves. Au début de 1898, il demande, sans succès, la chaire de chimie-physique devenue vacante à la Faculté des Sciences ; en 1900, il se prépare à partir pour Genève, mais Henri Poincaré obtient pour lui, à l'Université, une charge de cours en première année de Physique, Chimie et Sciences Naturelles, qu'il peut cumuler avec son enseignement à l'Ecole de Physique et Chimie ; en même temps, Marie Curie est chargée de conférences à l'Ecole Normale Supérieure de jeunes filles de Sèvres.

En 1902, Pierre Curie se décide à postuler la chaire de minéralogie de la Sorbonne. De nouveau, c'est l'échec. Une chaire pourtant, aurait facilité l'obtention d'un laboratoire. Rappelons que le physicien néo-zélandais, Ernest Rutherford, pour lequel le travail des Curie était une référence, disposait, depuis 1898, à Montréal, d'un laboratoire vaste et bien équipé, sans commune mesure avec les moyens du couple de savants parisiens. En 1903, Pierre Curie, alors âgé de 44 ans, est proposé pour la Légion d'honneur, mais il répond : « Veuillez, je vous prie, remercier le Ministre et l'informer que je n'éprouve pas du tout le besoin d'être décoré, mais que j'ai le plus grand besoin d'avoir un laboratoire ». Après l'attribution du Prix Nobel, l'opinion publique s'émeut et le recteur de l'Académie de Paris obtient du Ministre qu'il demande au Parlement la création d'une chaire de professeur à la Sorbonne. Pierre Curie est nommé professeur titulaire à l'automne de 1904. Sa femme devient son chef de travaux. Toutefois, 18 mois plus tard, Pierre Curie trouve la mort dans un accident, en traversant la rue Dauphine, à Paris. Marie Curie est nommée, à sa place, chargée de cours, puis professeur. Elle devient ainsi la première femme à enseigner à la Sorbonne.

Marie Curie fait alors des démarches répétées pour la création d'un institut consacré aux recherches sur la radioactivité, qui prennent de plus en plus d'ampleur. Celles-ci avaient, alors, des applications médicales, la curiethérapie, c'est-à-dire l'utilisation des rayons émis par le radium et ses descendants, pour traiter certaines affections cancéreuses.

En 1909 enfin, l'Université de Paris et l'Institut Pasteur décident de créer, en commun, l'Institut du Radium qui devait comprendre deux pavillons situés l'un en face de l'autre : celui de physique et chimie dirigé par Marie Curie, et celui de biologie, consacré aux recherches médicales dirigé par le cancérologue Claudius Regaud. Ce n'était pourtant pas la fin des épreuves. Les relations entre Marie Curie et le physicien Paul Langevin déclenchent, à cette époque, une véritable cabale, dont elle est la victime. La misogynie et la xénophobie, véhiculées par une odieuse campagne de presse, retardent le début de la construction du nouveau laboratoire jusqu'en 1912. Entre-temps, fin 1911, un deuxième Prix Nobel, celui de chimie, a été décerné à Marie Curie. L'Institut du Radium ne devait entrer, en fait, en fonctionnement qu'après la guerre de 1914-1918. La recherche scientifique en France manquait encore cruellement d'organisation et de moyens.

Où des conseils sont donnés au Kaiser.

Revenons quelques années en arrière, et rendons-nous de l'autre côté du Rhin, où les chercheurs n'étaient, au départ, pas mieux lotis qu'en France. Vous allez voir que la création de nouvelles structures de recherche suivra des chemins très différents dans les deux pays voisins. C'est en Allemagne que sera créé, en janvier 1911, le premier organisme de recherche pluridisciplinaire moderne.

Cette opération fut menée rondement. Le roi de Prusse et Empereur d'Allemagne, Guillaume II, était un souverain intelligent mais orgueilleux et jaloux de son autorité. Il était préoccupé de la place de l'Allemagne dans le monde, souhaitant qu'elle fut la première. Le nationalisme fleurissait, comme dans les autres grands pays européens à la même époque. A Berlin, les conversations tournaient autour du rôle de l'armée, du développement de la flotte, de la politique coloniale, de la crise bosniaque et des alliances entre les grandes puissances.

En 1908, un grand domaine, à Dahlem, près de Berlin, devient disponible et plusieurs hauts fonctionnaires de l'administration de Prusse, préoccupés par le développement scientifique et technique de l'Allemagne, souhaitent y voir réserver des terrains pour l'édification d'instituts de recherche. L'un de ces administrateurs, Friedrich Schmidt-Ott, parvient à convaincre un universitaire, Adolf Harnack, de s'intéresser à ce problème. Harnack était un érudit, spécialiste du christianisme primitif ; ses travaux sur l'origine du christianisme eurent un grand retentissement au début du siècle. De plus, c'était un homme d'une grande largeur de vue, doté d'un sens aigu de l'organisation. Schmidt-Ott propose au Kaiser Guillaume II de demander à Harnack un rapport avec des propositions pour l'utilisation du domaine de Dahlem et le développement des sciences en Allemagne. Pour préparer son étude, Harnack consulte les plus grands scientifiques allemands de l'époque, en particulier, le chimiste

Le chimiste Emil Fischer dans son laboratoire.

Emil Fischer, prix Nobel de chimie en 1902 pour la synthèse des sucres, le médecin Auguste Wassermann, à qui on doit la découverte d'une réaction sérologique permettant le diagnostic de la syphilis, Walther Nernst, le fondateur de la chimie physique moderne et Paul Ehrlich, l'un des créateurs de l'immunologie et de la chimiothérapie, qui venait d'obtenir le prix Nobel de médecine.

Le mémoire que Harnack remet à l'Empereur, le 21 novembre 1909, est remarquable à différents points de vue. Pour faire passer son message, Harnack fait vibrer la corde patriotique : la science allemande n'est plus en tête ; dans plusieurs domaines importants des sciences de la nature, elle est restée en arrière par rapport à d'autres pays : « Or, la première place dans le domaine des sciences de la nature n'a plus seulement une valeur idéologique, mais une valeur éminemment nationale et politique, sans parler de son importance économique... Déjà, certains cercles de l'opinion en prennent conscience, déjà la presse y fait allusion, déjà des articles paraissent avec le titre "la science allemande éclipsée", déjà enfin, des chercheurs allemands grisonnants se félicitent de leur âge qui les dispense de devoir veiller à l'avenir et de devoir participer à la compétition scientifique avec des armes inégales ». Le savant décrit la création de nouveaux instituts et fondations à l'étranger... en Angleterre, en Suède, aux Etats-Unis, de l'Institut Oswaldo Cruz à Rio de Janeiro, ainsi que « du très riche Institut Pasteur » à Paris, à Lille et même dans différentes colonies françaises. « La capacité de défense et la science sont les deux piliers principaux de la grandeur de l'Allemagne, et l'Etat prussien a, suivant ses glorieuses traditions, le devoir de veiller à les maintenir toutes deux. »

Cependant, partant de ces considérations, Harnack développe une argumentation au ton résolument moderne, avec des attendus et des solutions qui ne dépareraient pas un rapport analogue rédigé de nos jours. Il rappelle que le fondateur de l'Université de Berlin, le linguiste Guillaume de Humboldt — le frère du naturaliste Alexandre de Humboldt — avait, dès 1810, préconisé la création d'instituts de recherche indépendants, à côté des académies et des universités. « La liaison fructueuse de la recherche et de l'enseignement nécessite un complément indispensable, si l'on ne veut pas que la recherche subisse à terme des dommages, car dans les universités les besoins de l'enseignement auront toujours la priorité ; c'est à eux que serviront, en premier lieu, les laboratoires et instituts universitaires et l'emploi du temps des professeurs leur sera toujours, en majeure partie, consacré ». Harnack souligne qu'il y avait déjà, à l'époque de Humboldt, des tâches scientifiques qui ne pouvaient être accomplies que si le chercheur, aidé par tout un état-major de savants, s'y consacrait exclusivement pendant plusieurs années ; il existe aussi, ajoutait-il, des recherches encore tâtonnantes qui ne sont pas encore mûres pour l'enseignement.

Harnack recommande la création rapide d'un ensemble d'instituts du type suggéré par Humboldt : « Nous avons besoin d'instituts de recherche, non pas d'un seul, mais de plusieurs, fondés selon un plan général et réunis dans un organisme Kaiser Wilhelm pour les sciences de la nature. Si la volonté existe, on trouvera également les moyens d'y parvenir ». Il propose de fonder d'abord un grand Institut de chimie, puis un Institut de biologie et un Institut de physique. Les sciences de la nature doivent venir en tête, mais il ne faudra pas, par la suite, oublier les sciences humaines. Chacun des instituts ne devrait pas être trop spécialisé au départ, son orientation devant venir de la personnalité du savant qui le dirigera. Des recherches diverses doivent y être possibles : « Si on les spécialisait trop, on pourrait facilement aboutir à une impasse, car en sciences aussi, un domaine peut s'épuiser parfois avec une rapidité surprenante, et ne pourra être cultivé à nouveau qu'après plusieurs décennies. Le directeur d'un institut doit toujours être un homme qui a fait ses preuves de chercheur remarquable dans le domaine des sciences expérimentales. A part lui et un petit nombre d'assistants choisis par lui pour un temps plus ou moins long, il ne devrait pas y avoir de chercheurs permanents, mais un grand nombre de places pour des jeunes scientifiques. Ainsi les instituts resteront toujours capables de travailler sur des questions nouvelles et les nouveaux besoins de la science. Des professeurs d'université devraient aussi avoir la possibilité de venir y travailler pendant un ou plusieurs semestres, lorsque leurs études expérimentales les auront conduits à des recherches pour lesquelles les laboratoires d'université sont trop étroits. Il serait très souhaitable de doter ces instituts de crédits de fonctionnement importants pour leur permettre de transmettre à d'autres laboratoires des matériaux ou des préparations scientifiques, de manière à soutenir également les recherches en dehors des instituts eux-mêmes ». En plus de leur administration propre, ces instituts devront être dotés de conseils scientifiques chargés de toutes les affaires scientifiques. L'Académie des sciences et l'Université de Berlin devront y avoir un certain poids. Pour commencer, des instituts de ce type devront être créés à Dahlem.

Le savant suggère à l'empereur d'utiliser le jubilé de l'Université pour annoncer la fondation de ces différents instituts et de la Société Empereur Guillaume qui les rassemblerait, l'empereur en devenant le protecteur. Harnack propose de constituer cette nouvelle fondation sous forme d'un organisme autonome dont le financement serait assuré à la fois par l'Etat et par d'importants dons privés ; elle serait administrée par un sénat comprenant notamment de grands mécènes, un certain nombre de savants nommés par l'Empereur ainsi que des représentants du ministère de l'enseignement qui apporterait un crédit de fonctionnement à ces instituts. Par la suite, Harnack ajoutera qu'il est essentiel que l'Etat soit représenté en majorité par des scientifiques de confiance, capables de parer au danger d'un développement dans une seule direction ; il écrira que le double financement est essentiel : celui provenant de l'Etat permet de ne pas tomber sous la dépendance du capital et celui apporté par les donateurs privés permet d'éviter d'être le jouet de clans ou de la conjoncture.

L'Empereur adoptera avec enthousiasme les recommandations de Harnack et annoncera publiquement, lors du jubilé de l'Université, le 11 octobre 1910, la création de la « Société Kaiser Wilhelm pour le développement des sciences ». Il indiquera que 9 à 10 millions de marks de dons privés avaient déjà été recueillis. Le premier président de la Société sera von Harnack, de 1911 à 1930, assisté de deux vice-présidents : l'industriel Gustav Krupp von Bohlen und Halbach et le banquier Ludwig Delbrück. Le premier sénat comprendra notamment les savants E. Fischer, P. Ehrlich et Jacobus van t'Hoff, un des créateurs de la stéréochimie. L'Empereur décernera l'autorisation de déployer sur les bâtiments de la Société un fanion impérial marqué de l'aigle.

Allocution de l'empereur d'Allemagne, annonçant la création de la Société Kaiser Wilhelm, lors du Jubilé de l'Université de Berlin (11 octobre 1910).

Inauguration, par l'empereur, de l'Institut Kaiser Wilhelm de Chimie, en 1912. Derrière lui, en haut-de-forme, A. von Harnack et E. Fischer.

Le premier institut, celui de chimie, put être inauguré en octobre 1912. Le chimiste organicien Ernst Otto Beckmann en devint le directeur ; parmi ses collaborateurs, on trouve les noms de Otto Hahn et de Lise Meitner. Le deuxième institut fut celui de chimie-physique et d'électrochimie dirigé par Fritz Haber ; enfin, l'institut de thérapie expérimentale, qui devint l'Institut de biochimie, fut créé en 1913. De nombreux autres instituts verront le jour pendant et après la Grande Guerre. En 1918, la Société Kaiser Wilhelm perdit son protecteur, mais poursuivit son activité sous la même appellation. Par suite de la crise économique, les ressources provenant de l'industrie diminuèrent, mais l'Etat prit la relève. Après les années sombres du nazisme et la défaite de 1945, la Société Kaiser Wilhelm, à la demande des alliés, changera de nom : elle deviendra, en 1948, sous la présidence d'Otto Hahn, la Société Max Planck, nom qu'elle porte toujours.

Du sou du laboratoire au métier de chercheur

En France, l'idée d'un grand organisme de recherche chemina lentement et parfois difficilement . Il existait déjà, bien sûr, au début des années 1920, quelques institutions remarquables. Le Collège de France avait été fondé par François Ier à la Renaissance, avec ses formes d'organisation particulières, distinctes de celles de l'Université. L'Institut Pasteur, avec ses moyens de recherche autonomes, avait été créé, dès 1888, à la demande de Louis Pasteur. L'Institut du Radium, nous l'avons vu, était prêt à fonctionner en juillet 1914, mais la guerre interrompit toute recherche. La France était parmi les vainqueurs de la guerre de 1914-1918, mais elle était exsangue. Des promotions entières d'élèves des grandes écoles scientifiques, envoyées au front, avaient été anéanties. La recherche française avait à faire face à de nombreux handicaps : la perte de ses jeunes élites, des structures en grande partie désuètes, un centralisme extrême, une vision du progrès de la physique qui n'intégrait pas toujours certaines découvertes récentes, comme la relativité et un peu plus tard la mécanique quantique. Paul Langevin eut les plus grandes peines du monde à inviter Albert Einstein, alors Professeur à l'Université de Berlin, à venir donner des conférences à Paris, en 1922.

Dans le journal *Le Matin,* du 21 février 1921, le recteur de l'Académie de Paris, Paul Appell, lance un cri d'alarme : « Tout nous manque, des crédits, des locaux, des terrains... La part contributive de l'Etat ne s'est pas accrue d'un centime. Il donnait à l'Université de Paris 867 882 francs en 1914. Il a inscrit au budget de 1921 le même chiffre fatidique et minable de 867 882 francs. Mais les dépenses ont augmenté, elles sont passées du simple au quintuple pour le moins.... Ne risquons-nous pas de voir les étudiants étrangers accourus chez nous, bien vite, s'évader vers des Universités mieux outillées, en Suisse ou en Belgique d'abord et peut-être ensuite en Allemagne ? Car l'Allemagne fait ce que nous ne faisons pas : un effort énorme pour organiser ses laboratoires ». Plus loin, Appell explique : « La recherche est un placement, et plus qu'un placement, car elle sème pour récolter. Economiser sur la recherche, ce serait commettre la même faute que celle du paysan qui économiserait sur la semence. »

L'appel fut en partie entendu. L'Académie des Sciences organisa la Journée Pasteur, en mai 1923, pour obtenir des dons. La part de la somme recueillie attribuée à la physique permit de réaliser le premier grand équipement : le grand électro-aimant de l'Académie des Sciences, construit à Bellevue par Aimé Cotton.

D'autre part, dans les années 1920 furent créés, au Quartier Latin à Paris, plusieurs instituts, tels l'Institut de chimie-physique dans le cadre de l'Université et l'Institut de biologie physico-chimique grâce à une donation d'Edmond de Rothschild. En province, la nouvelle Université de Strasbourg — à laquelle les autorités souhaitaient donner un certain prestige, car elle succédait à l'Université allemande — fut dotée d'instituts de recherche.

Des crédits de l'Etat et un organisme national approprié manquaient cependant terriblement, et il était très difficile de trouver des mécènes dans l'industrie. Depuis leurs études à l'Ecole Normale Supérieure, un groupe de savants de renom, Jean Perrin, Paul Langevin et Emile Borel, s'étaient faits les champions du progrès scientifique et de la nécessité d'un effort public en sa faveur. Marqués par l'affaire Dreyfus et par l'idéal laïque, ils pensaient que la Science libérait l'Homme et que le développement scientifique constituait le moteur du progrès social. Leurs sympathies allaient vers la gauche, et c'est à des hommes politiques de ce côté de la Chambre des Députés qu'ils s'adressèrent pour tenter de les convaincre d'intervenir pour le progrès des sciences.

D'autres savants, comme Marie Curie, Aimé Cotton, Georges Urbain se joignirent à eux. En France, les gouvernements de la Troisième République se succèdaient rapidement, les combinaisons politiciennes prenaient le pas sur les développements à long terme. Or les scientifiques français, tout comme leurs collègues allemands,savaient que la recherche est un effort continu portant sur des années et des décennies. Ils eurent beaucoup de mal à se faire entendre. Ajoutons que, dans les cercles cultivés, la science était souvent considérée comme ésotérique, contrairement à la peinture et à la littérature. L'art abstrait et le surréalisme naissant étaient-ils cependant tellement plus accessibles au grand public que la théorie des quanta ou la relativité ?

En 1924, les électeurs portent au pouvoir le cartel des gauches. Le mathématicien Paul Painlevé devient président de la Chambre des Députés et Emile Borel figure dans le groupe radical-socialiste. Le responsable du parti radical, Edouard Herriot, devient President du Conseil. L'argumentation des scientifiques le touche mais, pour lui, les considérations écomomiques sont prioritaires. Borel a l'idée de prélever une fraction de la taxe d'apprentissage payée par les entreprises. Ce sera le « sou du laboratoire ». Ce développement connaîtra tour à tour des progrès et des régressions avec les différents gouvernements qui se succèderont. Vers 1930, le nombre de professeurs de sciences dans les universités n'était pas beaucoup plus élevé que celui d'avant-guerre et il n'y avait pas plus d'élèves dans l'enseignement secondaire qu'en 1880. Le savant était censé être pauvre et un certain snobisme de la misère prévalait.

Jean Perrin expliquera plus tard : « Le crédit gagé sur la taxe d'apprentissage était insuffisant. Cependant, pour la première fois, des crédits réguliers de recherche existaient. Mais, comme disait plaisamment Emile Borel lui-même, si on fait de la recherche en second lieu avec des appareils, il y faut, en premier lieu, tout de même, des cerveaux. Or les cerveaux, fâcheusement pourvus d'estomacs, ne se présentaient pas en nombre suffisant. » Le savant partira lui-même en campagne, aidé par ses relations personnelles.

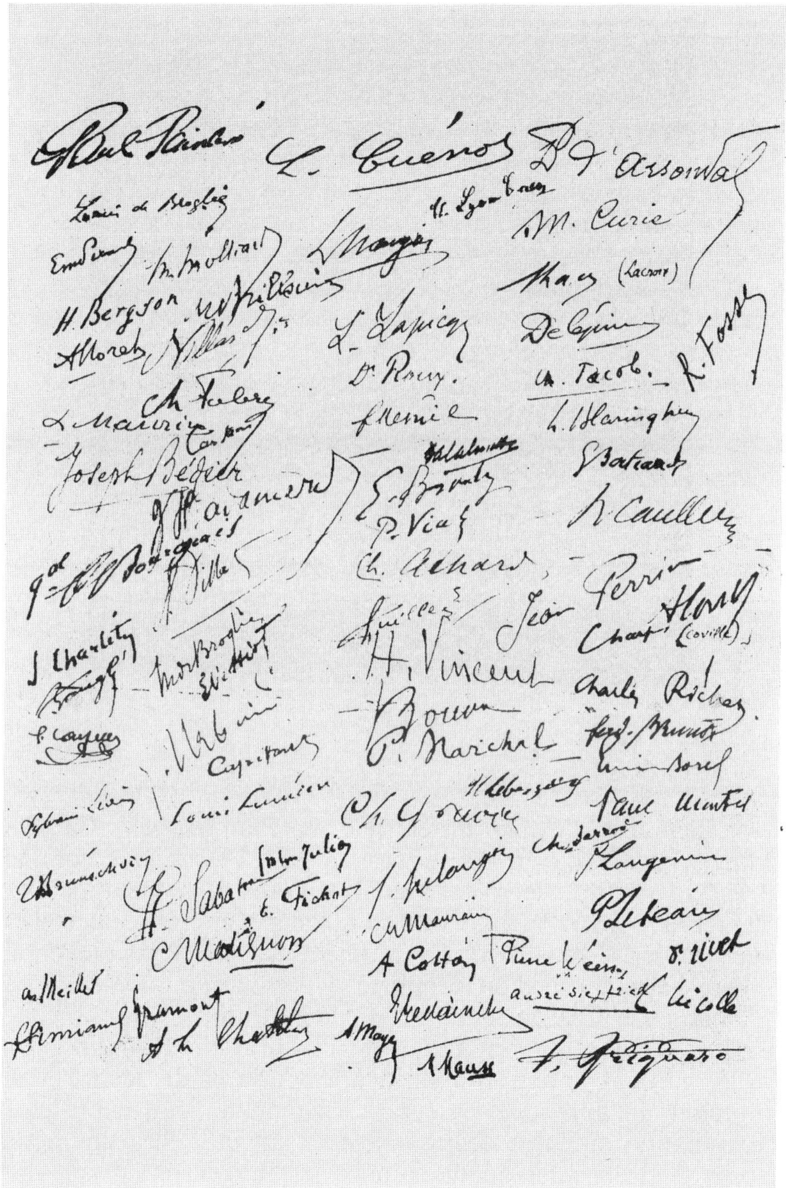

Signatures recueillies par Jean Perrin pour convaincre les Pouvoirs Publics de la nécessité de créer un organisme national de la Recherche Scientifique.

Jean Perrin.

L'épouse d'Emile Borel, fille de Paul Appell, Camille Marbo, le décrira en ces termes : « Jean Perrin joue comme il le fera partout, le rôle de catalyseur ou de meneur de jeu. Vers 1900, Jean Perrin semblait un jeune archange aux cheveux bouclés. Plus tard, au moment de son Prix Nobel, il offrira l'apparence d'un prophète. »

Eugénie Cotton, l'épouse d'Aimé Cotton, pour sa part, écrira : « Ceux qui ont fréquenté l'Institut du Radium, vers 1925, gardent le souvenir de Marie Curie et de Jean Perrin revenant de faire une importante démarche ; lui, robuste et rayonnant, son large feutre rejeté en arrière, elle, silhouette noire et frêle, n'avouant jamais sa fatigue et disant au contraire : — Et maintenant, mon ami, où allez-vous m'emmener ? ».

Un peu d'argent, destiné primitivement à la Défense Nationale, sert à alimenter la Caisse Nationale des Sciences

— dotée jusqu'alors de peu de moyens — afin de lui permettre de distribuer des secours et quelques subventions aux savants. Un organisme de contrôle et d'évaluation de la recherche est mis en place. Ce sera le Conseil supérieur de la Recherche Scientifique, créé en 1933, et comportant une moitié environ de membres élus.

Citons Jean Perrin : « Un hasard fit alors que mon vieil ami Edouard Herriot me demanda de prononcer un discours dans une distribution de récompenses aux Sociétés d'enseignement professionnel qu'il devait présider au Grand Théâtre de Lyon. Je pris pour thème de ce discours la Recherche Scientifique ; j'eus la chance d'agir sur l'auditoire et, ce qui importait plus, sur son Président, avec qui j'eus le jour même une longue conversation précise, et qui décida — fait qui a été capital — d'engager, en faveur de la Recherche Scientifique, son influence et sa responsabilité... Après un nouveau discours (devant les anciens combattants, à Cahors) qui me donna l'occasion de convaincre notre Ministre, Anatole de

Une réunion électorale en France dans les années trente.

Monzie, de l'importance que la recherche doit tenir dans l'Economie du pays,... j'obtins la création du Conseil supérieur de la Recherche. »

Le métier de chercheur n'existait cependant toujours pas et les crédits — malgré les efforts — restaient faibles. Les budgets et le nombre de postes sont en diminution en 1934 et en 1935 ; de 8 millions de francs pour les chercheurs et une somme égale pour la recherche, on passe à 6 millions pour chacune de ces subventions. Cependant, en 1935, fut créée la Caisse Nationale de la Recherche Scientifique, regroupant les deux Caisses existantes, chargée de veiller à l'ensemble de la recherche fondamentale en France, y compris dans les laboratoires universitaires.

En 1936, c'est la victoire du Front Populaire. Léon Blum, nouveau Président du Conseil, accepte de placer la science parmi ses priorités. Il crée le sous-secrétariat d'état à la recherche scientifique dont le premier titulaire sera pendant quelques mois Irène Joliot-Curie. Avec l'accord de celle-ci, Jean Perrin lui succèdera. Ce dernier, avec l'aide du Ministre de l'Education Nationale, Jean Zay, et des différents partis composant le Front Populaire, obtient une augmentation considérable des crédits de recherche qui sont presque triplés de 1935 à 1937. Un service national de la recherche scientifique est constitué au ministère. Un cadre des administratifs et un cadre des aides techniques sont mis en place. La Caisse Nationale voit la fondation de ses premiers laboratoires propres ; cependant, la plupart de ses chercheurs et de ses techniciens travaillent dans les laboratoires universitaires. Le Centre National de la Recherche Scientifique proprement dit (le C.N.R.S.), est créé par décret-loi en octobre 1939, regroupant recherche fondamentale et recherche appliquée ; il accorde des bourses à 600 chercheurs. Il constitue alors un organisme national de recherche presque unique au monde, dont les fruits cependant ne pourront être récoltés qu'après la guerre.

Au cours de l'année 1945, un pas décisif est franchi, lorsque Frédéric Joliot, directeur du C.N.R.S., obtient du gouvernement du général de Gaulle que les rémunérations des chercheurs soient assimilées à celles des membres de l'Enseignement Supérieur. Le directeur suivant, Georges Teissier, dira : « Les répercussions de cette décision ont été profondes, autant sur le plan moral que sur le plan matériel.

PRÉSIDENCE DU CONSEIL

Décret organisant le centre national de la recherche scientifique

Le Président de la République française,

Sur le rapport du président du conseil, ministre de la défense nationale et de la guerre et des affaires étrangères, du ministre de l'éducation nationale et du ministre des finances,

Vu le décret du 11 avril 1933 instituant un conseil supérieur de la recherche scientifique ;

(...)

Le conseil des ministres entendu,

Décrète :

Art. 1er. — Il est créé auprès du ministère de l'éducation nationale un établissement public doté de la personnalité civile et de l'autonomie financière et dénommé centre national de la recherche scientifique.

Cet établissement a pour raison d'animer, sous la haute autorité du ministre de l'éducation nationale, le développement de la recherche scientifique et de coordonner les travaux qui s'y rapportent. Il est chargé en particulier :

1° De faciliter les recherches scientifiques par l'octroi d'allocations aux personnes qui consacrent à ces recherches toute ou partie de leur activité, par le recrutement et la rémunération d'aides techniques destinés à assister les chercheurs dans leurs travaux, par l'achat d'appareils et outillage de laboratoire ;

2° D'étudier la création ou l'extension de certains laboratoires publics ou privés de recherche pure ou de recherche appliquée et, éventuellement d'y contribuer ;

3° De provoquer, coordonner et encourager les recherches de science pure ou appliquée poursuivies par les différents services publics et les entreprises privées, et spécialement de faciliter les recherches et travaux scientifiques intéressant la défense nationale et l'économie nationale, en établissant toutes liaisons utiles entre les services de recherche des ministères correspondants, ceux de l'éducation nationale et les organismes privés qualifiés ;

4° De faire effectuer ou d'effectuer par ses moyens propres les recherches pour lesquelles son concours serait sollicité par les divers départements ministériels, les entreprises privées ou les particuliers et dont l'intérêt aurait été reconnu ;

5° D'attribuer des subventions pour missions scientifiques, pour fouilles archéologiques ou pour séjours de chercheurs dans des laboratoires et centres de recherches français ou étrangers, pour l'organisation de conférences entre spécialistes sur les problèmes scientifiques à l'ordre du jour ; de contrôler l'emploi de toutes les subventions accordées à cet effet ;

6° D'assurer soit directement, soit en y contribuant par des subventions ou des souscriptions, la publication des travaux scientifiques dignes d'intérêt ;

7° D'aider, dans la limite des crédits spécialement ouverts à cet effet, par des allocations, les savants ou leurs familles se trouvant dans une situation difficile ;

8° De préparer, dans les conditions prévues par l'article 58 de la loi du 11 juillet 1938, la mobilisation scientifique et d'assurer la coordination de l'ensemble des recherches et travaux scientifiques.

(...)

Fait à Paris, le 19 octobre 1939.

ALBERT LEBRUN

Par le Président de la République :

Le président du conseil, ministre de la défense nationale et de la guerre et des affaires étrangères,
ÉDOUARD DALADIER

Le ministre de l'éducation nationale,
YVON DELBOS.

Le ministre des finances,
PAUL REYNAUD.

Journal Officiel du 24 Octobre 1939

Le régime antérieur était, en fait, le régime du mécénat, puisque le chercheur bénéficiait d'une bourse dont le taux pouvait varier selon ses ressources personnelles ou celles de son conjoint. La recherche en France était devenue un métier ».

C'est à l'issue de la Seconde Guerre mondiale que, dans tous les pays industrialisés, l'opinion publique et les gouvernements se rendirent compte pleinement de l'importance de la recherche scientifique et que furent créés des institutions gouvernementales et de grands organismes de recherche publique. Ne nous leurrons cependant pas ; ce sont essentiellement les applications de la science qui ont suscité cette progression spectaculaire. Le radar, l'énergie nucléaire, les transistors et les antibiotiques ont suivi, en peu d'années, les découvertes fondamentales en électronique, en physique nucléaire, en physique du solide et en biologie. Pour le chercheur et pour l'humanité, la quête des connaissances nouvelles, la compréhension et la maîtrise de la nature restent cependant les motivations essentielles. Cette quête existait à l'époque d'Aristoste et d'Archimède ; c'est encore elle qui anime les savants de nos jours, dans l'étude de l'infiniment petit jusqu'à l'étude de l'infiniment grand.

Malgré toutes ces structures et cette organisation, peut-on imaginer qu'un chercheur, de nos jours, rencontre des difficultés analogues à celles de Bernard Palissy ou de Pierre et Marie Curie ?

Il est vraisemblable que celui qui tente de réaliser son idée finira par trouver les moyens qui lui sont nécessaires s'il parvient à convaincre les autorités ou les comités dont il dépend. Si son idée est très originale, il pourra cependant rencontrer des obstacles : une conception révolutionnaire nouvelle n'est pas toujours, au début, perçue et exprimée clairement, ce qui naturellement permet moins facilement de convaincre. D'autre part, parce qu'elle bouleverse les conceptions ou les théories admises, les idées reçues, elle dérange et aura d'abord du mal à s'imposer. La relativité et la mécanique quantique sont des exemples de cette nature. Il a fallu beaucoup d'expériences pour convaincre les incrédules.

Terminons par une anecdote montrant comment une observation expérimentale peut mettre des années avant de conduire à une découverte. Un médecin qui a fait ses études à Vienne, à la fin des années 1920, racontait comment, dans le laboratoire de bactériologie où il travaillait, il devait préparer des cultures de microbes (des staphylocoques). Parfois, lorsqu'il ne faisait pas suffisamment attention, une moisissure verte se développait dans la préparation, anéantissant les microbes. Lorsqu'au cours de sa visite le patron constatait ce fait, il lui disait : « Jeune homme, vous avez encore mal travaillé ; vous avez laissé les champignons détruire vos cultures. Que je ne vous y reprenne pas à travailler si peu soigneusement ! » Or, vers la même époque, Alexander Fleming, le bactériologiste anglais, ayant constaté le même phénomène, retourna la question et se demanda si certaines moisissures ne pouvaient pas servir à la lutte antimicrobienne. C'est seulement en février 1941 que, pour la première fois, à Oxford, un homme atteint d'une septicémie fut sauvé, grâce à une substance tirée de cette moisissure, la fameuse pénicilline.

IV

MERCREDI

DE L'ECOLE DE MILET A CELLE DE COPENHAGUE

Les conversations allaient bon train ; on commentait la randonnée qui avait eu lieu, au milieu de la journée, réunissant, sur les pistes, pour la première fois depuis le début de la semaine, à la fois les jeunes sportifs et les physiciens. Les couleurs vives des pull-overs mettaient de la gaité à la soirée. Les visages se tournèrent vers la petite table devant laquelle le conteur venait de prendre place. Cette fois, c'était un homme relativement jeune, à la moustache brune, qui s'assit au milieu de l'auditoire. Il parcourut la salle des yeux, cherchant à accrocher le regard des premiers rangs et commença à parler :

Mon prénom est Wolfgang : je travaille en physique théorique, à l'Université de Heidelberg, en Allemagne fédérale. Ce soir, je vous parlerai des écoles scientifiques, car elles ont joué un rôle fondamental dans le développement de nos connaissances. Après avoir évoqué pour vous une école de l'Antiquité, je décrirai plus longuement une école moderne, particulièrement importante dans ma propre discipline.

Une école se forme autour d'un maître qui attire des disciples ; un savoir est accumulé et transmis, des recherches sont poursuivies, dans un certain esprit, selon une certaine philosophie, caractéristiques de l'école. Une école sera connue en tant que telle, dans la mesure où le maître aussi bien que ses élèves apporteront des connaissances nouvelles, réaliseront des découvertes.

Il existe des écoles depuis très longtemps, mais naturellement, nous ne savons pas comment elles étaient organisées autrefois, il y a plus de 2 500 ans. En revanche, le savoir était alors encyclopédique : il couvrait de nombreux domaines, des sciences à la religion, en passant par la morale et l'art de gouverner. Il y eut des écoles fameuses de philosophie en Orient. Ainsi, l'école de Confucius remonte au début du Vème siècle avant notre ère. Les aphorismes des *Entretiens de Maître Kong* sont encore cités de nos jours. Par exemple, celui-ci : « Le maître dit à son disciple Zi-lu : Veux-tu que je te dise ce qu'est la connaissance ? Savoir qu'on sait quand on sait et savoir qu'on ne sait pas quand on ne sait pas, c'est là la vraie connaissance. »

Le premier des Sept Sages

La plus ancienne des écoles connues s'est formée au bord de la Mer Egée, sur la côte de l'Asie mineure, à l'embouchure du Méandre, dans la ville grecque de Milet ; c'est là que vécut Thalès, qui fut à la fois mathématicien, physicien, astronome, géographe et philosophe ; il fonda l'Ecole Ionienne.

On pense que Thalès naquit, vers 640 av. J.C., en Phénicie, au sein d'une grande famille. Il était âgé de 14 ans, lorsqu'une éclipse totale de Soleil se produisit, effrayant beaucoup les Lydiens et les Mèdes, alors en guerre ; l'événement les poussa à faire la paix et marqua aussi le jeune Thalès. Envoyé en Egypte pour apprendre les arts et les sciences, il s'intéressa plus particulièrement à la géométrie. Il est possible qu'il ait participé aux travaux de la première tentative de construction d'un canal reliant le Nil à la mer Rouge ; c'est en tous cas vers cette époque qu'il décida de se consacrer à l'observation de la nature. Les guerres incessantes dans la région le poussèrent à retourner d'abord dans sa contrée natale puis, approchant de l'âge de 50 ans, à s'installer à Milet, qui lui accorda le droit de cité. Grâce aux moyens dont il disposait, il s'adonna désormais entièrement aux sciences et à la philosophie.

Thalès fit plusieurs découvertes remarquables : le théorème qui porte son nom, plusieurs propriétés des triangles plans et des triangles sphériques, etc... On dit qu'une de ses

Thalès de Milet.

plus grandes joies fut d'avoir démontré que le triangle inscrit dans un demi-cercle est un triangle rectangle. On lui attribue l'art de mesurer la distance d'un navire à la côte.

Dans la cosmologie de Thalès, l'élément primordial de l'Univers était l'eau, à l'origine de toute chose. Peut-être connaît-on moins sa contribution à l'astronomie : il mesura le diamètre apparent du Soleil et fut, sans doute, le premier à affirmer que la Lune n'avait pas de lumière propre, mais réfléchissait celle du Soleil. Utilisant peut-être des connaissances venant de Chaldée, en particulier la détermination du cycle babylonien appelé par certains « saros » — correspondant à 223 lunaisons — qui semblait marquer le retour d'une même série d'éclipses, il annonça aux cités ioniennes la date prochaine (en l'an 585 avant notre ère) à laquelle une éclipse de Soleil allait se produire ; cette prévision se réalisa et lui valut immédiatement une grande notoriété. Elle impliquait qu'un tel événement était un phénomène naturel.

On raconte que des Milésiens avaient à l'avance acheté à des pêcheurs de l'île de Cos le contenu de leurs filets, lors d'une campagne de pêche. On y trouva un trépied en or que les deux parties se disputèrent, les pêcheurs affirmant qu'ils avaient pensé ne vendre que le poisson qui serait pris. Une guerre risquait de s'ensuivre ; mais on consulta la Pythie de Delphes, qui ordonna de remettre le trépied à l'homme le plus sage. Il fut décidé que l'objet précieux serait donné à Thalès ; celui-ci l'envoya à Bias, de la ville voisine de Priène, qu'il estimait plus sage que lui. Ce dernier, à son tour, le fit parvenir à Solon d'Athènes. Le trépied passa ainsi de mains en mains. Le septième dépositaire le renvoya à Thalès, qui le fit enfin porter à Thèbes pour y être consacré à Apollon. Ces sept hommes furent proclamés à Delphes, en 582 av. J.C., les Sept Sages de la Grèce.

Thalès refusa toujours les charges publiques qu'on voulut lui confier. Vers l'âge de 70 ans, il fut invité par le nouveau souverain de l'Egypte et il mesura la hauteur des grandes pyramides grâce à leur ombre portée, qu'il compara à l'ombre d'un bâton planté dans le sol. Convié par le roi à un banquet, on lui demanda quel était le plus méchant des animaux sauvages ; il répondit que c'était le tyran. Et le plus méchant des animaux domestiques ? Le flatteur, dit-il. Il ne souhaita pas rester longtemps en Egypte et retourna à Milet.

Thalès attribua les crues périodiques du Nil au vent du Nord qui soufflait en été et apportait des nuages ; il pensait que ces nuages, arrêtés beaucoup plus au Sud par de hautes montagnes, y donnaient de fortes pluies, alimentant le grand fleuve. Cette explication fut très longtemps contestée, notamment par des voyageurs anglais beaucoup plus tard, jusqu'au jour où l'on découvrit, au XIXe siècle, qu'il y avait bien de hauts sommets, dont certains couverts de neige, en Afrique Equatoriale.

L'histoire dit qu'une servante railla Thalès en le voyant, un jour, tomber dans un trou alors qu'il regardait les étoiles. L'histoire dit aussi qu'une fois, des Milésiens affirmèrent que la philosophie ne rapportait rien ; le sage rétorqua qu'il démontrerait le contraire. Ayant prévu, dès l'hiver, sur la base de ses observations, que la récolte des olives serait très abondante cette année-là, il loua tous les pressoirs de la région. Les paysans, face à leurs oliviers surchargés de fruits, cherchèrent des pressoirs disponibles et Thalès les leur céda à prix élevé.

Le grand mérite de Thalès aura été d'avoir consacré une grande partie de ses efforts à la compréhension des phénomènes naturels et d'avoir, le premier, remplacé les explications mythiques par des explications physiques. Le jeune Pythagore aurait bénéficié de l'enseignement de Thalès. Parmi les élèves et les philosophes de son école, on cite son disciple Anaximandre, d'environ 30 ans plus jeune que son maître, à qui l'on doit la découverte de l'obliquité de l'écliptique et qui eut sans doute le mérite d'avoir dressé les premières cartes du Ciel et de la Terre ; un peu plus d'un siècle plus tard, Anaxagore, continuateur de l'école ionienne, introduisit la philosophie à Athènes et proposa une explication correcte des éclipses. Socrate, condamné à boire la ciguë en 399 avant notre ère, aurait été un élève d'Anaxagore. Platon suivit l'enseignement du grand philosophe athénien et l'élève le plus connu de Platon fut Aristote.

D'autres écoles fameuses suivirent, comme celle d'Euclide, l'auteur des célèbres éléments de géométrie, à Alexandrie...

Dieu joue-t-il aux dés ?

Après les écoles philosophiques de l'Antiquité, se formèrent, à partir de la Renaissance, des écoles plus précisément tournées vers les sciences de la nature. Au XIXe et au XXe siècle, des écoles se constituèrent dans toutes les disciplines scientifiques. En physique expérimentale, vous avez entendu parler avant-hier de l'école de Rutherford et hier, de celle de Marie Curie, à l'Institut du Radium, à Paris.

La physique des objets les plus petits que l'on connaît dans la nature — molécules, atomes, noyaux et particules élémentaires —, ce que l'on appelle la microphysique, a conduit à des théories et à des concepts nouveaux, élaborés en particulier dans des écoles de physique, comme celles de Munich ou de Göttingen. La plus prestigieuse de ces écoles a été celle de Niels Bohr, à Copenhague. Nombre de collaborateurs et amis du savant ont rédigé leurs souvenirs, et la lecture en est passionnante.

N. Bohr naquit en 1885 ; son père était professeur de physiologie à l'Université. Après la soutenance de sa thèse, le jeune Niels se rend à Cambridge auprès de J. J. Thomson, mais déçu de l'accueil reçu, il rejoint, à Manchester, en 1912, Rutherford qui venait de découvrir le noyau de l'atome. Bohr voit tout de suite que cette découverte permet de séparer les phénomènes de radioactivité, localisés dans le noyau, des processus chimiques qui se rattachent au cortège des électrons. Il développe sur cette base, en 1913, un nouveau modèle de l'atome — l'atome de Bohr — en utilisant les idées de quantification de Max Planck ; nous en avons entendu parler dimanche soir. Ce modèle, avec ses postulats quantiques, fut perfectionné deux ans après par Arnold Sommerfeld. En 1916, Bohr devient professeur de physique théorique à l'Université de Copenhague. Il continue à développer son modèle et formule ce qu'il appelle le *principe de correspondance* : le modèle quantique s'applique aux structures les plus petites et à des énergies relativement grandes ; lorsque la dimension du système augmente, ou lorsque les énergies deviennent plus faibles et que les nombres quantiques deviennent très grands, on doit retrouver les résultats de la théorie classique. Bohr, avec son collaborateur Hendrik Kramers, utilise cette correspondance pour expliquer un certain nombre de « règles de sélection » observées dans les spectres atomiques.

A la suite des retentissements de ses premiers travaux, une aide financière est accordée au savant danois pour édifier un Institut de physique théorique, qui ouvre ses portes en 1921. L'année suivante, à partir des travaux théoriques de Bohr sur la classification périodique des éléments, prédisant, en particulier, que l'élément 72, encore inconnu, était un homologue du zirconium et non pas une terre rare, Georg de Hevesy et Dirk Coster découvrent, à Copenhague, l'élément hafnium ayant les propriétés ainsi prévues. La même année, N. Bohr reçoit le prix Nobel de physique.

Dès que son institut commença à fonctionner, Bohr disposa des moyens nécessaires pour inviter des physiciens étrangers à venir le rejoindre pendant des périodes plus ou moins longues. Il accueillit ainsi les jeunes les plus talentueux de l'époque, qu'il rencontrait aux cours de ses voyages.

En juin de cette même année 1922, Bohr donnait une série de conférences dans la vieille ville universitaire de Göttingen, en Allemagne, où travaillaient plusieurs physiciens et mathématiciens de renom. Ces conférences eurent un grand impact ; on les appela par la suite le « Festival Bohr ». Il parla de sa nouvelle théorie des atomes et des problèmes non résolus. Parmi ses auditeurs se trouvaient, en particulier, Werner Heisenberg, à peine âgé de 20 ans, élève d'Arnold Sommerfeld, Friedrich Hund et Wolfgang Pauli, qui s'était fait connaître par un article remarquable sur la théorie de la relativité. Heisenberg avait fait une remarque intéressante durant la discussion ; après la conférence, Bohr l'avait rejoint et lui avait proposé de faire une promenade. Au cours de leur conversation, le savant danois invita le tout jeune Heisenberg à venir faire un séjour à Copenhague.

C'est alors que se développa la réflexion la plus persévérante et la plus approfondie sur la théorie quantique et sur son interprétation. A partir de ces discussions communes, Heisenberg développa le formalisme mathématique de la mécanique quantique, dit des matrices.

Dans cette nouvelle mécanique, certaines notions, comme celle de l'orbite précise d'un électron dans un atome, n'ont pas de sens, parce qu'on ne peut pas les mesurer. Pour la théorie, seules comptent les « observables » que l'expérience peut effectivement permettre de déterminer. Pour Bohr à l'époque, comme le note Heisenberg, l'explication physique des phénomènes devait venir avant leur formalisation mathématique ; elle avait la priorité. L'interprétation physique des grandeurs mathématiques a également pour lui toujours été essentielle. Sa compréhension de la structure d'une théorie n'était pas le résultat d'une analyse mathématique des hypothèses de départ mais d'une réflexion intense sur le phénomène réel, de sorte qu'il devenait possible pour lui de sentir les relations intuitivement, plutôt que de les dériver formellement. Heisenberg discuta longuement avec le savant danois les nouveaux concepts qu'il introduisait ainsi que leur formulation, avant de les publier.

Les ondes lumineuses possédaient également, comme le montraient plusieurs expériences, des propriétés corpusculaires. Cette dualité onde-corpuscule constituait un élément essentiel de la microphysique. Elle avait été démontrée par Albert Einstein pour la lumière. Louis de Broglie, en 1924, proposa en retour que les particules dotées de masse, comme les électrons, aient des propriétés ondulatoires. Peu après, Erwin Schrödinger formula sa mécanique ondulatoire et montra, par la suite, que celle-ci était mathématiquement équivalente à la mécanique quantique de Heisenberg. Il subsistait cependant des problèmes sérieux d'interprétation et Bohr invita Schrödinger, à Copenhague, en septembre 1926. Heisenberg raconte que la discussion fut extrêmement vive ; Bohr était tenace et n'admettait aucune obscurité dans la nouvelle théorie. Schrödinger tomba malade et quitta Copenhague sans qu'un consensus ait pu être établi.

Ce ne fut pas sans mal que l'on parvint, comme vous allez le voir, à la compréhension et à l'unification de la théorie. Le physicien anglais Paul A. M. Dirac réussira à lui donner une formulation relativiste. Le prix Nobel sera finalement attribué à Heisenberg en 1932 et l'année suivante à Schrödinger et Dirac.

Dès les premiers travaux sur la radioactivité, la statistique avait fait son entrée, d'abord discrète, puis remarquée. La loi de décroissance radioactive et la notion de période, dont vous avez entendu parler lundi soir, sont de nature statistique. Une proportion donnée des noyaux présents se désintègre par unité de temps ; les atomes sont tous identiques et indiscernables, et pourtant certains se désintègrent tout de suite, d'autres se désintègreront beaucoup plus tard : c'est une question de pure probabilité. Il apparut que beaucoup de phénomènes atomiques obéissaient à des lois statistiques. Leur interprétation posait, au départ, des problèmes ardus. Bohr et ses collaborateurs estimèrent que toutes les grandeurs physiques au niveau atomique présentaient des caractéristiques statistiques.

Max Born, en 1926, montra, à Göttingen, que le carré de la fonction d'onde, introduite par Schrödinger, représentait en fait la probabilité de présence de la particule en chaque endroit.

N. Bohr discutant avec W. Heisenberg : « Oui, oui, Heisenberg, mais... »
Copenhague 1934

Au début de 1927, Heisenberg, alors à Copenhague, établit ses fameuses *relations d'incertitude* — que l'on appelle parfois d'indétermination — selon lesquelles on ne peut pas déterminer avec précision, simultanément, la position et la vitesse d'une particule, ou bien simultanément l'énergie et le moment où un événement atomique se produit ; plus précisément, il y a une relation entre les incertitudes avec lesquelles on peut obtenir deux de ces grandeurs conjuguées. Si l'on détermine, par exemple, avec une certaine précision, la vitesse d'une particule, sa position ne pourra être connue que dans certaines limites, le produit des deux incertitudes étant limité par la constante de Planck divisée par 2 π, une quantité cependant très petite. Une raie de rayons X émise par un atome a une certaine largeur intrinsèque en énergie ; il lui correspond, selon les relations d'incertitude, une certaine fluctuation sur le moment précis d'émission des photons X

N. Bohr et E. Rutherford,
assistant à une course d'aviron à l'Université de Cambridge.

constituant la raie ; la largeur en énergie et la durée de vie de l'état correspondant peuvent être toutes deux mesurées. Ainsi, par exemple, une raie ayant une largeur en énergie de deux tiers de millième d'électron-volt *(un électron-volt étant l'énergie acquise par un électron traversant une différence de potentiel de 1 volt)* correspondra à une durée de vie d'un millionième de millionième de seconde.

Bohr et Heisenberg s'étaient demandé longtemps comment on pouvait réconcilier un phénomène aussi simple que la trajectoire d'un électron dans une chambre de Wilson avec la formulation mathématique de la mécanique quantique. Le principe d'incertitude permettait de répondre à cette question : la vitesse de l'électron était connue avec une certaine précision grâce à la mesure de sa courbure dans un champ magnétique. Sa position dans la chambre ne pouvait être déterminée expérimentalement que dans la limite de la taille des gouttelettes d'eau matérialisant la trajectoire.

Bohr avait élaboré à la même époque son fameux *principe de complémentarité*, selon lequel il existe des couples de grandeurs, toutes deux nécessaires à la description complète d'un phénomène atomique, mais l'observation et la définition précises de l'un exclut l'observation et la définition précises de l'autre. Certaines grandeurs ne sont ainsi pas observables simultanément. Il fallut de longues discussions entre Bohr et Heisenberg, avec la participation de Oskar Klein et de Wolfgang Pauli, pour arriver à la conclusion que le principe d'incertitude, qui constitue une relation de limitation réciproque, est un cas particulier du principe général de complémentarité : position et vitesse étaient complémentaires ; de même étaient complémentaires ondes et corpuscules.

Bohr exposa ses conceptions, en 1927, lors d'une conférence, à Côme, puis à Bruxelles, au Conseil Solvay. Une discussion passionnée s'engagea avec Einstein. Celui-ci n'admettait pas qu'il fût impossible, en principe, de découvrir et de déterminer tous les faits partiels nécessaires à une description complète d'un processus physique. Pour lui, les relations statistiques représentaient ce que l'on pouvait dire d'un système très complexe dont toutes les caractéristiques n'étaient pas encore entièrement connues. Pour Bohr, ces relations étaient une propriété inhérente des processus atomiques et la causalité déterministe était remplacée par une causalité statistique. Einstein n'admettait pas que la causalité des phénomènes fût ainsi restreinte par une loi de probabilité et n'acceptait pas un indéterminisme intrinsèque, même limité. De ce fait, pour lui, la mécanique quantique n'était pas une théorie complète ; il devait y avoir des faits et des lois sous-jacents non encore pris en compte.

Lors de la conférence Solvay, la discussion commençait, en général, au petit déjeuner. Einstein présentait à Bohr une idée d'expérience que l'on pouvait imaginer par la pensée et qui, à son sens, réfutait le principe d'incertitude. Dans la journée, Bohr réfléchissait au problème avec Heisenberg et ses autres disciples ; il pouvait le soir, au dîner, prouver à Einstein que l'expérience suggérée ne mettait pas en cause le principe. Einstein devenait alors un peu soucieux, mais le lendemain matin il proposait une expérience plus raffinée encore que Bohr analysait et réfutait le soir. Einstein avait l'habitude de dire : « Dieu ne joue pas aux dés. » Ce à quoi Bohr ne pouvait que répondre : « Nous n'avons pas à dicter à Dieu comment il doit conduire le monde. »

La discussion entre Bohr et Einstein se poursuivit au cours des années et concerna, un peu plus tard, le rôle de l'observateur et de l'instrument de mesure. Pour Einstein, un phénomène physique devait pouvoir être complètement déterminé en dehors de l'observateur. Il insistait sur la causalité stricte. Pour Bohr, la réalité atomique était au delà de notre perception courante. L'atome minuscule n'est pas à l'échelle humaine et nous ne pouvons pas nous le représenter correctement en utilisant, sans modification, les grandeurs classiques dont nous nous servons habituellement. On ne peut cependant observer les processus atomiques qu'avec des instruments macroscopiques, les résultats de la mesure devant être exprimés en termes classiques. Une indétermination résulte de l'interaction de l'instrument de mesure avec le micro-objet et les deux ne peuvent pas être considérés séparément. Bohr concluait qu'ils formaient un tout indissociable ; des résultats obtenus dans différentes conditions expérimentales doivent être ainsi considérés comme complémentaires les uns des autres.

Le physicien danois, devant les premières difficultés d'interprétation de la théorie de Dirac qui devait prédire l'existence des électrons positifs, et face à l'énigme de l'émission d'un spectre continu d'électrons dans la radioactivité bêta, pensa même, un moment, qu'il fallait abandonner le principe de conservation de l'énergie. Il revint cependant sur cette position après la mise en évidence expérimentale de l'électron positif et de l'introduction du neutrino pour expliquer l'existence du spectre continu. Il indiqua, lors d'une conférence : « Nous ne comprendrons jamais rien à un problème tant que nous n'avons pas trouvé de contradictions ».

Bohr pensait que son principe de complémentarité s'appliquait à d'autres branches du savoir, comme la biologie, la psychologie et la linguistique. Un jour, un étudiant lui demanda quel était le terme complémentaire de vérité, et Bohr répondit : « C'est clarté. » Si l'on veut, en effet, expliquer quelque chose très clairement, on est amené à simplifier et par là même à s'écarter de la vérité rigoureuse. Le savant, quant à lui, était tellement désireux d'être exact et proche de la vérité avec toutes ses facettes, qu'il devenait parfois difficile à suivre.

En 1932 débute une nouvelle période de la vie de Bohr ; avec sa famille, il vient habiter la belle demeure mise par la fondation Carlsberg à la disposition, à vie, « d'un citoyen éminent du Danemark ». Au cours de toutes ces années, de

A. Einstein et N. Bohr.
se rendant à une réunion du Conseil Solvay, à Bruxelles, en 1927.

nombreux physiciens remarquables font des séjours à l'Institut. Avec le jeune Léon Rosenfeld, N. Bohr travaille sur l'électrodynamique quantique. A partir de 1933, il accueille un grand nombre de physiciens fuyant l'Allemagne hitlérienne et l'Europe centrale.

Bohr saisit tout de suite l'importance de la découverte du neutron. S'étant convaincu que le noyau de l'atome est composé exclusivement de particules massives, les protons et les neutrons, il voit immédiatement que l'on peut utiliser des modèles — faisant appel à des images semi-classiques — pour décrire la structure du noyau et les réactions auxquelles il donne lieu. Avec ses collaborateurs et disciples de l'Institut de Copenhague, il se consacre alors à la physique nucléaire. Avec F. Kalckar, il élabore une théorie des réactions nucléaires ; pour cela, il formule le modèle du noyau composé : une particule lourde qui pénètre dans le noyau

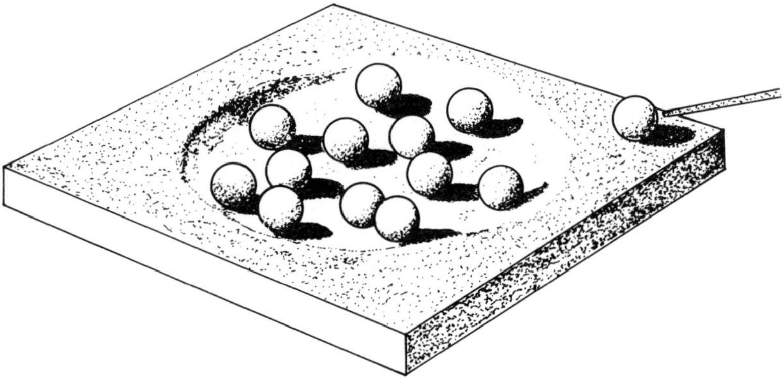

Image par N. Bohr de son modèle du noyau composé (*Science*, 20 août 1937).

partage son énergie avec tous les constituants du noyau ; ce dernier perd alors la mémoire de la manière dont il a été formé et se désintègre lorsque l'énergie disponible se trouve statistiquement reportée sur tel ou tel proton ou neutron.

Une section de physique expérimentale se crée à l'Institut. N. Bohr développe le modèle de la goutte liquide pour le noyau. A la suite de la découverte, fin 1938, à Berlin, de la fission de l'uranium par Otto Hahn et F. Strassmann, N. Bohr alerté par O. Frisch, apporte la nouvelle aux Etats-Unis. A Princeton, en collaboration avec J. Wheeler, il établit la théorie de la fission en utilisant le modèle de la goutte liquide et démontre que c'est l'isotope peu abondant de l'uranium, l'uranium 235, qui est le responsable de la fission sous l'action des neutrons lents. Bohr retourne au Danemark. Le pays est envahi par les Allemands en 1940. Le savant vit à Copenhague pendant les premières années de l'occupation, jusqu'au moment où, menacé, il doit s'enfuir en Suède, sur un petit bateau de pêche.

De là, il se rendit en Angleterre et aux Etats-Unis. Il fut alors extrêmement préoccupé par les dangers de l'utilisation des bombes atomiques et de la course aux armements que l'on pouvait prévoir après la guerre, comme on vous le racontera après-demain.

N. Bohr se fit l'avocat d'un « monde ouvert ». Après la guerre, son Institut se remplit de nouveau de nombreux visiteurs, jeunes ou moins jeunes. Il devint un conseiller écouté du gouvernement danois en matière d'énergie nucléaire, et de nouveaux centres de recherches furent créés. Son grand attachement à la collaboration internationale le conduisit à devenir l'un des promoteurs du Centre Européen de Recherches Nucléaires (C.E.R.N.), dont la division de physique théorique fut installée à Copenhague avant de trouver sa place à Genève.

La mort vint interrompre son infatigable activité, une après-midi de novembre 1962.

L'esprit de Copenhague

Il est intéressant de dégager l'environnement dans lequel a pu s'épanouir l'esprit de Copenhague. La neutralité du Danemark, au cours de la Première Guerre mondiale, avait permis à Bohr de nouer des contacts avec des physiciens appartenant à l'un ou l'autre des pays belligérants. Plus tard, la montée du fascisme eut comme conséquence la venue, à Copenhague, de beaucoup de talents d'Allemagne et d'Europe centrale.

Le Danemark, en tant que petit pays, est sensible à l'influence culturelle des moyens et grands pays voisins, avec lesquels il entretient nécessairement des relations suivies : les autres pays scandinaves au Nord, l'Angleterre et les Pays-Bas à l'Ouest, les pays germaniques au Sud et les pays slaves à l'Est.

Parmi les nombreux disciples et visiteurs qui participèrent de manière suivie à l'activité de l'Institut de Copenhague dans les années 20 et 30, M. Delbrück, J. Franck, W. Heisenberg, F. Hund, R. Peierls et C. von Weiszäcker vinrent d'Allemagne, P. Ehrenfest, O. Frisch, W. Pauli et V. F. Weisskopf d'Autriche, H.B.G. Casimir et H.A. Kramers des Pays-Bas, L. Rosenfeld de Belgique, P.A.M. Dirac et N. Mott de Grande-Bretagne, O. Klein de Suède, G. Gamow et L. Landau d'U.R.S.S., sans parler de F. Bloch de Suisse, de E. Teller et de G. de Hevesy de Hongrie, de S. Rosseland de Norvège,de Y. Nishina du Japon et de J. R. Oppenheimer, J. C. Slater et R. C. Tolman des Etats-Unis. Bohr sut établir et maintenir, dès cette époque, des relations suivies avec les physiciens d'U. R. S. S. et du Japon.

L'Institut de Copenhague reçut peu de visiteurs des pays latins et notamment de France. Peut-être la langue et la culture jouèrent-elles un rôle dans cette absence, mais sans doute aussi (à l'exception de Paul Langevin et de ses élèves), certaines tendances isolationnistes et hexagonales de la physique théorique française entre les deux guerres.

Tout en entretenant des relations avec le reste du monde, le Danemark en général, et Bohr en particulier, ont su préserver leurs traditions culturelles. Ainsi les disciples et collaborateurs étrangers et les physiciens danois s'enrichissaient mutuellement. On aimait dire à Copenhague : « Ce qui est le droit des Danois par la naissance est le droit de tous en vertu des lois de l'hospitalité ».

Les visiteurs de l'Institut de Copenhague venaient pour des périodes longues ou courtes, parfois seulement pour une conférence ou une réunion de travail. Certains revenaient régulièrement. Le nombre de physiciens permanents était réduit. Des séminaires avaient lieu et les derniers travaux y étaient exposés, commentés et parfois âprement discutés, dans une atmosphère de bonne humeur. On ne travaillait pas chez soi, mais à l'Institut. On ne restait pas toute la journée dans son propre bureau, mais on était souvent en train de discuter dans le bureau de l'un ou de l'autre, devant un tableau noir ou une feuille de papier. Bohr passait, venait voir ses chercheurs, s'enquérant chaque fois des progrès accomplis.

Le jeune Heisenberg raconte, qu'en arrivant à Copenhague, en 1924, il fut frappé par tous ces jeunes physiciens venant du monde entier qui entouraient Bohr. « La plupart d'entre eux parlaient plusieurs langues étrangères alors que moi-même, je ne pouvais même pas m'exprimer convenablement dans une seule ; ils connaissaient le monde extérieur, la culture et la littérature de différents peuples. Ils jouaient extrêmement bien de différents instruments de musique et par dessus tout, ils comprenaient beaucoup mieux la physique atomique moderne que moi-même. »

Le dimanche, Bohr emmenait souvent son petit groupe en forêt, au Nord de la ville, parlant de tout ce qui se passait dans le monde. Il était constamment disponible, gentil et bienveillant, s'intéressant aux problèmes personnels de chacun, posant des questions sur la vie dans leurs pays respectifs, venant en aide lorsqu'il le fallait. Il était ouvert et tolérant, prêt à écouter une hypothèse nouvelle, mais tenace lorsqu'il s'agissait de défendre son propre point de vue. Il était capable d'exposer les idées les plus passionnantes à voix basse, parfois même indistincte, et on ne savait pas toujours s'il s'exprimait en danois, en allemand ou en anglais. Pourtant, ses conférences étaient toujours un enchantement.

A l'un de ses séminaires, où il avait parlé longtemps, et alors qu'un autre physicien lui succèdait, Bohr demanda à celui-ci de parler fort pour qu'on puisse l'entendre ; Pauli, alors, s'écria : « Après vous, n'importe qui donne l'impression de parler fort ! » C'était le style familier et bon enfant de l'Institut.

Un jour, on demanda à son frère Harald, qui était un grand mathématicien, comment il se faisait que lui, Harald, parlait si bien alors que son frère était si difficile à suivre. Il répondit : « C'est simplement parce que je ne parle que de choses que j'ai déjà expliquées avant, mais Niels, d'habitude, parle de choses qu'il a l'intention d'expliquer plus tard. »

Le grand physicien plaisantait lui-même sur ce sujet et aimait raconter l'histoire d'un fameux rabbin qu'un jeune homme était venu écouter à la ville. De retour dans son village, le jeune homme raconta : « Le rabbin parla trois fois ; la première fois, c'était très brillant, clair et simple. J'ai compris chaque mot. La deuxième fois, c'était encore mieux, c'était profond et subtil ; je n'ai pas compris grand chose, mais le rabbin a tout compris. La troisième fois était certainement la meilleure. Ce fut une expérience inoubliable. Je n'ai rien compris et le rabbin n'a pas compris grand-chose lui-même. »

Lorsque le savant danois s'installa dans son Institut, il ne travailla plus seul, mais en collaboration avec d'autres physiciens. Chaque fois qu'il s'attaquait à un nouveau problème, raconta plus tard V. Weisskopf, « il choisissait toujours une « victime » parmi les physiciens les plus jeunes qui se trouvaient là. Cette bienheureuse personne avait alors le privilège de travailler avec lui, jour et nuit. Bohr s'efforçait d'expliquer ses idées à sa victime jusqu'à ce qu'elles deviennent claires à tous deux, et la partie la plus importante de la collaboration était alors d'écrire, en commun, un article sur le sujet. La victime était supposée écrire les phrases que Bohr dictait. Les jours passaient ; chaque phrase était travaillée jusqu'à ce qu'elle exprime l'idée désirée. Les idées prenaient leur forme réelle seulement au cours de ces efforts de formulation. » A un certain stade, l'article était dactylographié, puis corrigé à plusieurs reprises, Bohr étant saisi de nouveaux scrupules et ayant l'impression de ne pas avoir su rendre toutes les facettes de l'argumentation. Lorsque les corrections étaient tellement importantes que le papier devenait illisible, une nouvelle frappe était faite. Cela pouvait continuer sur les épreuves successives composées chez l'imprimeur.

Le savant avait les mêmes hésitations dans d'autres circonstances, et l'on raconte qu'un contremaître-maçon, accompagnant Bohr lors de la construction d'une nouvelle aile de son Institut, lui dit : « Si vous voulez de nouveau déplacer ce mur, il vaut mieux me le dire rapidement car, dans quelques heures, le ciment aura pris. »

Le mathématicien Courant, ami de longue date, rapporte que Niels et sa femme Magrethe devaient acheter une voiture d'enfant ; chacun préférait un modèle différent. Finalement Magrethe céda ; ils achetèrent le modèle choisi par Niels. Dans les heures qui suivirent, ce dernier avait l'air sombre ; on lui demanda pourquoi il n'était pas content puisque son choix l'avait emporté. Il répondit qu'avoir gagné ainsi ne le satisfaisait pas du tout . Ce qu'il désirait n'était pas simplement une concession, mais un accord s'appuyant sur une véritable conviction.

« On ne doit pas douter de la sagesse de Bohr »

De nombreuses autres anecdotes dépeignent le savant danois. On le décrit la pipe à la bouche, tournant autour d'une table tout en discutant, grattant une allumette l'une après l'autre pour tenter d'allumer sa pipe, les laissant s'éteindre, jusqu'à ce qu'il y ait un petit tas d'allumettes dans le cendrier, mais la pipe n'était toujours pas allumée.

Durant une conférence, en 1932, il présenta au tableau un exposé introductif fondamental ; il tenait la craie dans la main droite, une éponge dans l'autre et écrivait des équations qu'il s'empressait d'effacer. Soudain, dans la salle, la voix forte de Paul Ehrenfest se fit entendre : « Bohr, donne-moi cette éponge. » Avec un sourire triste, Bohr s'exécuta.

On raconte que lorsqu'il arriva à la cérémonie de remise du Prix Nobel par le roi de Suède, il avait oublié le texte de son discours à l'hôtel.

Carl von Weizsäcker explique que, très jeune, il avait écrit un article, à la demande de Bohr. Celui-ci reçut le chercheur et sortit le manuscrit d'une énorme pile en disant : « C'est très bon, maintenant tout est clair. J'espère que vous le publierez bientôt ». Le physicien allemand pensa que Bohr n'avait sans doute pas eu le temps de lire le texte, mais ce dernier continua : « Juste pour éclaircir les choses, que signifie la formule page tant ? » puis : « Ah ! je comprends, mais alors page tant, vous voulez dire que... ? » et, ainsi de suite, pendant deux heures. A la fin, Bohr dit, d'une manière triomphante mais apparemment sans aucune malice : « Maintenant je comprends tout. Tout est exactement à l'opposé de ce que vous avez écrit ! »

Le physicien était toujours bienveillant et poli, même quand il était en complet désaccord. Ses collaborateurs répétaient, avec amusement, quelques unes de ses expressions :

« Je ne veux pas vous critiquer, mais ce que vous avez dit est tout à fait absurde. » Un jour, il dit à Pauli : « Mais nous sommes beaucoup plus en accord l'un avec l'autre que vous ne le croyez ! »

En trois occasions, les physiciens de l'Institut de Copenhague éditèrent un petit journal qu'ils appelèrent Journal de Physique facétieuse *(Journal of Jocular Physics)*. Il contient, par exemple, une fable de Hendrik Casimir qui se termine ainsi :

« La morale nous était connue dès l'abord :
On ne doute pas de la sagesse de Bohr. »

En 1932, les physiciens écrivirent une parodie du *Faust* de Goethe, à l'occasion du centième anniversaire de la mort de l'écrivain. Le texte était de Max Delbrück aidé d'E. Teller, F. Bloch et C. von Weizsäcker. Faust était personnifié par Ehrenfest, N. Bohr apparaissait comme Dieu le Père et son rôle était tenu par F. Bloch, W. Pauli était présenté comme Méphisto et interprété par L. Rosenfeld :

— Le Seigneur : « N'as-tu rien de plus à nous dire ? Ne viendras-tu jamais que pour te plaindre, et n'y a-t-il, selon toi, rien de bon en physique ? »

— Méphisto : « Rien, Seigneur. Tout y va parfaitement mal, comme toujours. »

A un jeune visiteur qui s'étonnait des plaisanteries qui fusaient dans l'Institut et de la manière parfois irrévérencieuse dont se déroulaient les discussions, Bohr expliqua : « Il y a des choses qui sont tellement sérieuses que l'on peut seulement en plaisanter. »

Parodie de *Faust* représentée par les théoriciens de Copenhague, en 1932, à l'occasion du centième anniversaire de la mort de Goethe.
A gauche, les archanges Raphaël, Gabriel et Michel personnifiés par les astrophysiciens A.S. Eddington, J.H. Jeans et E.A. Milne.
A droite, Méphisto personnifié par W. Pauli.

Un jour, Bohr participa à un entretien lors du séminaire de l'Institut de P. Kapitsa, à Moscou, et Landau lui demanda quel secret il avait pour attirer à lui autant de jeunes talents. Bohr répondit : « Il n'y a aucun secret, c'est tout simplement que je n'ai jamais eu peur d'avoir l'air bête devant les jeunes. » Le physicien E. Lifchitz traduisit en russe et se trompa : « C'est tout simplement que je n'ai jamais eu peur de leur dire qu'ils étaient des imbéciles. » Les auditeurs qui comprenaient l'anglais éclatèrent de rire, et Lifchitz corrigea. P. Kapitsa remarqua que cette erreur était révélatrice, car cela aurait pu être, en pareille circonstance, la réponse de Landau, connu pour être très exigeant et agressif.

Bohr invitait très souvent des physiciens à le rejoindre dans sa demeure, à Carlsberg, ou à la campagne, à Tisvilde. Il y recevait des invités de toutes sortes : des collègues d'autres disciplines de l'Université, des responsables de l'administration danoise, des artistes, des hommes politiques. C'était comme une académie grecque. Les conversations passaient de la physique à la philosophie, de l'art à l'histoire, de la politique aux événements de tous les jours.

A Tisvilde, Bohr racontait des épisodes de l'histoire de son pays ou de vieilles légendes. Il pouvait aussi se transformer en bûcheron. Il emmenait ses collaborateurs en promenade dans les broussailles, s'émerveillant devant telle ou telle plante, tel ou tel animal. Bohr aimait raconter à ses visiteurs cette anecdote : « Rendant visite à un ami qui avait un fer à cheval au-dessus de sa porte, je m'étonnais : Je ne savais pas que tu étais superstitieux ? — Je ne suis pas superstitieux, répliqua-t-il, mais il paraît que cela porte bonheur même à ceux qui n'y croient pas. »

Il aimait la natation, et Heisenberg raconte comment, partis trop loin en mer et entraînés par un courant contraire, ils faillirent tous deux ne plus revenir et ne durent leur salut qu'à un banc de sable opportun.

Le savant était connu dans sa ville. Weisskopf rapporte qu'il accompagnait Bohr, un soir, jusqu'à l'arrêt de l'autobus. Le physicien danois exposait un argument quand l'autobus arriva. Il saisit la poignée de la porte, mit un pied sur le marche-pied tout en continuant à parler. Cela dura plusieurs minutes. Ni les autres voyageurs, ni le chauffeur ne s'impatientèrent : « Prenez votre temps, Monsieur Bohr ».

Lors du centième anniversaire de sa naissance, en 1985, un buste du savant fut inauguré devant la vieille Université, au centre de Copenhague. Pour les caméras de la télévision, on avait apporté la vieille bicyclette de Bohr, sur laquelle il circulait souvent en ville, et on la posa négligemment contre le socle de la statue. Un passant, qui n'avait pas compris, voulut retirer l'objet qui lui semblait déparer le tableau. Les protestations de l'assistance l'en empêchèrent.

De temps à autre, ressurgissent des discussions, et parfois aussi des expériences, sur les fondements et sur le caractère complet de la mécanique quantique, forme moderne du vieux débat Einstein-Bohr. L. Landau dit un jour à ses étudiants : « Il ne faut pas comprendre la mécanique quantique, il faut simplement s'y habituer ». Elle a été utilisée, avec beaucoup de succès, pour décrire les atomes et les molécules d'abord, puis les noyaux et ensuite les particules élémentaires, apportant une moisson de connaissances nouvelles.

Un grand nombre des élèves et des collaborateurs de Bohr, connus pour leurs travaux personnels, sont devenus à leur tour des maîtres respectés et ont créé des écoles.

L'un des fils même de Niels Bohr, Aage Bohr, en collaboration avec le physicien américain Ben Mottelson, développa, à l'Institut, du vivant encore de son père, un nouveau modèle nucléaire, le modèle collectif, qui permet de décrire, d'une manière très satisfaisante, les états des noyaux déformés.

Werner Heisenberg devint un professeur éminent dans son pays, avant d'être entraîné dans le tourbillon du nazisme et de la guerre.

Wolfgang Pauli, à l'esprit critique toujours en éveil, enseigna longtemps à Zurich. Le père du principe d'exclusion et du neutrino développa, avec W. Heisenberg, dans les années 1950, une nouvelle théorie des particules élémentaires aboutissant à une équation unique. Pauli fit sur cette théorie, à l'Université Columbia, au début de 1958, un exposé qu'il termina en disant : « Vous pensez peut-être que ces idées sont folles ». On demanda à Bohr, qui se trouvait dans l'assistance, de faire un commentaire ; « Malheureusement, ces idées ne sont pas assez folles pour une nouvelle théorie fondamentale », remarqua-t-il.

Max Delbrück se tourna vers la biologie et réalisa des travaux remarquables, aux Etats-Unis, sur les virus bactériophages.

Hendrik Casimir joua un rôle très important pour le développement de la physique aux Pays-Bas.

Lev Landau, après quelques années passées à Kharkov, prit la tête de la division de physique théorique de l'Institut de P. Kapita, à Moscou. Connu pour son traité, il fonda, en U.R.S.S., une école fameuse de physique théorique.

N. Bohr arrivant à bicyclette à l'Institut de Physique théorique de Copenhague, en août 1945, juste après son retour des États-Unis.

Pour avoir droit à l'appellation d'élève de Landau, il fallait réussir « le minimum théorique », une série d'examens particulièrement difficiles qu'il avait institués.

Rudolf Peierls, venu en Grande-Bretagne, forma un grand nombre de théoriciens talentueux à l'Université de Birmingham, puis à celle d'Oxford.

Victor Weisskopf, installé aux Etats-Unis, devint professeur à l'Institut de Technologie du Massachusetts (M.I.T.) ; connu pour ses nombreux travaux en physique nucléaire, il fut, pendant plusieurs années, directeur du C.E.R.N., à Genève.

Le sage avait formé d'autres sages.

V

JEUDI

LE PROTON EST COMME UNE GROSEILLE AVEC SES PEPINS

Le jeudi soir, tous les sièges de la grande salle étaient déjà occupés lorsque le narrateur attendu entra. Il portait une veste de velours côtelé et son visage s'illumina en s'adressant à nous.

Mon nom est Richard Blackhead ; je suis un expérimentateur de l'University College de Londres et j'ai fait mes études supérieures à Bristol. On dit souvent que la physique des particules est née dans cette ville, en 1947, mais il faut peut-être remonter plus loin dans le temps et changer de continent, car ce fut, en octobre 1934, qu'un jeune physicien japonais eut une intuition remarquable.

Comment le mikado décide de passer aux temps modernes

Dans les années 1930, le Japon était un pays à la fois moderne et traditionnel. Il est remarquable de constater qu'une découverte fondamentale a été faite dans un pays qui, un siècle auparavant, était encore tourné vers le passé et fermé sur lui-même. Pour comprendre ce qui est arrivé, je vais d'abord vous dire quelques mots de l'histoire du Japon.

La société japonaise du milieu du XIXe siècle était une société féodale, hiérarchisée, depuis les parias qui exerçaient

Scène typique du Japon de la première moitié du XIXe siècle (Gravure de Hokusaï).

des métiers considérés comme vils — ils n'avaient pas le droit de se mêler aux autres classes de la société, — les paysans, en très grand nombre, les ouvriers, les artisans et les négociants, jusqu'à la noblesse militaire. Tous avaient en commun la fierté d'appartenir à une nation exceptionnelle. L'état était divisé en 275 seigneuries et le seigneur, « le daïmio », disposait d'un pouvoir absolu ; il avait le droit de battre monnaie et commandait les fameux « samouraïs » qui échappaient aux règles ordinaires et possédaient le droit de se faire justice eux-mêmes. L'empereur, « le mikado », dont l'autorité considérée comme d'origine divine n'était plus que spirituelle depuis plusieurs siècles, avait confié au plus puissant des daïmios, appelé « shogun » (le généralissime), le soin de faire régner l'ordre. Ce dernier était tout-puissant, et son pouvoir se transmettait de père en fils.

Rien ne semblait pouvoir ébranler cette société, malgré les critiques de quelques intellectuels. Rien ne semblait pouvoir mettre fin à 700 ans de pouvoir militaire. Le Japon vivait replié sur lui-même : le commerce avec l'étranger était interdit et seule la Compagnie hollandaise des Indes

Orientales était autorisée, depuis 200 ans, à conserver un comptoir dans le petit ilôt de Deshima, près de Nagasaki.

Or, un jour, les autorités nippones apprennent, par les Hollandais, que les puissances occidentales se consultent sur les moyens d'ouvrir le pays au commerce. Le 8 juillet 1853, un début de panique s'empare des riverains de la baie de Edo : pour la première fois, un Américain, le commodore Perry, entre dans le port avec ses « bateaux noirs ». Des salves d'honneur sont tirées mais elles ressemblent fort à des coups de semonce. Perry remet au shogun une lettre du président des Etats-Unis qui désire disposer au Japon de comptoirs commerciaux. Neuf mois plus tard, le commodore vient chercher la réponse avec 250 canons. Devant cette menace, deux ports sont ouverts au commerce américain, puis un troisième. Le traité de Kanagawa permet à d'autres grandes puissances, comme l'Angleterre, la Russie, la France, de s'engouffrer dans la brèche.

Face à la force que le monde entier lui oppose, le Japon va alors prendre une décision capitale : il renonce à sa politique d'isolement en constatant dans un rapport : « Dans les grands pays étrangers, l'art de la navigation, les moyens militaires et navals ont atteint leur plein développement. Si notre pays était assailli, nous aurions à subir les conséquences que nous pouvons deviner par l'exemple de la Chine. Le Japon doit développer, à l'exemple des Occidentaux, ses ressources économiques et ses forces militaires. Nous pourrons alors entrer dans le concert des nations. La position nationale du Japon sera assurée, lui permettant d'atteindre à une grande destinée. » Les modernistes réformateurs poussent le 122ème empereur du Japon, le jeune Mutsu Hito, à reprendre le pouvoir réel au shogun. La charte des cinq articles est proclamée le 6 avril 1868 et la capitale est transférée de Kyoto à Edo, « capitale de l'Est », c'est-à-dire à Tokyo. Dans la charte sont résumés tous les principes du progrès dont s'inspirent les réformateurs pour faire table rase du passé en matière politique, sociale et économique. C'est le début de « l'ère Meiji » (le gouvernement éclairé).

« Il faut abandonner les vieux usages lorsqu'ils sont absurdes », proclame l'Empereur. Il faut se mettre à l'école des pays industrialisés. Il faut imiter les occidentaux pour parvenir à les surclasser. Dans la tradition japonaise, l'imitation d'un maître vénéré constitue un acte d'une grande valeur morale, car elle permet de s'enrichir et de se dépasser ; l'organisation de l'enseignement est donc une priorité. Dès 1882, tout Japonais des deux sexes a le devoir de fréquenter l'école. La presse se développe. Le service militaire est institué, mettant fin à la toute puissance des samouraïs. En 1889, une constitution, qui ne se fixe pas la démocratie comme but, est promulguée. L'Empereur précise qu'il convient d'établir « un système permanent de gouvernement, en harmonie avec la marche du progrès national ». Tout est à faire : il faut combler un retard de plusieurs siècles. C'est durant l'ère Meiji que les chemins de fer, la flotte, les manufactures et les banques sont créés.

En 1900 déjà, 3000 usines font du Japon la plus grande puissance économique de l'Asie. L'administration s'inspire des idées du juriste français Boissonnade, l'enseignement primaire est mis sur pied par l'Américain David Murray ; l'armée est instruite par des Français, puis par des Allemands ; les Anglais se chargent des voies ferrées et de la marine. Cette assistance étrangère aurait pu être néfaste, mais au contraire, en quelques décennies, s'appuyant notamment sur son sens de la discipline et son respect de l'autorité, le Japon se forge des armes égales à celles de ses adversaires et le peuple japonais ne perd pas son âme. Tandis qu'à la même époque la Chine se borne à subir la domination des Occidentaux, le Japon, lui, va se mettre à leur école. Le shintoïsme, la religion japonaise, avait imprégné chaque individu d'un sentiment de fierté nationale et de la conviction d'appartenir à une race privilégiée ; le code de l'honneur des samouraïs, le « bushido », devient le code de tout un peuple, grâce notamment au développement de l'instruction. Ces caractéristiques, cependant, favorisent également un développement négatif : à partir de 1912, le totalitarisme grandit avec un pouvoir accru des militaires, conduisant à une idéologie expansionniste.

Les conseillers étrangers, venus au Japon pour enseigner leurs techniques, n'y resteront que peu de temps ; les jeunes Japonais, souvent des daïmios ou des fils de daïmios, envoyés en Europe par le gouvernement impérial, vont rapidement êtres capables de les remplacer. Ce sont ces Japonais, en apparence occidentalisés, qui seront les maîtres des futures élites, notamment ceux du jeune Hideki Ogawa qui, après son mariage et conformément à une coutume assez répandue à l'époque, fut adopté par la famille de sa femme et prit ainsi le nom de Hideki Yukawa.

« Savoir... poisson... heureux... »

Si l'on questionne aujourd'hui, au hasard, un jeune Japonais sur les grands hommes de son pays à travers les siècles, il citera probablement une dizaine de noms parmi lesquels celui de Hideki Yukawa. Certes, le mérite scientifique pourrait, à lui seul, justifier cette notoriété, mais il faut quelque chose de plus pour accéder à une gloire presque égale à celle de l'empereur. En fait, Yukawa est un symbole du Japon contemporain, le pays qui a réalisé la synthèse de la tradition et du progrès. « Le portail de notre maison ressemblait à celui d'un temple », écrit le savant, dans ses souvenirs ; mais, plus loin, il ajoute : « Aurais-je pu prévoir que je contribuerai à donner à la physique sa forme actuelle ? » Le Prix Nobel décerné à Yukawa, en 1947, au moment des années les plus noires de l'histoire moderne du Japon après la défaite de 1945, représentait aussi pour les jeunes de l'époque une marque de la reconnaissance internationale.

Né le 23 janvier 1907, à Tokyo, dans une famille tournée vers les sciences — son père devint professeur de géologie à l'Université de Kyoto — Yukawa se veut lui-même « le voyageur explorant une terre inconnue, le colon d'un pays nouveau ». C'est à Kyoto donc qu'il passe son adolescence et qu'il effectue ses études supérieures, à l'Université impériale. Plus tard, après avoir enseigné six années à l'Université d'Osaka, Yukawa reviendra à Kyoto où se déroulera l'essentiel de sa vie.

« On ne s'étonne de rien dans la ville des Dieux » a écrit Pierre Loti de la ville de Kyoto. Cité impériale depuis 794, épargnée pendant la Seconde Guerre mondiale, grâce à l'intervention d'un comité de savants et d'historiens américains, du fait de sa richesse en oeuvres d'art, la cité, entourée de collines, a été bâtie sur un ancien lac. Sur les bords de la rivière Kamo, elle est quadrillée par de grands boulevards et par des avenues transversales, à la manière des anciennes villes chinoises. Kyoto fut le siège de l'Empire ; cependant, l'administration shogunale ayant été transférée à Edo depuis le début du XVIIe siècle, la capitale, « l'heureuse, la paresseuse, la somptueuse », comme la qualifiait Rudyard Kipling, s'était un peu endormie. On y compte plus de 200 temples, couvents, monastères, musées ou palais, dont l'ancien Palais Impérial. Des « tori » de bois rouge, c'est-à-dire des portiques du culte shintoïste, ont été dressés devant certains temples. A l'entrée des édifices religieux, comme à l'entrée des maisons particulières traditionnelles, la coutume veut que l'on retire ses souliers. A l'intérieur de la maison japonaise, on trouve les nattes sur le sol, les « tatami », les portes coulissantes et l'alcôve d'honneur — faisant songer à un autel — décorée d'un petit bouquet de fleurs et d'un rouleau calligraphié. Le Palais impérial, comme beaucoup de temples, semble serti dans de vastes jardins. Le futur physicien, lors de ses études, a écrit lui-même une courte composition en français sur ce sujet : « La meilleure époque est l'automne. Les feuilles mortes tapissent les chemins qui serpentent entre les vieux arbres du Palais et elles bruissent sous mes sandales ; ces bruits légers demeurent en mon coeur comme un écho impossible à oublier. »

Entré au lycée en 1923, à l'âge de 16 ans, Hideki, tout en étant très doué en mathématiques, se sent déjà attiré par la physique. Il résout comme en jouant tous les problèmes de ses livres de classe, mais il manque d'adresse manuelle pour les expériences. Yukawa s'est souvent expliqué sur son orientation vers la physique théorique. Il se sentait peu sociable et donc attiré par les domaines où les contacts humains ne jouaient pas un rôle essentiel. Les sciences de la société ne lui disaient rien ; il préférait les sujets sur lesquels il pouvait travailler seul.

Dès qu'il parvient à lire l'allemand, il étudie un livre de physique théorique de Max Planck et il se rend compte qu'il peut le comprendre facilement. Cette nouvelle vision de la physique le passionne. Il suit également des cours de mécanique. Hideki Ogawa décide d'entrer à l'Université de Kyoto où son père vient d'être nommé doyen. Là, il devient un partisan convaincu de la physique nouvelle des quantas.

Son diplôme obtenu, Hideki est nommé assistant sans salaire à l'Université impériale de Kyoto et il est chargé d'enseigner la mécanique quantique, ce qui l'amène à bien la dominer. L'année 1932, celle où l'on découvrit le neutron et le positon (l'électron positif), est aussi l'année de son mariage avec Sumi, la fille du Docteur Yukawa d'Osaka, qui lui avait été présentée par le secrétaire de l'Université de Kyoto.

Pour ses recherches, le jeune assistant allait autant utiliser ses connaissances en mathématiques et en physique que son intuition nourrie par la sagesse des anciens philosophes. Par la suite, Yukawa racontera l'allégorie suivante, tirée du chapitre XVII, la crue d'automne, du livre de *Zhuang-zi*, qui lui paraissait refléter un commentaire sur le rationalisme et l'empirisme dans les sciences. Que peut-on observer ? Que peut-on vérifier ? « Un jour Zhuang-zi se promenait le long de la rivière Hao avec Hui-zi, un érudit qui aimait polémiquer. Traversant un pont, il lui dit :

— Regardez les poissons qui apparaissent à la surface de l'eau et nagent tout à leur aise. C'est ainsi que les poissons sont heureux.

Aussitôt Hui-zi répliqua :

— Vous n'êtes pas un poisson. Comment savez-vous que les poissons sont heureux ainsi ?

— Vous n'êtes pas moi, répondit Zhuang-zi, comment savez-vous que je ne sais pas ce qu'est la joie des poissons ?

— Je ne suis pas vous, effectivement, dit Hui-zi triomphalement, donc assurément je ne sais pas ce que vous savez ou ne savez pas. De même, vous n'êtes pas vous-même un poisson et donc vous ne savez pas ce que ressentent les poissons. Que pouvez-vous répondre à cela ?

— Attendez, dit le philosophe. Revenons à votre première question. Vous m'avez demandé comment je pouvais savoir que les poissons étaient heureux. Vous admettez donc que je le savais, puisque vous me posiez la question. Comment le savais-je ? Eh bien, en les regardant du haut du pont, je savais que les poissons étaient heureux ».

Cette dernière phrase s'écrit à l'aide des idéogrammes :

知	魚	樂
zhi savoir	yu poisson	le heureux

Ne pourrait-on traduire ces trois caractères par le simple mot d'intuition ?

Entrons maintenant dans le monde de la physique. Que savait-on, avant 1932, du noyau de l'atome ? On croyait alors que celui-ci était constitué de protons et d'électrons. C'étaient les seules « *particules élémentaires* » connues à l'époque. A lui seul, le proton forme le noyau de l'atome le plus petit et le plus simple, celui d'hydrogène. Sa charge électrique est positive et sa masse est égale à environ 2000 fois celle de l'électron. On admettait déjà que les noyaux lourds pouvaient se construire à partir des noyaux les plus légers. Pourquoi fallait-il aussi des électrons ? Simplement parce que des charges électriques négatives semblaient nécessaires pour compenser partiellement la charge positive des protons dans les noyaux au delà de l'hydrogène ; ainsi, le noyau de carbone était censé être formé de 12 protons et de 6 électrons ; de plus, certains noyaux lourds radioactifs comme par exemple le radium D, un descendant du radium, émettaient spontanément des électrons dans la radioactivité bêta.

Cette description se heurta cependant à des difficultés, qui furent résolues avec la découverte du neutron par James Chadwick, au début de 1932, à la suite d'une expérience de Frédéric et d'Irène Joliot-Curie. Une nouvelle représentation du noyau — formé de protons et de neutrons — s'imposa alors, description qui est la nôtre aujourd'hui. C'est Heisenberg qui imagina que le neutron devait être, lui aussi, une particule élémentaire : proton et neutron, sensiblement de même masse, étaient ainsi deux variétés d'une même espèce de particule, le *nucléon.*

On pouvait alors définir *l'énergie de liaison* d'un noyau comme l'énergie qu'il fallait lui apporter pour le séparer en tous ses constituants élémentaires. En comparant la composition, les dimensions et l'énergie de liaison des noyaux les plus légers, celui d'hydrogène lourd — le deuton — et celui d'hélium quatre — appelé aussi particule alpha —, le physicien américain d'origine hongroise Eugène Wigner montra que les neutrons et les protons dans un noyau devaient être liés entre eux par des forces distinctes des forces électromagnétiques, celles qui assurent les liaisons chimiques. Contrairement à ces dernières, les forces nucléaires devaient être très fortes et n'agir qu'à très courte portée, à une distance inférieure à quelques 10^{-13} cm, soit quelques dix millionièmes de millionième de centimètre. On pensa d'abord que les forces importantes étaient celles qui s'exerçaient entre neutrons et protons et que celles-ci, en première approximation, suffisaient à expliquer la cohésion des noyaux légers. On rendait compte ainsi du fait que les noyaux légers stables comportent, en général, un nombre égal de protons et de neutrons. Pour les noyaux lourds, il faut tenir compte, en plus de la force nucléaire, de la répulsion électrique, dite coulombienne, entre les protons de même charge et, de ce fait, les noyaux stables lourds comportent plus de neutrons que de protons.

Heisenberg proposa que l'action des forces nucléaires soit considérée comme l'échange d'une charge électrique entre neutron et proton, en analogie avec ce qui se passe dans une molécule. Ainsi, si un proton devient neutron en cédant sa charge électrique positive à un neutron voisin, ce dernier deviendra proton à son tour. De même, si un neutron devient proton en cédant une charge électrique négative à un proton voisin, ce dernier sera devenu neutron, par annulation de sa charge. Dans ce processus d'échange, la masse ne varie pas.

Comment expliquer, dans le cadre d'une telle description, l'émission des électrons observés dans la radioactivité bêta ? Ce fut le physicien italien Enrico Fermi qui trouva la réponse, fin 1933. L'électron est formé au moment même où il est émis, en même temps qu'un corpuscule neutre, de masse nulle — ou extrêmement petite — *le neutrino,* dont l'existence avait été proposée, en 1930, par Pauli, alors professeur à Zürich. De la sorte, un neutron peut se transformer en proton en émettant un électron et un anti-neutrino. Dans la radioactivité bêta positive, découverte, en 1934, par Frédéric et Irène Joliot-Curie, un proton se transforme en neutron, en émettant un électron positif et un neutrino. Dirac avait montré qu'à chaque particule correspondait une anti-particule dotée de propriétés opposées : par exemple, l'électron positif est l'anti-particule de l'électron ordinaire de charge négative ; le neutrino a une anti-particule appelée anti-neutrino. Dans ces transformations, l'ensemble masse plus énergie est conservé, ainsi que la charge électrique totale et le moment cinétique intrinsèque. Proton, neutron, électron et neutrino ont — comme de petites toupies — un mouvement de rotation autour de leur axe, appelé *spin.* Le spin de toutes ces particules est le même et dans la transformation d'un proton en neutron, ou vice-versa, le spin total du système est conservé.

Toutes ces hypothèses semblaient relativement cohérentes et l'on pouvait même se demander si les forces nucléaires ne correspondaient pas, en fait, à l'échange d'une paire électron-neutrino entre deux nucléons, de la même façon que les forces électromagnétiques correspondaient à l'échange d'un grain de lumière, appelé photon, entre deux particules chargées. Mais un calcul, fait par I. Tamm de Moscou et D. Ivanenko de Leningrad, à partir de cette hypothèse, montra que la force ainsi obtenue était beaucoup trop faible. La radioactivité bêta était un processus très lent, comparé à l'échange de charge dans la force nucléaire, qui devait être, lui, un processus rapide. La nature réelle des forces nucléaires demeurait ainsi encore mystérieuse.

C'est à tous ces développements et à ces arguments que songeait, à Kyoto, Hideki Yukawa. La physique japonaise en était à ses débuts ; les périodiques scientifiques mettaient beaucoup de temps à parvenir d'Europe ou d'Amérique. Yukawa avait, lui aussi, réfléchi à ce que pouvait être une force d'échange dans un noyau. Il avait d'abord pensé que l'échange pouvait se comprendre comme celui d'un électron positif ou négatif entre deux nucléons, les neutrons et les protons jouant ainsi à la balle. Mais cette façon de voir ne respectait pas les lois de conservation du spin. Après avoir lu le mémoire de Fermi, Yukawa avait lui aussi envisagé que neutrons et protons jonglaient avec une paire électron — neutrino ; cependant, comme nous l'avons vu, un tel échange ne pouvait pas expliquer l'interaction forte.

Yukawa est nommé maître-assistant à l'Université impériale d'Osaka en 1933. Il pense à décrire l'interaction entre neutron et proton par un champ de force « U », en analogie avec le champ électromagnétique. La force nucléaire doit alors correspondre à l'échange d'une particule, qu'il appelle « U ». Puisqu'il ne s'agit pas d'une particule connue, il faut déduire les propriétés de cette particule inconnue échangée des caractéristiques même de la force. Yukawa explique lui-même : « Incapable d'avoir des idées créatrices pendant la journée, perdant le fil de ma pensée dans les diverses équations inscrites sur des morceaux de papier, en revanche, la nuit, lorsque j'étais couché, des idées intéressantes me traversaient l'esprit ; elles semblaient se développer, libérées de l'entrave des rangées d'équations ». Un typhon, puis la naissance de son deuxième fils l'amènent à demeurer quelques jours chez lui. La nuit, un cahier est posé à côté de son lit pour y noter ses idées.

Par une nuit d'octobre 1934, durant une insomnie, l'intuition essentielle s'impose à lui : la force nucléaire agit à courte distance et la masse de la nouvelle particule échangée doit être d'autant plus grande que la distance d'interaction est courte. Le lendemain matin, il faut mettre cette intuition en équations et Yukawa constate que la particule échangée doit avoir une masse environ 200 fois supérieure à celle de l'électron. Sa charge — positive ou négative — doit être égale à celle de l'électron, mais son spin, pense le physicien japonais, doit être nul. Une telle particule n'avait pas encore été découverte.

Yukawa parla de cette idée à une réunion de physique théorique quelques jours plus tard, puis fit un exposé devant la section d'Osaka de la Société de Physique mathématique du Japon. Tous les assistants furent vivement intéressés et le professeur Y. Nishina, dont les travaux faisaient déjà autorité au-delà des océans, le félicita. Yukawa publia sa théorie en anglais dans les *Comptes rendus de la Société de Physique mathématique du Japon*. Il raconte : « Ma femme ne cessait de me presser : — S'il te plait, écris cet article en anglais pour que le monde soit au courant... J'avais le sentiment d'être un un voyageur qui se repose dans une petite maison de thé, en haut d'une montagne escarpée. A cette époque, je ne me demandais pas si, plus loin, il n'y avait pas d'autres montagnes. »

Hier, on vous a parlé du principe d'incertitude de Heisenberg. En voici une belle illustration : conformément à ce principe, une particule ayant une certaine masse — donc correspondant à une certaine énergie — peut être échangée entre deux nucléons très proches l'un de l'autre, à condition que le processus soit très rapide. Un tel échange doit avoir lieu constamment entre nucléons dans un noyau. Il peut aussi se produire lorsqu'un noyau, dans une collision, s'approche très près d'un autre noyau. La particule nouvelle

« U », dont la masse est intermédiaire entre celle de l'électron et celle du proton ou du neutron, et qui interagit fortement avec les nucléons, ne peut pas apparaître à l'état libre si l'énergie disponible n'est pas suffisante. Pour la mettre en évidence en l'observant à l'état libre, il faut une grande énergie, supérieure à celle de sa masse au repos. A cette époque, une telle énergie n'était disponible que dans le *rayonnement cosmique,* et c'est là, affirma Yukawa, qu'il convenait de la rechercher.

Du sommet des Rocheuses aux caves près du Vatican

Qu'est-ce que le rayonnement cosmique ? Pour répondre à cette question, il est intéressant de remonter dans le temps et d'expliquer comment on s'est rendu compte de son existence. Les pionniers de la radioactivité cherchaient à faire les mesures les plus précises et à détecter des quantités de radioactivité minimes. Ils utilisaient, comme on vous l'a expliqué, des électroscopes ou des chambres d'ionisation, où l'on mesurait, dans un volume donné d'air ou d'un autre gaz, l'ionisation, c'est-à-dire la charge électrique libérée par les rayonnements des corps radioactifs naturels. Lorsque l'on retirait toutes les sources, il subsistait toujours un petit courant électrique. On mit d'abord en cause la qualité de l'isolement électrique des conducteurs ; mais même en y apportant tous leurs soins, les premiers expérimentateurs voyaient toujours une ionisation résiduelle. Ils pensèrent alors que celle-ci provenait de rayonnements extérieurs émis par des matériaux que l'on trouve normalement dans le sol (comme le granit, par exemple), contenant un faible pourcentage d'éléments radioactifs naturels tels que le potassium 40, l'uranium ou le thorium. Pour éliminer ces rayonnements parasites, on entoura le détecteur de briques de plomb. Il restait toujours quelque chose. Pour vérifier que ce rayonnement provenait bien de la radioactivité contenue dans les profondeurs de la terre, on monta alors l'appareillage dans une embarcation, naviguant sur un lac profond, puis on décida de placer le détecteur dans une nacelle sous un ballon, dans l'espoir d'enregistrer moins de rayonnement en gagnant de l'altitude. Or, au contraire, le physicien autrichien Victor F. Hess, en 1911, observa clairement le phénomène inverse : au dessus de 2000 mètres, l'ionisation résiduelle augmentait avec l'altitude ; elle devait donc être due à un rayonnement provenant de l'espace, le rayonnement cosmique, que l'on appela au début rayonnement d'altitude.

Toute une série de chercheurs s'attaquèrent alors à l'étude de ce rayonnement, avec des chambres d'ionisation que l'on emporta sur des montagnes à haute altitude. Robert A. Millikan mesura même son absorption dans des lacs de montagne et fit l'hypothèse (qui ne se révéla pas fondée) qu'il s'agissait de rayons gamma, grains de lumière de très haute énergie. On fit un véritable saut en avant lorsqu'on parvint à étudier ces rayons un à un en visualisant leurs trajectoires dans une chambre de Wilson placée dans un champ magnétique, comme le fit Dimitri Skobeltzyn ou lorsque Walther Bothe et Werner Kolhörster purent utiliser les premiers compteurs de Geiger-Müller — qui venaient d'être inventés — en les plaçant en coïncidence l'un sous l'autre pour mesurer la direction des rayonnements cosmiques.

La chambre de Wilson, ou chambre à brouillard, permet de visualiser les trajectoires de particules chargées par les chapelets de gouttelettes d'eau formées le long de leurs parcours, lorsqu'on augmente brusquement le volume de la chambre ; cette détente a pour effet d'abaisser la température et donc de provoquer une condensation de la vapeur d'eau sur les charges électriques — dues à l'ionisation — présentes dans la chambre. Les gouttelettes d'eau sont

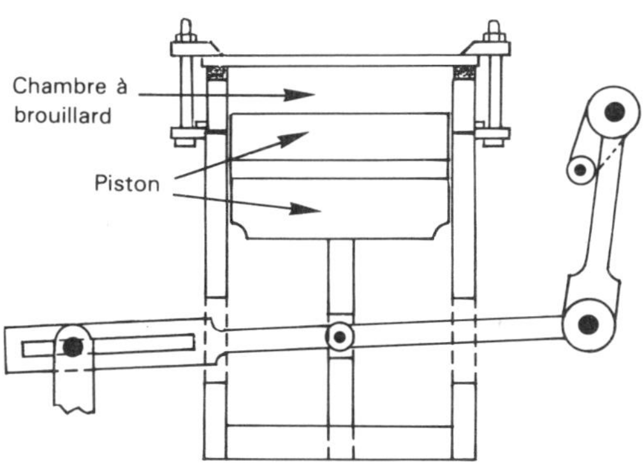

Schéma d'une chambre de Wilson (modèle de Shimizu-Blackett).

éclairées latéralement et apparaissent ainsi en blanc sur fond noir ; on peut alors les photographier.

Les rayonnements cosmiques venaient donc de l'espace : du Soleil, des étoiles, de l'espace interstellaire de notre galaxie, voire d'autres galaxies. Le rayonnement cosmique apparut comme très complexe, riche sans doute en promesses de connaissances nouvelles. Cette complexité, qui existe déjà dans la composition du rayonnement cosmique primaire, arrivant de l'espace sur les couches supérieures de l'atmosphère terrestre après avoir subi l'effet du champ magnétique terrestre, devient plus grande encore à cause de toutes les particules secondaires de grande énergie produites dans les noyaux des atomes de la haute atmosphère rencontrés. Au niveau de la mer, le rayonnement cosmique correspond à environ une particule par minute traversant chaque centimètre carré de surface horizontale.

Un des explorateurs de ce rayonnement était, nous l'avons dit, Millikan, un des grands physiciens américains du début du siècle. Il avait mesuré, à l'Université de Chicago, la charge de l'électron et il fut le deuxième physicien américain à obtenir un Prix Nobel de Physique, alors qu'il venait d'être nommé au laboratoire de physique de l'Institut de Technologie de Californie (Caltech). Ce remarquable institut est situé dans la petite ville de Pasadena, sur les collines surplombant la métropole de Los Angeles, sous le climat sec et ensoleillé de la Californie du Sud. Vers 1930, Millikan, âgé alors de plus de 60 ans, que ses étudiants appelaient « the chief », parcourait le monde, en train, en bateau et en avion, avec ses collaborateurs, pour étudier les rayons cosmiques sous toutes les lattitudes et à toutes les altitudes. Lorsqu'il était à Pasadena, son emploi du temps était si chargé qu'il donnait ses rendez-vous pour discuter de physique entre 11 heures du soir et deux heures du matin. L'un de ses étudiants, Carl D. Anderson, avait reçu mission de construire une grande chambre de Wilson pour l'étude des électrons de haute énergie présents dans le rayonnement cosmique. Cette chambre était placée verticalement dans un champ magnétique de 25 000 gauss, le plus intense que l'on savait produire à l'époque et qui n'avait encore jamais été utilisé à cette fin.

Les premières photographies, prises fin 1931, étaient étonnantes. Contrairement à ce qui était prévu, on observait autant de particules de charge positive que de charge négative. On supposa d'abord que les particules de charge positive étaient des protons, mais plusieurs clichés semblaient indiquer que leur masse était trop faible pour une telle interprétation. Puis Anderson et l'étudiant qui travaillait avec lui, Seth Neddermeyer, pensèrent qu'il s'agissait d'électrons négatifs traversant la chambre de bas en haut ; Millikan, furieux, fit remarquer que tout le monde savait bien que la plupart des particules du rayonnement cosmique provenaient d'en haut et non pas d'en bas, et qu'il devait donc bien s'agir de protons. Les jeunes physiciens, cependant, continuaient à douter de cette explication : le nombre de petites gouttelettes — donc l'ionisation — par unité de longueur de trajectoire, était trop petit pour des particules aussi massives que des protons. Ils eurent alors l'idée, pour distinguer ce qui venait d'en bas de ce qui venait d'en haut, d'introduire un écran de plomb au milieu de la chambre. Les photographies montrèrent alors, indubitablement, que ces particules étaient des électrons positifs. Ce résultat valut à Anderson de partager le prix Nobel de 1936 avec Hess que nous avons évoqué précédemment.

En poursuivant leur étude avec la chambre de Wilson, Anderson et Neddermeyer reconnurent la présence d'un certain nombre de particules très pénétrantes, c'est-à-dire capables de traverser plusieurs centimètres de plomb. Ces particules non plus ne semblaient pas être des protons, à cause de leur ionisation, donc de leur perte d'énergie par unité de longueur de trajectoire, et à cause de l'énergie des électrons qu'elles projetaient le long de leur parcours. Elles ne paraissaient pas non plus être des électrons, car ceux-ci, à pareille énergie, produisent des gerbes de particules en traversant des écrans de matière. La chambre de Wilson était utilisée tantôt à Pasadena (au niveau de la mer) et tantôt au sommet du Pike's Peak, dans les Rocheuses, à 4300 mètres d'altitude ; la détente de la chambre était, chaque fois, déclenchée par la coïncidence des signaux donnés par une série de compteurs Geiger-Müller placés au-dessus de la chambre. Sur la montagne, le courant nécessaire pour produire le champ magnétique était fourni par une génératrice portable entraînée par un moteur d'automobile.

Les deux physiciens hésitèrent beaucoup avant de publier leur analyse : le « critère de simplicité », cher aux théoriciens, ne concordait pas avec la découverte de particules nouvelles, apparemment « inutiles ». Les chercheurs accumulèrent photographies et preuves pendant deux ans avant de se décider à soumettre, en mars 1937, une publication avec leurs conclusions : la présence, dans le rayonnement cosmique, de particules pénétrantes de grande énergie, de charge électrique un — comme celles de l'électron et du proton — mais de masse intermédiaire entre celles de l'électron et du proton. Des observations expérimentales similaires furent faites la même année 1937 par Jabez Street et E. C. Stevenson au M.I.T., sur la côte Est des Etats-Unis, et par Yoshio Nishina, Masa Takeuchi et Torao Ichimiya, à Tokyo.

Yukawa avait suivi attentivement les progrès des études du rayonnement cosmique ; il avait remarqué que certaines trajectoires photographiées précédemment par Anderson et Neddermeyer et publiées dans *Physical Review,* dès 1936, pouvaient correspondre à ses prédictions sur la particule « U ». Dès qu'il eût connaissance des derniers résultats des expérimentateurs américains, H. Yukawa publia une note dans les *Comptes rendus de la Société de Physique mathématique du Japon* et déclara, le 5 juillet, à un journal japonais : « Ça y est, on vient de découvrir la particule lourde "U" que j'avais prédite. »

Très peu de physiciens aux Etats-Unis et en Europe lisaient, à cette époque, les publications japonaises, même rédigées en anglais. A ce propos, Anderson a noté que si la théorie de Yukawa avait été mieux connue aux Etats-Unis, les progrès expérimentaux auraient été plus rapides, car les preuves de l'existence d'une nouvelle particule aux propriétés surprenantes s'étaient accumulées peu à peu pendant deux ans.

Ce n'est qu'en juin 1937 que les théoriciens américains Robert Oppenheimer et Robert Serber attirèrent l'attention sur le fait que les nouvelles particules qui venaient d'être découvertes pouvaient être les particules de masse intermédiaire proposées par Yukawa pour expliquer la nature des forces nucléaires. A partir de l'été 1937, plusieurs physiciens, reprenant leurs photos anciennes du rayonnement cosmique, s'aperçurent que des trajectoires, négligées jusque-là, pouvaient être attribuées à ces particules. Anderson et Neddermeyer, dans une note à la revue anglaise *Nature,* proposèrent

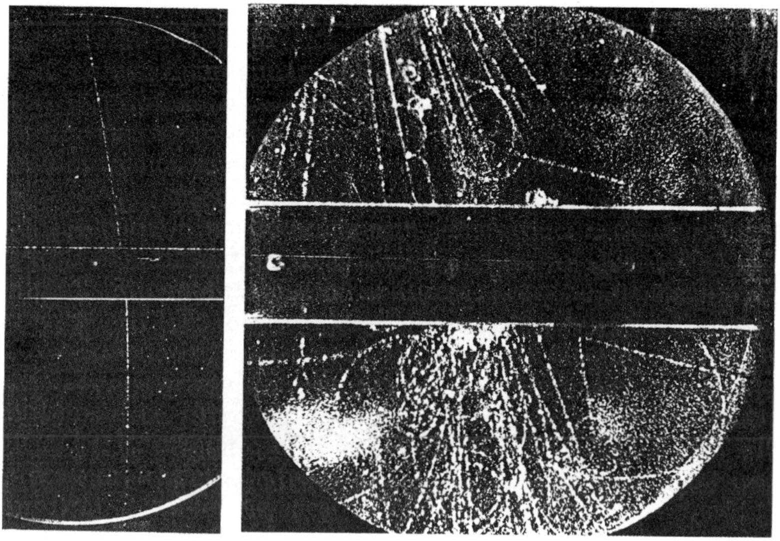

A gauche, mésotron traversant une plaque de 2 cm de cuivre observé à la chambre de Wilson (on constatera par la suite qu'il ne pouvait s'agir que d'un muon) (P.M.S. Blackett et J.G. Wilson (1937)).

A droite, premier cliché Wilson montrant une particule lourde neutre se désintégrant en un pion et un proton (à droite, sous la plaque de plomb). Cette particule V est appelée aujourd'hui particule Λ (G.D. Rochester et C.C. Butler [1947]).

d'appeler la nouvelle venue, « mésotron », du grec mesos qui signifie intermédiaire. Par la suite, on utilisa plus généralement le terme de *« méson »*.

Les mesures d'absorption du rayonnement cosmique dans différents matériaux au niveau de la mer montrèrent qu'il comportait deux parties : l'une facilement absorbable et l'autre beaucoup plus pénétrante (on pouvait encore l'observer sous l'eau à des profondeurs de plusieurs centaines de mètres), que l'on attribua aux particules de Yukawa. Très récemment, on a proposé d'utiliser la composante pénétrante du rayonnement cosmique pour effectuer la radiographie d'une des grandes pyramides d'Egypte, afin d'y déceler une éventuelle cavité correspondant à une chambre secrète.

Une production abondante de ces mésons dans la haute atmosphère — en accord avec la forte interaction prévue pour les particules de Yukawa — était cependant en contradiction avec le grand pouvoir de pénétration de ces mésons, donc de leur faible interaction avec la matière traversée.

Encouragés par la découverte expérimentale de Neddermeyer et d'Anderson, Yukawa et ses six collaborateurs (surnommés les sept samouraïs), s'efforçèrent de préciser les propriétés du méson. La physique n'était pas à l'abri des événements politiques : l'un des sept samouraïs, Mituo Taketani, fut arrêté en 1938, pour ses convictions antimilitaristes et marxistes ; il fut relâché sept mois plus tard et placé sous la garde de Yukawa. Entre temps, les expériences avaient montré que l'interaction entre deux protons ou deux neutrons devait avoir à peu près la même intensité que celle entre un proton et un neutron, si on faisait abstraction des

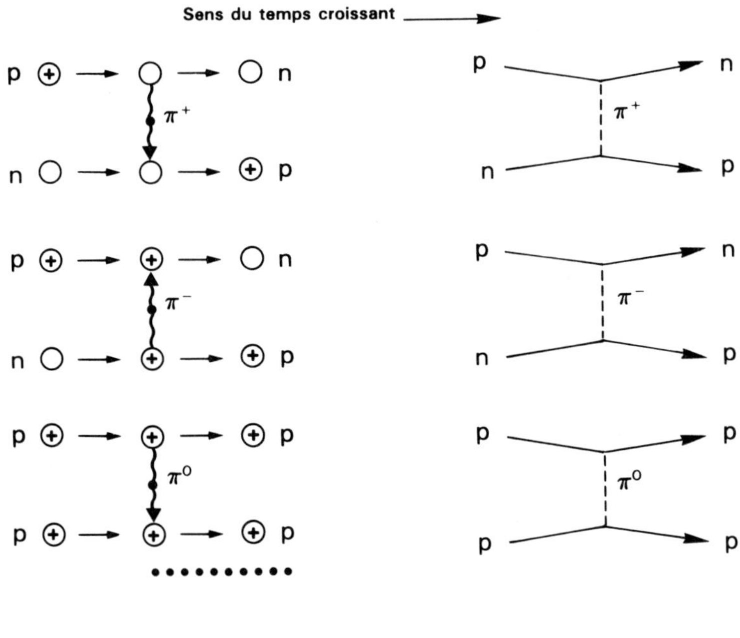

Interaction entre deux nucléons : un méson positif, négatif ou neutre est échangé. A gauche l'état initial, l'état intermédiaire et l'état final, représentés à droite par des diagrammes de Feynman.

effets électromagnétiques. Pour expliquer ce fait en termes d'échange de mésons, il fallait admettre qu'en plus des mésons positifs et négatifs il y avait aussi des mésons neutres (sans charge), susceptibles d'être échangés entre deux protons ou entre deux neutrons. D'autre part, on pouvait prévoir que le méson devait également interagir avec les particules légères ; par conséquent, il ne devait pas être une particule stable, mais une particule éphémère radioactive, et devait, au bout d'un temps relativement court, se désintégrer spontanément en un électron et un neutrino. Yukawa et ses collaborateurs calculèrent cette durée de vie. Ils trouvèrent, après quelques hésitations, qu'elle devait être proche du dixième de microseconde.

Entre temps, des expériences, notamment celles de B. Rossi, aux Etat-Unis, avaient montré que les mésons de la composante pénétrante du rayonnement cosmique avaient une durée de vie de l'ordre de deux microsecondes, donc 20 fois supérieure à ce que prévoyaient les physiciens japonais. Comment Rossi avait-il procédé ? Si les mésons ont une durée de vie limitée, leur absorption paraît plus importante dans une couche d'une matière peu dense comme l'air que dans une couche de même masse d'une matière plus dense, comme le carbone : la distance à parcourir dans la matière dense est, en effet, plus courte ; le méson la traversera en moins de temps et aura donc moins de chances de se désintégrer en route. L'expérience de Rossi comparait l'effet de l'air à celui du carbone au sommet du Mont Evans, au Colorado, à plus de 4000 mètres d'altitude, et au pied de la montagne.

Les doutes sur l'identité entre le méson du rayonnement cosmique et la particule de Yukawa allaient ainsi en se renforçant. Les mésons du rayonnement cosmique interagissaient trop faiblement avec les noyaux de la matière traversée, par rapport à ce qui était prévu ; sur les clichés de chambre de Wilson, on n'observait jamais d'interaction « en vol ». Les études furent, dans tous les pays, notablement ralentis par la guerre. Au Japon, se réunit un Club des mésons, mais les travaux de ses membres ne furent pas connus à l'étranger.

D'après la théorie de Yukawa, les mésons positifs, en fin de parcours, devaient être repoussés par les noyaux et se désintégrer en électrons positifs, alors que les mésons négatifs, eux, devaient être capturés et absorbés par les noyaux avant de pouvoir se désintégrer. Vers la fin de la guerre, dans Rome occupée, sous les bombardements, un groupe de physiciens italiens, Marcello Conversi, Ettore Pancini et Oreste Piccioni, commença une série de nouvelles expériences dans une salle de classe du Lycée Virgile, en sous-sol, à l'abri près du Vatican. Cette équipe prouva que les mésons observés n'étaient pas les particules échangées dans les interactions nucléaires. Utilisant des lampes de radio et de télévision, les physiciens italiens avaient assemblé des circuits électroniques très performants permettant des mesures d'intervalles de temps avec une précision meilleure qu'une fraction de microseconde. Des lentilles magnétiques permettaient de séparer les particules de charges négative et positive. Ils réussirent ainsi à montrer que — contrairement aux prévisions théoriques — les mésons négatifs, tout comme les mésons positifs, avaient une très grande probabilité d'être arrêtés dans un écran de carbone et de se désintégrer avant de pouvoir être capturés par les noyaux. L'interaction des mésons du rayonnement cosmique avec la matière était donc beaucoup trop faible pour qu'on pût les considérer réellement comme étant les particules de Yukawa. Il s'agissait de particules différentes.

Quelle drôle de trace !

Notre histoire se poursuit maintenant dans une ville qui m'est chère, la cité industrielle de Bristol, au Sud-Ouest de la Grande-Bretagne. L'Université de Bristol se trouve sur une petite éminence au-dessus du vieux port. C'est là qu'arriva, en 1928, comme assistant du professeur A. M. Tyndall, le jeune Cecil Franck Powell, issu d'une famille modeste ; son habileté manuelle et son ingéniosité expérimentale furent tout de suite remarquées. C'était un homme tenace, réservé, prudent dans ses conclusions. Powell venait d'effectuer un stage dans le laboratoire de Rutherford sous la direction de C.T.R. Wilson, l'inventeur de la chambre à brouillard qui porte son nom.

Quelques années plus tard, il fut décidé que le laboratoire H. H. Wills de Bristol devait aussi devenir actif dans le domaine de la physique nucléaire. Ses responsables pensaient, en effet, que le laboratoire ne serait reconnu internationalement que si l'on y pratiquait aussi cette branche de la physique. Un petit accélérateur fut construit et une chambre de Wilson fut installée.

Or, vers la fin de 1937, le hasard voulut que l'attention de Powell fut attirée par une publication autrichienne de M. Blau et Wambacher montrant la trace d'un rayon cosmique dans une émulsion photographique exposée au sommet d'une haute montagne. L'intérêt potentiel de l'utilisation d'émulsions pour détecter les particules lui apparut immédiatement et, malgré le scepticisme des chercheurs d'autres laboratoires, il consacra toute son énergie à son développement.

Quand une particule électriquement chargée traverse une émulsion photographique, elle produit, tout comme dans le gaz d'une chambre de Wilson, des paires d'ions chargés sur son passage. Chaque paire est constituée d'un électron et d'un atome ionisé du matériau traversé. La création de ces paires d'ions sensibilise la plaque photographique : elle active les cristaux de bromure d'argent contenus dans la gélatine de l'émulsion. Le développement de la plaque permet de révéler cette « image latente », c'est-à-dire de libérer l'argent métallique du bromure d'argent des cristaux impressionnés, et non des autres. La fixation permet ensuite de dissoudre le bromure d'argent restant non activé, puis, après lavage et séchage, de faire apparaître la trajectoire de la particule, sous forme d'un chapelet de grains d'argent à travers l'émulsion. La densité de grains d'argent, le long du parcours, est proportionnelle à l'énergie déposée. Il faut remarquer que l'émulsion est un matériau beaucoup plus dense qu'un gaz et que la trajectoire n'a, en général, que quelques millimètres ou même une fraction de millimètre de longueur ; elle peut ainsi être entièrement contenue dans la couche sensible. C'est avec un microscope de qualité qu'on devra l'observer. L'émulsion photographique, quand on l'impressionne pendant un certain temps, contient, sous un faible volume, les trajectoires de toutes les particules qui l'ont traversée pendant la durée de l'exposition avant le développement. L'interaction d'une particule avec le noyau d'un atome de l'émulsion apparaît sous la forme d'un « événement » à deux ou plusieurs branches, familièrement appelé étoile.

Dès 1938, Powell commença à exposer des émulsions au faisceau de son petit accélérateur. Une année plus tard, il fit acheter des microscopes allemands Leitz performants et fit appel à de jeunes femmes qui, sans connaissances préalables de physique, et après une formation relativement brève, étaient capables de « dépouiller » complètement une émulsion au microscope, à la recherche des traces et des étoiles, ce qui représentait beaucoup de travail. Heureusement, au début, Powell ne connaissait pas les publications très réservées sur l'utilisation des plaques photographiques en physique nucléaire. Lorsqu'il les lut enfin, il fut immédiatement persuadé que leurs conclusions étaient erronées : pour que la méthode devînt quantitative, il fallait obtenir une fabrication d'émulsions spécialement adaptées, avoir recours à un traitement particulièrement contrôlé et utiliser de très bons microscopes — ce que personne n'avait fait avant lui. On devait étalonner les émulsions, connaître leur facteur d'affaissement lors du séchage, mesurer les longueurs des traces et leurs directions, décompter le nombre de grains d'argent le long des trajectoires. La technique des émulsions fut utilisée pendant la guerre pour mesurer les spectres en énergie des neutrons, par l'intermédiaire des protons de recul dans l'émulsion qui est riche en hydrogène.

En 1945, le ministre anglais des Approvisionnements forma un petit groupe de travail pour conseiller les firmes de matériel photographique sur la réalisation d'émulsions pour les recherches nucléaires ; en quelques mois, Powell obtint de la Société Ilford la mise au point d'émulsions concentrées, d'un-vingtième de millimètre d'épaisseur, contenant, en volume, presque autant de bromure d'argent que de gélatine. Une particule chargée peut avoir, au départ, une très grande vitesse, proche éventuellement de celle de la lumière ; l'énergie libérée par unité de longueur est beaucoup plus importante en fin de parcours, lorsque la particule est plus lente. Lors des premiers grands travaux de Powell, les émulsions n'étaient sensibles qu'aux particules chargées dans la dernière partie de leur parcours, mais, en 1948, Kodak, puis Ilford, parvinrent à mettre au point des émulsions sensibles à toutes les particules chargées, tout le long de leur trajectoire quelle que soit leur vitesse initiale, et, d'autre part, à obtenir des émulsions d'un demi, voire d'un millimètre d'épaisseur.

A la fin de la guerre, Powell reprit ses recherches fondamentales. Bientôt une grande activité et beaucoup d'enthousiasme régnèrent au quatrième étage du laboratoire Wills. Plusieurs jeunes femmes, les « scanneuses », dépouillaient les clichés, tandis que le physicien italien G.P.S. Occhialini apportait sa fougue et sa passion à l'équipe ; ce dernier était venu à Bristol en 1945, et avait notamment mis au point un microscope à projection qu'il appelait le « Telepanto » (tele : je vois et panto : tout). Le laboratoire était largement ouvert aux physiciens étrangers. Un esprit d'équipe y régnait, et personne n'hésitait à rester tard le soir. Les premiers travaux eurent pour objet l'étalonnage quantitatif des émulsions. Des champs d'observation successifs au microscope, contenant les trajectoires (même inclinées), étaient photographiées, puis replacées et raccordées côte à côte pour réaliser une « mosaïque » permettant de reconstituer chaque événement.

Il restait à résoudre le problème technique de l'effacement progressif de l'image latente, lorsque les émulsions impressionnées étaient conservées pendant plusieurs semaines avant développement. Le jeune physicien brésilien Cesare M. G. Lattès avait demandé à la Société Ilford de préparer des émulsions chargées de borax, un composé de bore, pour l'étude des neutrons : les neutrons interagissent facilement avec le bore 10, donnant trois particules chargées, observables toutes les trois dans l'émulsion. Lattès voulait ainsi déterminer l'énergie et la direction des neutrons incidents. A la grande surprise de l'équipe de Bristol, le borax réduisait aussi considérablement l'effacement : une série d'émulsions chargées de borax, exposées pendant un mois au sommet du Pic du Midi, dans les Pyrénées, montra, après développement, un nombre d'événements, dus au rayonnement cosmique, beaucoup plus important et varié que d'habitude. Powell, dans son autobiographie, raconte qu'il avait eu l'impression « de pénétrer dans un verger clos où avaient fleuri des arbres protégés et où l'on trouvait à profusion tous les fruits exotiques ».

On était au printemps de 1947. L'ensemble du laboratoire se mit immédiatement au travail avec beaucoup d'ardeur pour étudier cette nouvelle série d'émulsions. Au bout de quelques jours, l'une des jeunes femmes, Marietta Kurz, trouva un événement inhabituel. Elle interpela les physiciens : « Regardez, quelle drôle de trace ! »L'excitation fut immédiate. Qu'on en juge : deux particules différentes à la suite l'une de l'autre, la première correspondant à un méson dont on pouvait distinguer la fin de parcours d'après l'augmentation notable de la densité de grains d'argent, puis, partant en arrière à partir de cette extrêmité, une autre trace correspondant à un deuxième méson, dont la trajectoire devait faire environ 0,6 mm de long, correspondant à une énergie de quelques millions d'électron-volts.

Peu après, un deuxième événement du même type fut trouvé par une autre scanneuse, Irène Roberts. Des mesures quantitatives montrèrent qu'aucun doute n'était permis : il s'agissait de deux particules différentes de masses voisines. La première, un nouveau méson, était plus lourde que la

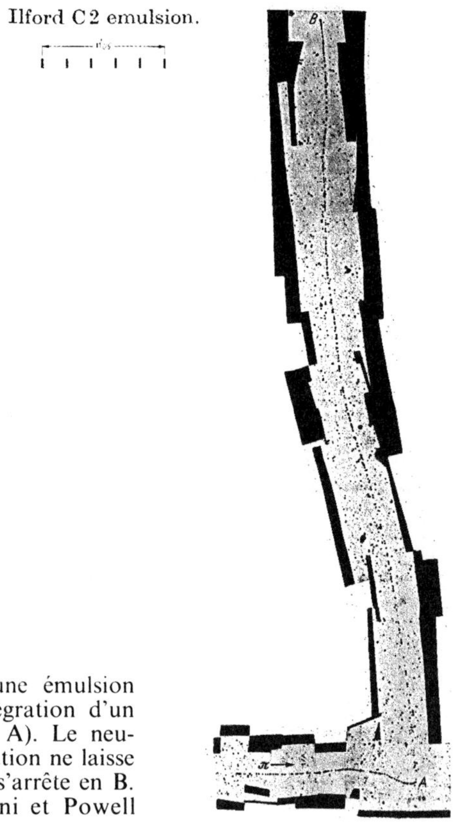

Première observation, dans une émulsion photographique, de la désintégration d'un méson π en muon (au point A). Le neutrino émis lors de la désintégration ne laisse pas de trace. Le muon formé s'arrête en B. (Lattès, Muirhead, Occhialini et Powell [1947]).

seconde. Elle était produite en abondance dans les événements cosmiques à haute énergie et interagissait fortement avec les noyaux. C'était le méson de Yukawa. La seconde se révéla être la particule pénétrante de masse intermédiaire découverte par Neddermeyer, Anderson, Street et Stevenson, une sorte d'électron lourd interagissant peu avec la matière.

Powell appela la première méson π ou *pion*. La seconde particule plus légère fut baptisée *muon* (μ). Le pion se désintègre par interaction faible en un muon et une particule neutre, le neutrino, dont on ne voit pas la trace dans l'émulsion ; c'est la raison pour laquelle le deuxième méson était émis vers l'arrière avec toujours la même énergie, donc la même longueur de trajectoire. Le monde des particules était plus riche que ne l'avait d'abord laissé penser le développement de la physique nucléaire.

Quelques mois après la découverte de Powell et de ses collaborateurs, Lattès, Muirhead et Occhialini, et parut, dans *Physical Review,* un article des théoriciens américains Robert E. Marshak et Hans A. Bethe, faisant suite à des discussions au cours d'une réunion à Shelter Island, près de New York, au cours de l'été. Les deux théoriciens avaient, sans connaître encore l'observation expérimentale, supposé que deux mésons de masses différentes existaient dans la nature, se désintégrant l'un dans l'autre. Peu après, il fut reconnu que deux membres du Club des mésons, Tanikawa et Sakata, avaient publié dans *Progress of Theoretical Physics* de Tokyo, en 1942, la même hypothèse, mais du fait de la guerre, personne, en dehors des physiciens japonais, n'en avait eu alors connaissance.

Au quatrième étage du laboratoire de Bristol, on ne disposait encore que de deux « événements » dans l'émulsion, et pour en savoir plus sur ce processus fondamental, il était nécessaire de pouvoir très rapidement en obtenir d'autres.

Lattès proposa d'exposer des plaques photographiques sur une montagne plus haute encore ; il se rendit pour cela à la station météorologique du Mont Chacaltaya, près de La Paz, en Bolivie, à 5500 mètres d'altitude. De retour à Bristol, 30 nouvelles traces de « doubles mésons » furent observées.

Les nouveaux accélérateurs de particules construits aux Etats-Unis devaient avoir une énergie suffisante pour produire des pions, que l'on ne pouvait trouver, jusqu'alors, que dans le rayonnement cosmique. Ce fut encore Lattès qui, en 1948,

H. Yukawa, C. Powell, Mme Powell, Mme Yukawa, dans un restaurant de Kyoto, en 1956.

avec des physiciens américains, réussit le premier à observer des pions produits artificiellement par le cyclotron de 184 pouces de l'Université de Californie, à Berkeley. On allait désormais pouvoir étudier en laboratoire ce que l'on devait jusque-là chercher au sommet des montagnes.

En 1949, un prix Nobel fut attribué à Yukawa pour la prédiction du méson, et l'année suivante un autre prix Nobel à Powell, qui, avec son équipe, l'avait découvert expérimentalement.

On peut dire que Powell est le père de la physique des particules. Jusqu'alors, les particules qui avaient été découvertes étaient des constituants ordinaires des atomes et de leurs noyaux ou bien étaient émises par les noyaux radioactifs. Le physicien français Louis Leprince-Ringuet a pu dire à cette époque avec enthousiasme : « En Europe, il y a pour les émulsions, Bristol, le grand soleil, et puis un tout petit nombre de petits satellites dont la dimension, même en faisant la somme, reste très inférieure à celle de Bristol. »

Pour exposer ses émulsions à des altitudes plus élevées encore, l'équipe de Powell eut recours à des vols en ballon qui furent lancés d'abord de différents sites autour de Bristol ; mais ces ballons atterrissaient n'importe où et provoquaient des conflits avec les directions des chemins de fer britanniques et de la navigation aérienne. Le lancement des ballons fut alors déplacé vers l'Italie et la Méditerranée où le temps était, de surcroît, plus stable. Ce fut ainsi que, sous l'impulsion du savant britannique, naquirent les premières grandes collaborations internationales, mettant en jeu, dès 1952, une dizaine d'universités et d'instituts de recherche de différents pays. Tous ces centres participaient tant au lancement des ballons qu'au dépouillement des empilements d'émulsions qu'ils se partageaient au retour. Ces collaborations permirent notamment à des laboratoires isolés, aux ressources limitées, de participer au développement de ce nouveau domaine de recherche.

La couleur des quarks

Les recherches qui suivirent la découverte de Powell ont été tout aussi passionnantes et exaltantes que celles qui l'ont précédée : une série d'aventures qui pourraient faire l'objet de récits lors d'une prochaine rencontre. Je ne peux, ce soir, que vous les résumer.

Dans les années 1950 à 1960, on découvrit toute une série de nouvelles particules instables. Certaines étaient des mésons lourds, de masses comprises entre celles du pion et du proton. On généralisa alors l'idée de l'échange de mésons entre nucléons ; si deux nucléons sont très proches l'un de l'autre, ils pourront échanger, non seulement un méson π, mais deux mésons π ou un méson lourd. D'autres particules, qui ressemblaient au proton ou au neutron, avaient cependant une masse supérieure ; on leur donna, ainsi qu'aux nucléons, le nom général de baryons.

Le nombre de ces nouvelles particules devint si grand qu'une classification s'imposait ; les théoriciens essayèrent de mettre bon ordre dans tout cela. S'il y avait autant de particules dites élémentaires, ne devait-on pas penser que certaines étaient plus fondamentales, plus simples, que les autres et qu'elles étaient les éléments premiers dont les autres composées, un peu comme le noyau est formé de protons et de neutrons ?

Une première tentative dans ce sens fut menée par le physicien Shoichi Sakata, au Japon, en 1956, mais elle rencontra quelques difficultés. Un grand pas fut franchi en 1964, par Murray Gell-Mann ainsi que par G. Zweig, qui proposèrent que tous les mésons et tous les baryons soient, en fait, composés d'objets élémentaires baptisés *quarks,* comme on vous l'a déjà dit dimanche soir. Ces quarks devaient avoir la propriété — a priori surprenante — de posséder une charge électrique de 2/3 ou de 1/3, positive ou négative. On admit, au départ, l'existence de trois sortes (trois saveurs) de quarks : up (u), down (d) et étrange (s). Une quatrième, une cinquième et sans doute une sixième sorte s'y ajouteront par la suite. Ainsi dans cette description, une combinaison de trois quarks u (charge + 2/3) et d (charge -1/3) suffit pour former le proton ou le neutron, qui se composent ainsi respectivement des quarks u-u-d (charge +1) et u-d-d (charge 0). A chaque quark correspond un antiquark qui est son anti-particule. Gell-Mann supposa que les mésons étaient composés d'un quark et d'un antiquark et les baryons de trois quarks.

Pendant que l'on discutait de ces propositions théoriques, les expérimentateurs du laboratoire de l'accélérateur linéaire de l'Université de Stanford, en Californie, utilisaient des faisceaux d'électrons de très haute énergie pour déterminer plus finement la structure des noyaux d'abord, puis celle des nucléons eux-mêmes. Un grand accélérateur à électrons ressemble un peu à un puissant microscope ; plus l'énergie communiquée aux électrons est élevée, plus des structures petites peuvent être mises en évidence. Robert Hofstadter et son équipe montrèrent que le proton et le neutron n'étaient pas ponctuels ; ils avaient des structures étendues, dont ils purent déterminer les dimensions. Les expériences se poursuivirent à des énergies supérieures et des physiciens du groupe de H.W. Panofsky et du M.I.T. constatèrent, en 1968, que les électrons étaient diffusés en cédant une grande partie de leur impulsion beaucoup plus fréquemment qu'on ne l'avait imaginé. Ces expériences pouvaient se comprendre qualitativement de la manière suivante : si la matière qui interagit est distribuée uniformément à l'intérieur du nucléon, on observera, de temps en temps, des électrons (ou des protons) déviés de leur direction initiale. En revanche si, comme pour le noyau à l'intérieur de l'atome, la matière interagissante est concentrée dans des grains quasi-ponctuels à l'intérieur même du nucléon, on observera, de temps en temps, des chocs très violents avec de très grandes déviations (donc de grands transferts d'impulsion), lorsque les grains eux-mêmes auront été heurtés.

Comme autrefois dans les expériences qui permirent à Rutherford de mettre en évidence le noyau de l'atome, ces observations de Stanford montrèrent qu'à l'intérieur du nucléon se trouvaient des structures beaucoup plus fines, en apparence ponctuelles, comme des pépins dans une groseille, sur lesquelles les électrons rebondissaient avec violence. On appela ces constituants élémentaires des *partons,* et les protons semblaient en contenir environ trois. Un peu plus tard furent réalisées des expériences de « diffusion profonde » avec des faisceaux de neutrinos et de muons produits dans les grands accélérateurs. Elles ont permis d'identifier ces partons avec les quarks de Gell-Mann.

Des expériences menées à Genève, au CERN, avec les anneaux de collision, où deux faisceaux de protons se heurtent à très grande énergie, montrèrent également des événements possédant une grande impulsion transverse, ce qui confirma l'existence des quarks. On observa, issus du point d'impact, aussi bien dans les collisions positon-électron que dans les collisions proton-proton ou proton-antiproton, des faisceaux de particules groupées, appelés jets, émis dans une même direction, lorsqu'un quark est heurté avec une grande violence. On parvint à la conclusion que les quarks, dotés de masse, interagissent en échangeant des particules électriquement neutres, sans masse, que l'on baptisa *gluons,* de la même manière que deux charges électriques interagissent entre elles en échangeant des photons. Le nom de partons fut donné à l'ensemble des quarks, des antiquarks et des gluons.

En dépit de tous les efforts, on n'a pas encore observé de quark à l'état libre. On en a déduit que les quarks sont confinés à l'intérieur du nucléon dont ils ne peuvent sortir individuellement. A l'extérieur peuvent seulement apparaître des ensembles quark-antiquark : les mésons.

Beaucoup de choses encore restent à comprendre qualitativement et quantitativement dans cette description, mais on a su construire, dans les années 1970, une nouvelle théorie susceptible d'expliquer tous les faits connus : les trois quarks, dans les nucléons, ont chacun une propriété particulière — un peu analogue à la charge électrique — que l'on a appelée la *couleur*. Il existe ainsi un quark appelé « bleu », un quark « vert » et un quark « rouge ». L'ensemble des quarks dans un nucléon est alors « blanc », c'est-à-dire sans couleur, et seul le blanc apparaît à l'état libre. L'ensemble quark-antiquark (une couleur et son anti-couleur : par exemple vert — antivert) formant un méson, constitue également un objet blanc donc observable. Les gluons possèdent, quant à eux, une combinaison de couleur et d'anti-couleur qui n'est pas blanche (par exemple rouge — antibleu) ; de cette manière, si deux quarks, à l'intérieur d'un nucléon, échangent un gluon, leurs couleurs changeront. Cette nouvelle théorie s'appelle la chromodynamique quantique, par analogie avec la théorie quantique de l'électromagnétisme, l'électrodynamique quantique. L'interaction forte (nucléaire) fondamentale est donc l'échange de gluons entre quarks, plus élémentaire que l'échange de mésons entre nucléons, que l'on observe dans le noyau, conformément à l'hypothèse de Yukawa.

Ira-t-on plus loin encore ? Les pépins des groseilles sont-ils vraiment ponctuels ? Peut-être, à des énergies plus élevées encore, découvrira-t-on que les quarks eux-mêmes ont une structure, extrêmement ténue....

VI

VENDREDI

LES NEUTRONS ONT-ILS UNE APPLICATION ?

Cette journée avait été belle, et chacun, sentant approcher la fin du séjour, en avait profité au maximum. Les moniteurs avaient organisé pour les jeunes sportifs des épreuves de course de fond, sur des kilomètres, autour des lacs et à travers les bois. Les physiciens les avaient regardés, un peu envieux, partir à vive allure. De joyeuses conversations remplissaient la grande salle après-dîner. On commentait les performances des uns et des autres. Un chercheur américain, à l'allure décontractée, était le narrateur ce soir-là.

Je m'appelle Bill et je viens de l'Institut de Technologie du Massachusetts, sur la côte Est des Etats-Unis.

Le sujet que je vais aborder concerne tout le monde. Je voudrais vous parler, ce soir, des applications des découvertes scientifiques, des responsabilités respectives du savant et de la société, un problème certes d'actualité, mais qui, en fait, s'est posé à toutes les époques. Les scientifiques ont souvent dû choisir entre la recherche fondamentale, appelée parfois recherche spéculative, et la recherche appliquée, aussi bien civile que militaire.

Eurêka !

L'un des exemples les plus anciens que nous connaissions remonte à l'Antiquité. Au troisième siècle avant notre ère, vivait, dans la ville de Syracuse, sur la côte Est de la Sicile, Archimède, l'un des plus grands mathématiciens et mécaniciens de tous les temps. Ses travaux l'avaient conduit à devenir ingénieur-en-chef de la ville. Au cours de la deuxième guerre punique, Syracuse s'était alliée à Carthage, et les Romains l'assiégèrent. La ville résista pendant trois ans, grâce aux machines inventées par le grand savant, notamment des machines à lancer des traits à distance, sortes de catapultes, et des miroirs ardents capables de réfléchir et de concentrer les rayons du soleil pour enflammer les vaisseaux ennemis s'approchant du rivage.

Finalement, en 212 avant notre ère, Syracuse tomba. Archimède, alors âgé de 75 ans, fut tué d'un coup d'épée par un soldat romain. On dit que le mathématicien était en train de tracer des figures géométriques sur le sable et qu'il aurait simplement dit avant d'être frappé : « Ne dérange pas mes cercles ». Le consul Marcellus, qui dirigeait les assiégeants romains, avait pourtant ordonné d'épargner le

Archimède traçant un cercle sur le sable avant d'être tué par un soldat romain.

grand savant qu'il admirait. Il regretta tellement sa mort qu'il lui fit élever un tombeau sur lequel, comme l'avait souhaité le mathématicien, on traça la coupe d'une sphère inscrite dans un cylindre avec le rapport de leurs volumes. Cicéron, questeur en Sicile, retrouva cette tombe, 137 ans plus tard, et nous en a laissé la description.

Archimède avait déterminé les propriétés d'un certain nombre de figures géométriques : le cercle et la sphère, la parabole et l'hyperbole ainsi que la spirale. Ses calculs numériques sont célèbres : il avait su fixer une fourchette étroite pour la valeur du nombre π. Mais il est également connu pour ses travaux de mécanique ; il avait montré que chaque surface ou solide possédait un centre de gravité. Il avait inventé la vis sans fin et la roue dentée ; il avait montré que l'on pouvait facilement haler un lourd vaisseau à l'aide d'un jeu de poulies et avait démontré les propriétés du levier disant : « Donnez-moi un point d'appui, et je soulèverai le monde ». C'est à lui que l'on doit les premiers principes de l'hydrostatique.

On raconte que Hiéron, tyran de Syracuse — qui était peut-être parent d'Archimède — lui avait demandé s'il était capable de découvrir, sans la détériorer, si sa couronne était réellement en or pur, ou si l'orfèvre qui l'avait réalisée n'y avait pas frauduleusement introduit de l'argent. Comme on le sait, Archimède réfléchit au problème et trouva soudain la solution, en prenant un bain : « Tout corps plongé dans un fluide éprouve une poussée de bas en haut égale au poids du fluide déplacé ». Archimède s'élança dévêtu dans la rue en criant « Eurêka ! » (j'ai trouvé). Le principe qu'il venait de découvrir permettait, sans abîmer la couronne de Hiéron, de déterminer sa proportion d'or.

Durant sa vie, Archimède, qui souhaitait faire avancer la géométrie et la mécanique fondamentales, considérées alors comme essentielles à la philosophie, fut constamment pressé par le tyran de mettre au point des utilisations, tant civiles que militaires. Il le fit aux moments les plus difficiles pour sa ville natale, mais on rapporte qu'il refusa toujours les sollicitations de Hiéron qui souhaitait voir son génie se consacrer exclusivement aux applications. Sa plus grande joie, dit-on, fut d'avoir découvert les propriétés de figures géométriques qui existaient de tous temps et qui étaient cependant ignorées de ceux qui l'avaient précédé.

Des actions d'uranium ?

Beaucoup plus près de nous dans le temps, la recherche fondamentale en microphysique paraissait très loin de toute application. En juillet 1932, un journaliste vient interviewer Frédéric Joliot, alors assistant de Marie Curie, à l'Institut du Radium de Paris. Le neutron avait été découvert quelques mois plus tôt par James Chadwick, en Grande-Bretagne, à la suite des travaux de Frédéric et d'Irène Joliot-Curie. Le journaliste interroge le jeune physicien sur le thème de la recherche fondamentale et de la recherche appliquée. F. Joliot répond : « Nous travaillons, en ce moment, sur le neutron. Autrement dit, nous étudions le rayonnement du noyau central des atomes. Là-dessus, on nous interroge de tous côtés : » A quoi cela va-t-il servir ? « Nous n'en savons rien et nous ne nous en soucions pas ».

Le savant ne devait pas maintenir longtemps ce point de vue. Trois ans plus tard, à Stockholm, lors de la cérémonie de la remise du Prix Nobel, il dira, dans la conclusion de sa conférence : « Si, tournés vers le passé, nous jetons un regard sur les progrès accomplis par la science à une allure toujours croissante, nous sommes en droit de penser que les chercheurs, construisant ou brisant les éléments à volonté, sauront réaliser des transmutations à caractère explosif, véritables réactions chimiques à chaînes. Si de telles transmutations arrivent à se propager dans la matière, on peut concevoir l'énorme libération d'énergie utilisable qui aura lieu. »

C'est que, entre temps, en janvier 1934, Frédéric Joliot et sa femme Irène, fille de Pierre et Marie Curie, avaient découvert ce que l'on appelle la radioactivité artificielle ; c'était la possibilité de fabriquer, de créer, par le bombardement avec des particules alpha, des radioéléments nouveaux, isotopes radioactifs d'éléments chimiques en général stables. Les noyaux radioactifs formés, comme le phosphore 30, ont une radioactivité aussi naturelle que celle du radium, mais ce sont des noyaux qui n'existent plus dans la nature, car leur période (leur durée de vie) est trop courte pour qu'ils aient pu subsister depuis l'époque de leur formation, au moment de la constitution de notre système solaire.

Quelques semaines après cette découverte, Enrico Fermi et son équipe, à Rome, ont l'idée de produire des radioélé-

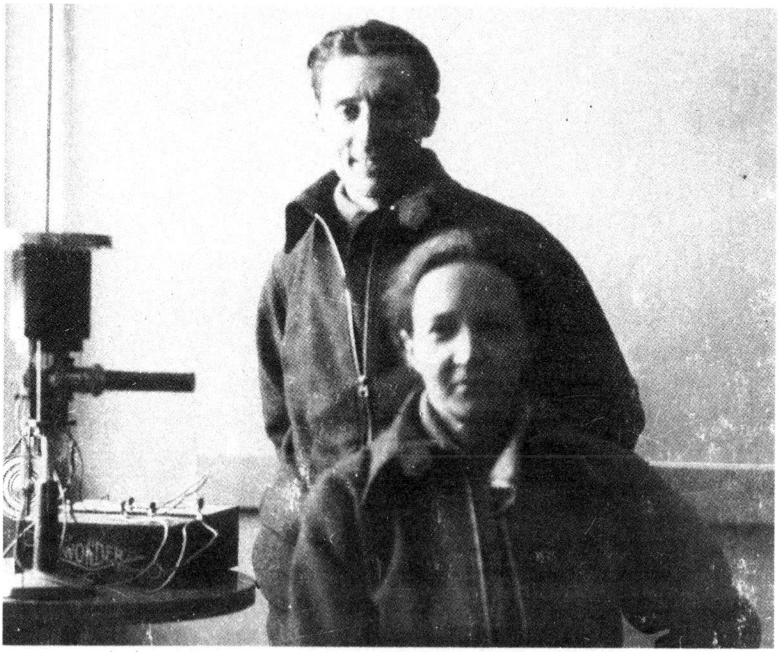

Frédéric et Irène Joliot-Curie,
à l'Observatoire de la Jungfrau (Suisse), en 1932.

ments artificiels en bombardant les noyaux stables avec des neutrons. Ceux-ci ne sont pas sensibles à la charge électrique positive des protons du noyau, ce que l'on appelle, en langage de physique, la barrière coulombienne répulsive des noyaux. Fermi, très systématiquement, commence par irradier tous les éléments chimiques qu'il peut se procurer, par numéro atomique croissant, en commençant par l'hydrogène. Dès le mois de juin, l'équipe de Rome a trouvé des radioactivités nouvelles dans 47 éléments. Ce faisant, en chemin, l'équipe découvre l'effet, au début surprenant, de l'interaction très importante des neutrons lents avec les noyaux. Fermi expliquera très vite que ces neutrons sont plus interactifs car, étant lents, ils passent davantage de temps dans les noyaux qu'ils traversent.

Durant l'été 1934, l'équipe de Fermi bombarde, avec des neutrons, les éléments les plus lourds connus dans la nature, le thorium et l'uranium. Les physiciens observent alors un grand nombre de nouveaux noyaux radioactifs. Ils pensent avoir formé des éléments chimiques, plus lourds que l'uranium, encore inconnus sur terre. Cependant cette explication se heurte à toute une série de contradictions, en particulier la pléthore de nouveaux isotopes pour un petit nombre d'éléments chimiques, dont on n'arrivait pas, de plus, à comprendre la formation et les filiations. D'autres groupes de scientifiques, dans différents pays, reprennent ces expériences pour tenter de percer l'énigme. Ce sont, notamment, Irène Joliot-Curie et Pavel Savitch à l'Institut du Radium, ainsi que Otto Hahn et Lise Meitner à l'Institut Kaiser Wilhelm de Chimie de Berlin. La compétition est vive : explications et résultats contradictoires se succéderont pendant quatre ans, avant que Otto Hahn, chimiste très expérimenté, qui avait déjà découvert et isolé plusieurs radioéléments naturels, parvînt, avec son assistant

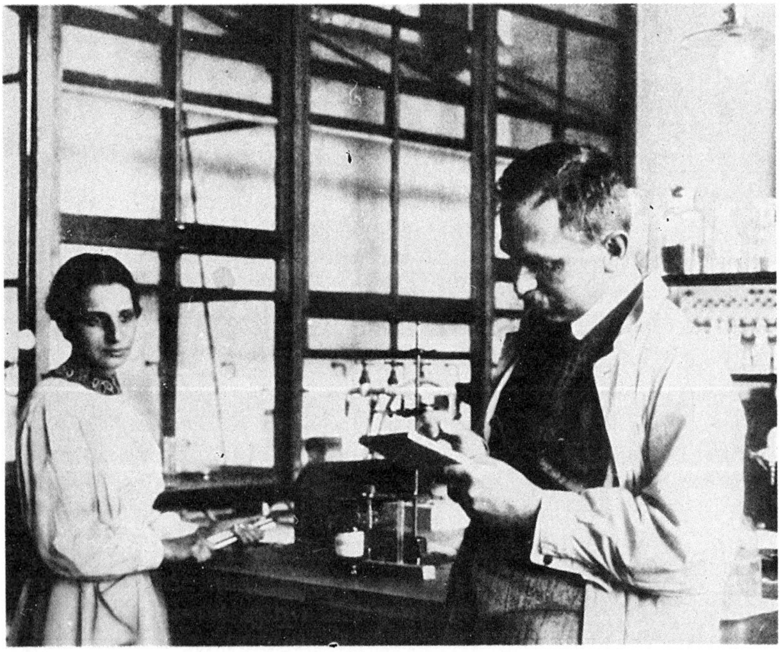

Lise Meitner et Otto Hahn, dans leur laboratoire de Chimie de l'Institut Kaiser Wilhelm, en novembre 1913.

Fritz Strassmann, à une découverte qui devait conduire à la véritable explication : certaines des radioactivités mystérieuses étaient dues à des isotopes radioactifs du baryum, un élément chimique de numéro atomique beaucoup plus petit que celui de l'uranium ; les noyaux d'uranium, sous l'action des neutrons, se divisaient en deux, formant deux noyaux complémentaires de masse moyenne, au milieu du tableau périodique des éléments.

Nous sommes en décembre 1938, et ces résultats paraîtront dans *Naturwissenschaften* du 6 janvier 1939. L'antisémitisme qui régnait dans l'Allemagne nazie et l'annexion de l'Autriche en février 1938 avaient contraint Lise Meitner, de nationalité autrichienne et d'origine juive, à traverser clandestinement, en juillet de la même année, la frontière entre l'Allemagne et la Hollande et à s'exiler en Suède. Avant même la publication, Otto Hahn écrit à sa collaboratrice de longue date ce qu'il vient de découvrir. Plusieurs lettres sont échangées fin décembre et début janvier. Otto Hahn souhaite associer, d'une manière ou d'une autre, Lise Meitner à ses nouveaux résultats : il lui suggère de trouver une interprétation du phénomène. Lise Meitner en discute avec son neveu Otto Frisch, également physicien, venu lui rendre visite à l'occasion de Noël. Les deux scientifiques trouvent l'explication correcte : le noyau d'uranium, qui peut se comparer à une goutte liquide, reçoit un supplément d'énergie en absorbant un neutron. Le noyau alors se déforme, et la répulsion coulombienne entre les protons de même charge l'emporte sur les forces nucléaires attractives, ce qui conduit à la division du noyau. Frisch appelle *« fission »* ce nouveau processus. Les deux fragments de la fission partent chacun de leur côté, libérant une énergie considérable. Les noyaux moyens sont, en effet, davantage liés que les noyaux d'uranium, et on gagne de l'énergie en les formant, une fois la barrière coulombienne traversée.

O. Frisch réalisera une expérience pour observer directement l'émission des deux fragements. De retour dans son laboratoire à Copenhague, il vient annoncer la nouvelle à Niels Bohr, au moment où celui-ci s'embarque pour les Etats-Unis. N. Bohr se frappe alors le front en disant : « Que nous avons été bêtes ! Nous aurions dû voir cela plus tôt ». Arrivé en Amérique, N. Bohr communique l'information, le 26 janvier 1939, à un colloque scientifique organisé

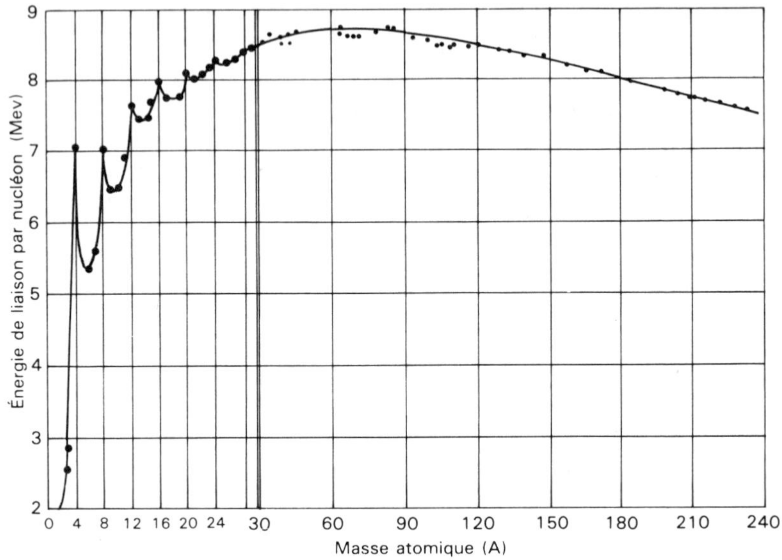

Énergie de liaison par nucléon des différents noyaux en fonction de leur nombre de masse A. Noter le changement d'échelle en A à partir de A = 30.

à Washington. La fièvre s'empare de plusieurs participants qui se précipitent au téléphone pour lancer des expériences dans leurs laboratoires.

Pendant ce temps, au Collège de France, F. Joliot a pris, lui aussi, connaissance des résultats de Hahn et Strassmann. Il imagine et réalise immédiatement une expérience de physique très simple pour mettre en évidence le phénomène de fission de l'uranium. Il pense aussitôt à la possibilité d'une réaction en chaîne. L'excès de neutrons de l'uranium est plus grand que celui des noyaux moyens, et la fission pourrait ainsi libérer des neutrons supplémentaires qui provoqueraient, à leur tour, des fissions. Un tel processus en chaîne produirait une énergie énorme et pourrait même devenir explosif. F. Joliot et ses collaborateurs Hans Halban et Lew Kowarski se lancent alors, avec fougue, dans une série de nouvelles expériences.

Le physicien italien Enrico Fermi venait d'arriver à l'Université Columbia, à New York. Il avait émigré aux Etats-Unis, fuyant l'Italie fasciste où il craignait, pour sa femme, les effets de la nouvelle législation de discrimination raciale introduite après l'alliance de Mussolini et de Hitler. Le 16 février, Fermi, H.L. Anderson, J.R. Dunning et trois autres physiciens envoient à la revue américaine *Physical Review* les résultats d'une expérience prouvant également que l'uranium fissionne sous l'action des neutrons.

De leur côté, à la suite de nouvelles mesures, le 8 mars 1939, Halban, Joliot et Kowarski sont en mesure d'annoncer dans *Nature* que la fission de l'uranium par les neutrons produit effectivement de nouveaux neutrons. Une réaction en chaîne est donc théoriquement possible. On raconte qu'avant d'envoyer cette note, F. Joliot réunit dans son bureau tous ses collaborateurs du laboratoire de chimie nucléaire du Collège de France pour leur lire la nouvelle publication. L'un de ces chercheurs, en sortant, se rendit tout droit à sa banque et demanda : « Est-ce que je peux acheter des actions de mines d'uranium ? » Réponse : « Qu'est ce que l'uranium ? » « C'est un métal lourd que l'on ne trouve que dans certains pays ». L'employé de banque consulte alors ses listes et dit : « L'uranium n'est pas coté à la bourse de Paris, mais il l'est à celle de New York ». « Je voudrais utiliser toutes mes économies pour acheter des actions d'uranium à New York »,dit le chercheur, « Pouvez-vous envoyer un câble ? » « Mais Monsieur, répond l'autre, ce minerai n'a pas l'air particulièrement convoité. Ne suffirait-il pas d'envoyer une lettre ? » « Non, je tiens à ce que vous télégraphiez immédiatement. » Ce qui fut fait. Beaucoup plus tard, le gouvernement américain racheta à bon prix toutes ces actions d'uranium. Après la guerre, le hasard voulut que le scientifique rencontrât de nouveau le même employé de banque. « Vous aviez un tuyau, n'est-ce pas ? » demanda ce dernier.

Parmi les physiciens d'Europe centrale qui venaient d'émigrer aux Etats-Unis se trouvait le physicien hongrois Léo Szilard. C'était un homme bouillonnant d'idées. Certains de ses amis disaient qu'il en avait dix par jour, dont plusieurs très valables. Il avait aussi une grande intuition des événements politiques qui allaient se produire. Il avait quitté son pays devant l'impossibilité d'y suivre un enseignement scientifique dans de bonnes conditions, et avait fait ses études, à Berlin, notamment avec Max Planck et Max von Laue. Il avait suivi, avec inquiétude, la montée du nazisme. Il avait compris tout de suite les implications de l'incendie, début 1933, du Reichstag, le Parlement allemand. Cet incendie fut allumé, comme on le sait, par des agents provocateurs à l'instigation de Goering. Hitler, au pouvoir depuis quelques semaines, en profita pour mettre en prison ceux qui s'opposaient à lui. Les livres qui déplaisaient aux nazis furent brûlés dans la rue sur de grands bûchers. L'antisémitisme devint une politique d'Etat : ceux qui occupaient un poste de responsabilité et étaient d'origine juive furent démis de leurs fonctions. Un grand nombre d'intellectuels fuirent l'Allemagne hitlérienne. L. Szilard, quant à lui, dès le lendemain de l'incendie du Reichstag, partit en Autriche, de là en Grande-Bretagne et, enfin, en 1938, aux Etats-Unis.

C'est par un autre immigré d'origine hongroise, Eugène Wigner, que Szilard apprend la nouvelle de la découverte de la fission apportée par Niels Bohr. Indépendamment de Fermi, qui songe également à cette possibilité, il pense tout de suite à l'éventualité d'une réaction en chaîne par l'intermédiaire des neutrons provoquant la fission de l'uranium. Il se dit immédiatement qu'un tel processus pourrait ouvrir la voie à la réalisation d'une arme plus meurtrière que toutes celles connues à ce jour. Cette éventualité n'échapperait certainement pas aux Allemands ; par conséquent, tout travail sur ce sujet devrait rester secret et ne pas être publié. Il demande au physicien I. Rabi, professeur à Columbia, également d'origine européenne mais installé aux Etats-Unis depuis longtemps, d'alerter E. Fermi. Rabi, quelques jours plus tard, rapporte que ce dernier lui avait répondu que c'était là une idée ridicule. Szilard souhaite alors le convaincre lui-même, en présence de Rabi ; il demande à Fermi la raison pour laquelle la suggestion lui avait paru ridicule. Le physicien italien précise : « Bien sûr, il y a une faible probabilité pour que des neutrons puissent être émis dans la fission de l'uranium et qu'une réaction en chaîne puisse alors être obtenue ». « Qu'entendez-vous par faible probabilité ? » Fermi réfléchit un moment, puis dit : « Peut-être dix pour cent ». Rabi éclate alors : « Mais une probabilité de dix pour cent, c'est énorme, si on peut en mourir ! Si l'on m'annonçait que j'ai une pneumonie et que la probabilité d'en mourir était de dix pour cent, je serais terriblement inquiet ! ».

E. Fermi, N. Bohr et L. Rosenfeld, visitant l'Institut Carnegie, lors de la conférence de Washington, fin janvier 1939.

Le 2 février 1939, avant même que l'on sache expérimentalement s'il y avait de nouveaux neutrons libérés dans la fission, Szilard écrit des Etats-Unis à F. Joliot pour lui faire part de son inquiétude au sujet de l'éventualité de la réalisation d'une réaction en chaîne, qui pourrait conduire non seulement à la libération d'énergie mais aussi à la construction de bombes « extrêmement dangereuses entre les mains de certains gouvernements ». Il souhaite que les physiciens des pays démocratiques examinent entre eux s'il ne serait pas opportun de ne plus publier les résultats de leurs travaux sur la fission, s'il apparaissait que celle-ci était accompagnée de l'émission de plusieurs neutrons. Il prévient F. Joliot que, si tel était le cas, il lui enverrait un câble pour lui demander de participer à cet effort de non-publication et donc de secret. Cette nécessité de secret, dans certains domaines de la physique nucléaire, Szilard l'avait déjà défendue alors qu'il était encore en Angleterre.

Au mois de mars, l'équipe de Columbia obtient des données qui paraissent convaincantes. E. Fermi, L. Szilard et Edward Teller discutent de nouveau sur ce projet de ne plus publier. Le 31 mars, le physicien nucléaire Victor Weisskopf, réfugié lui aussi aux Etats-Unis, télégraphie, de Princeton, au physicien anglais Patrick Blackett, connu pour ses expériences avec la chambre de Wilson, et à H. Halban, au Collège de France, à l'attention de Joliot, pour obtenir d'eux une autocensure des résultats sur la fission de l'uranium. Le théoricien, Eugène Wigner écrit de son côté, à P.A.M. Dirac, l'un des fondateurs de la mécanique quantique, en Angleterre, tandis que L. Szilard contacte N. Bohr encore aux Etats-Unis pour obtenir que les équipes de Copenhague acceptent aussi cette consigne de non-publication. Tous les physiciens américains cependant n'ont pas encore accepté cet appel, et des résultats sont quand même publiés par une équipe de Washington. Joliot télégraphie alors à Weisskopf : « Votre proposition du 31 mars est très raisonnable, mais vient trop tard ».

Le 6, puis le 7 avril, Szilard insiste une nouvelle fois auprès de Joliot, par télégramme et par lettre. Mais Joliot qui, d'une part, a l'impression que cette démarche est celle d'un physicien isolé et non pas celle de la communauté des physiciens américains, et qui, d'autre part, ne croit pas que l'on puisse réellement construire une bombe atomique avant longtemps, répond finalement le 7 avril : « J'ai étudié votre question. Mon opinion maintenant est de publier. »

Cependant, cinq mois plus tard, la guerre commence en Europe, ce qui entraîne, compte-tenu des résultats obtenus dans l'intervalle, l'arrêt des publications sur ce sujet des deux côtés de l'Atlantique.

Problèmes de masse critique

Presqu'au moment même où Joliot, Halban et Kowarski envoient leur lettre à *Nature* sur l'émission de neutrons, à Columbia, deux équipes voisines, celle de Fermi et de ses collaborateurs et celle de Szilard et Zinn, trouvent également que la fission provoquée par les neutrons lents est accompagnée instantanément de l'émission de neutrons rapides.

Quelques jours plus tard, l'équipe du Collège de France, renforcée par le chimiste M. Dodé, montre, par une méthode ingénieuse, que beaucoup de ces neutrons secondaires sont effectivement rapides et qu'ils ont une énergie supérieure à 2 millions d'électron-volts.

Il était essentiel alors de connaître le nombre de neutrons produits en moyenne par fission pour savoir si une réaction en chaîne s'entretenant elle-même (c'est-à-dire une réaction en chaîne divergente) pouvait être théoriquement réalisée. Ce nombre est mesuré aussi bien à Paris qu'à New York. Au Collège de France, l'équipe de Joliot le trouve supérieur à trois. L'équipe française croit alors que la possibilité de parvenir à libérer l'énergie nucléaire est proche. Fermi et ses collaborateurs pensent que ce nombre est inférieur à deux. L'équipe de Columbia avance plus prudemment.

Il s'agit maintenant de trouver comment une réaction en chaîne peut être réalisée effectivement afin de construire un dispositif produisant de l'énergie nucléaire. La fission est plus intense avec des neutrons très lents, dits thermiques, qu'avec des neutrons rapides (les physiciens disent que sa section efficace est plus élevée), mais les neutrons secondaires de la fission sont rapides ; il convient donc de les ralentir par passage à travers une substance hydrogénée comme l'eau ou la paraffine, ou plus généralement un matériau léger comme le carbone. Mais à une certaine énergie intermédiaire, l'uranium absorbe les neutrons sans qu'il y ait fission : il faut donc laisser les neutrons s'échapper, les ralentir et les ramener dans l'uranium. Les physiciens songent alors à employer soit un mélange de poudre d'oxyde d'uranium et de liquide ralentisseur, soit une structure hétérogène comme, par exemple, un réseau composé d'oxyde d'uranium ou d'uranium métal et de ralentisseur. L'ensemble doit avoir une dimension minimum pour que les neutrons ne s'échappent pas du dispositif en trop grande proportion. Des calculs sont nécessaires. L'équipe Joliot s'adjoint le théoricien Francis Perrin (le fils de Jean Perrin). Dans l'équipe de Columbia, Fermi est à la fois théoricien et expérimentateur.

Au cours du printemps et de l'été 1939, l'équipe du Collège de France est en avance, talonnée de près par l'équipe américaine. Le 1er et le 2 mai, Halban, Joliot, Kowarski et Perrin déposent, au nom de la Caisse Nationale de la

Recherche Scientifique, qui allait devenir le C.N.R.S., trois brevets : — sur la réalisation d'un dispositif de production d'énergie au moyen de la fission, — sur un procédé de stabilisation et de contrôle d'un tel dispositif — sur la charge explosive qui pourrait être réalisée avec des matériaux fissiles. Pour caractériser un tel système, ils définissent une masse critique, masse minimum nécessaire pour qu'une réaction en chaîne divergente, c'est-à-dire théoriquement illimitée, puisse se développer. Immédiatement, l'équipe envisage la réalisation pratique d'un réacteur nucléaire.

Dès le 4 mars, Joliot avait écrit aux responsables de l'Union Minière du Haut-Katanga, à Bruxelles, qui exploitait au Congo Belge les plus importants gisements d'uranium du monde alors connus. Les relations entre l'Union Minière et l'Institut du Radium étaient anciennes et cordiales. La Société avait fourni du radium et des substances dérivées à Marie Curie, et celle-ci avait mis au point des procédés de séparations chimiques fort utiles. E. Sangier, le Président de la Compagnie, que Frédéric Joliot vient voir à Bruxelles le 8 mai, comprend tout de suite l'importance des nouveaux résultats scientifiques. Il met à la disposition de l'équipe parisienne plusieurs tonnes d'oxyde d'uranium pour les premières tentatives de réalisation de ce que l'on appelerait aujourd'hui un réacteur nucléaire. Halban, Joliot et Kowarski s'installent au laboratoire de Synthèse Atomique d'Ivry, où il y a plus de place qu'au Collège de France. Au cours de l'été, ils construisent successivement des sphères de cuivre de 30, 50 puis 90 cm de diamètre, contenant un mélange d'oxyde d'uranium et d'eau. La mesure de la densité des neutrons dans ces sphères leur indique qu'il y a un début de réaction en chaîne. La guerre éclate en Europe dans les premiers jours de septembre 1939. Un article sur les résultats obtenus, déposé le 19 septembre 1939, paraîtra encore dans le *Journal de Physique et Le Radium.* Mais les travaux ultérieurs ne seront plus publiés, témoin ce pli cacheté, déposé à l'Académie des Sciences le 30 octobre 1939, et ouvert seulement après la guerre, à la demande des auteurs, le 18 août 1948.

Aux Etats-Unis, entre temps, paraît, le 1er septembre 1939, dans *Physical Review,* une analyse théorique détaillée du mécanisme de la fission par Niels Bohr et John Archibald Wheeler. C'est dans cet article — précédé d'une courte note

10 Mai 1939

Monsieur LECOINTE
Radium Belge
8, Montagne du Parc
Bruxelles

Cher Monsieur,

Je vous remercie de l'excellent accueil que j'ai recu lors de mon passage à Bruxelles. Vous savez sans doute qu'à la suite de la communication téléphonique de Monsieur Lechien un rendez-vous est organisé à Paris pour le samedi 13 mai. Pour faciliter la discussion, nous aimerions connaître les conditions dans lesquelles l'uranate de sodium est stocké en Belgique ; en particulier il serait important de connaître la forme et les dimensions des tas (ou, pour être plus précis, du plus grand empilement cohérent composé d'éléments tels que barils, boîtes, etc., renfermant l'uranate), la composition chimique approximative (teneur en eau) et la densité apparente du produit dans le tas.

Je me permets d'insister sur l'importance de ce qu'une partie au moins de ces renseignements nous parvienne avant samedi.

Veuillez agréer, je vous prie, l'expression de mes sentiments dévoués.

F. Joliot Curie

Lettre de F. Joliot à l'Union Minière du Haut-Katanga.

en février — que ceux-ci montrent, en décrivant les propriétés du noyau comme celles d'une goutte liquide, que la fission par neutrons lents est due à l'isotope rare de l'uranium, l'uranium 235, qui n'existe dans l'état naturel qu'à raison de 0,7 %, et non pas à l'isotope abondant, l'uranium 238 qui, lui, absorbe les neutrons sans se casser en deux. Les noyaux pairs sont plus liés : or l'uranium 235, en absorbant un neutron lent, devient un noyau pair éphémère (uranium 236). L'énergie ainsi rendue disponible est donc plus élevée, ce qui rend possible la fission. Toutes les connaissances de base nécessaires pour réaliser un réacteur nucléaire ou une bombe atomique étaient donc publiées aux premiers jours de la guerre. Elles furent d'ailleurs rassemblées dans un grand article de synthèse, paru aux Etats-Unis, en janvier 1940, dans *Review of Modern Physics.* Mais, de ces données scientifiques à la réalisation pratique, le chemin était long et aléatoire. On pensait qu'il faudrait des années pour éventuellement y parvenir ; des quantités considérables d'uranium devraient être mises en jeu. Il fallait y croire, et des moyens énormes allaient se révéler nécessaires.

A l'automne 1939, F. Joliot est mobilisé dans son laboratoire. Halban et Kowarski resteront avec lui, mais la plupart des autres chercheurs ne pourront pas y demeurer. Joliot est reçu par le Ministre de l'Armement, Raoul Dautry, à qui il explique toutes les applications possibles des recherches qu'il est en train de mener. Il a besoin de matières premières, de l'uranium, mais aussi de matériau ralentisseur. Dautry promet toute l'aide nécessaire.

Après un certain nombre de travaux, l'équipe du Collège de France se rend compte que l'hydrogène de l'eau ordinaire peut absorber les neutrons et n'est donc pas le ralentisseur idéal. L'eau lourde, en revanche, composée d'oxygène et d'hydrogène lourd, le deutérium — isotope rare de masse deux de l'hydrogène — peut jouer ce rôle. Mais, à cette époque, la préparation de *l'eau lourde,* en quantité appréciable, à partir de l'eau ordinaire, n'était réalisée qu'en Norvège, dans une usine d'électrochimie de la Société Norsk Hydro. L'eau lourde n'avait que quelques faibles débouchés pour des recherches en laboratoire.

Il fut décidé que le lieutenant Jacques Allier, à la tête d'un commando, partirait en Norvège pour obtenir ce qui, alors, constituait le stock mondial d'eau lourde. L'officier se rendit à Oslo sous un nom d'emprunt. Il rencontra le directeur de Norsk Hydro que certains membres de l'ambassade de France suspectaient de sympathies pro-allemandes. J. Allier, en fait, rencontra un francophile, prêt à donner l'eau lourde à la France sans contrepartie financière. Il s'agissait ensuite d'échapper aux agents secrets allemands. Les 167 litres d'eau lourde, versés dans 26 bidons, furent emportés de l'usine à minuit vers l'aéroport d'Oslo ; on fit semblant de les embarquer sur un avion en partance pour Amsterdam, alors qu'en fait ils étaient placés sur l'avion de Perth, en Ecosse. L'avion d'Amsterdam fut contraint, par la chasse allemande, d'atterrir à Hambourg pour être fouillé. Mais Allier et son précieux chargement arrivèrent à Paris juste avant l'invasion allemande de la Norvège.

Les relations de F. Joliot avec le gouvernement français, les différentes autorités et les Sociétés industrielles en France étaient plus faciles que celles des physiciens d'Outre-Altantique avec le gouvernement américain : F. Joliot était un savant reconnu, établi, entretenant, parfois depuis de longues années, des relations cordiales avec un certain nombre de responsables publics et d'industriels. Aux Etats-Unis, par contre, les physiciens nucléaires étaient, pour la plupart, des étrangers immigrés connaissant encore mal les rouages de l'administration et de l'industrie de leur pays d'accueil. Cependant les Etats-Unis n'étaient pas en guerre ; aucune menace ne pesait sur le continent américain et la recherche scientifique pouvait, dans ces conditions, se développer sans entrave.

L'évolution du conflit allait créer de sérieux problèmes à l'équipe française. L'invasion de la France l'oblige à se replier, avec le stock d'eau lourde, à Clermont-Ferrand, puis à Bordeaux. En juin, au moment de la débâcle, Joliot confie l'eau lourde, ainsi que quelques notes, à Halban et Kowarski qui, munis d'un ordre de mission, montent à bord du navire anglais, le « Broompark », commandé par Lord Suffolk. Joliot, quant à lui, décide de rester en France. Ce furent l'occupation allemande, la participation du savant à la Résistance comme Président du « Front National pour la Libération de la France » et son adhésion au Parti Communiste. Les travaux français sur l'énergie nucléaire ne purent reprendre qu'après la Libération, plus de quatre ans plus tard. Le savant britannique P. Blackett a pu écrire, en 1958, que, sans la guerre, le premier réacteur nucléaire aurait probablement vu le jour en France.

Nous allons voir comment, à la suite de ces premiers travaux, on parvint, au cours de la guerre, à passer au stade pratique, c'est-à-dire à la libération de l'énergie nucléaire à grande échelle.

Des physiciens anglais, comme J. Chadwick, avaient, eux aussi, réfléchi aux possibilités de réaction en chaîne dans l'uranium, mais ce sont deux savants d'origine allemande, immigrés en Grande-Bretagne, le théoricien Rudolf Peierls et l'expérimentateur Otto Frisch (venant du Danemark), qui apportèrent une contribution particulièrement importante. Vers l'automne 1939, Peierls avait établi des équations générales permettant de calculer plus précisément la masse critique d'un matériau fissile. Un soir de mars 1940, Frisch se demande soudain quelle pouvait être la masse critique d'une boule d'uranium 235 pur, c'est-à-dire séparé isotopiquement de l'uranium 238 plus abondant. Il va voir Peierls, et tous deux font un calcul rapide, trouvant, à leur grande stupéfaction, qu'il suffirait d'une masse compacte de l'ordre d'un kilogramme d'uranium 235 pour produire une explosion nucléaire, directement par l'intermédiaire des neutrons rapides sans ralentisseur. Ce résultat spectaculaire les incite à avertir le gouvernement britannique. Un mois plus tard, est créé le comité Maud, constitué des scientifiques britanniques les plus éminents de l'époque. Ce comité élabore un rapport concluant à la nécessité, pour la Grande-Bretagne, d'entreprendre des travaux pouvant conduire à la réalisation d'une bombe atomique. Ceci supposait d'abord la mise au point de procédés adéquats pour séparer l'uranium 235 de l'uranium naturel, ce qui était loin d'être simple, et les britanniques entreprirent un effort important dans cette direction.

Halban et Kowarski, arrivés en Angleterre en juillet 1940, reprennent, à Cambridge, avec de nouveaux collaborateurs, les travaux interrompus en France pour tenter de réaliser, avec de l'oxyde d'uranium et de l'eau lourde, un dispositif producteur d'énergie, ce qu'ils appelaient une pile atomique. Tout le monde ne partageait pas les certitudes des deux physiciens du Collège de France : certains étaient sceptiques, mais tous pensaient qu'un long travail devait y être consacré.

Albert Einstein écrit une lettre

On pose souvent des questions sur le rôle d'Einstein et des autres savants réfugiés dans les décisions qui ont conduit à la construction de la bombe atomique. Je voudrais vous faire comprendre comment ces savants en sont venus à faire des recommandations qui, aujourd'hui, peuvent paraître contraires à leurs philosophie première. Pour cela rappelons-nous les événements politiques survenus entre 1938 et 1941.

Les plus lucides avaient senti venir le péril de loin. Les pays démocratiques avaient vu affluer les réfugiés d'Allemagne, puis d'Europe centrale et d'Italie, fuyant les persécutions politiques et l'antisémitisme. Parmi ces réfugiés se trouvaient un grand nombre de savants. Les nazis avait ouvert les premiers camps de concentration pour y enfermer ceux qui s'opposaient à leur politique. L'Autriche est annexée en 1938. Après avoir obtenu les territoires des Sudètes, Hitler, en mars 1939, occupe la Tchécoslovaquie toute entière. Les gouvernements de la Hongrie, de la Roumanie et de la Bulgarie étaient, quant à eux, devenus des pays satellites de l'Axe Rome-Berlin. Staline croit pouvoir écarter le danger pour l'Union Soviétique en signant le pacte germano-soviétique de non-agression, fin août 1939. Les troupes allemandes pénètrent en Pologne. La France et l'Angleterre entrent alors en guerre contre l'Allemagne. L'invasion allemande du Danemark et de la Norvège a lieu en avril 1940 ; elle est suivie, un mois après, par celle de la Belgique, des Pays-Bas, puis de la France. C'est la débâcle. La France signe l'armistice et les deux tiers du pays sont occupés. A partir de l'été 1940, pendant une année, jusqu'à l'invasion de l'U.R.S.S., la Grande-Bretagne se trouve seule face à l'Allemagne nazie et à l'Italie fasciste, avec ses villes exposées à des bombardements incessants. La Grèce et la Yougoslavie seront envahies moins d'un an plus tard. Hitler attaquera l'U.R.S.S. en juin

1941. Pour les réfugiés, le monde entier semblait sur le point de sombrer sous la domination nazie.

La guerre ne se limite pas à l'Europe. En Extrême-Orient, le Japon, allié de l'Axe, avait successivement occupé la Mandchourie dès 1931, puis le Nord et l'Est de la Chine, avant de se lancer à la conquête d'autres territoires du Sud-Est asiatique. En décembre 1941, ce sera l'attaque de Pearl Harbor, dans les iles Hawaï, et l'entrée en guerre des Etats-Unis.

L'opinion publique avait été impressionnée et horrifiée par les bombardements sauvages des populations civiles et par les colonnes de réfugiés sur les routes : Guernica au Pays Basque pendant la guerre d'Espagne, Rotterdam aux Pays-Bas, Coventry puis Londres en Grande-Bretagne, Shanghai, Tchoung-King et les massacres de Nankin en Chine étaient dans toutes les mémoires.

Aux Etats-Unis, avant Pearl Harbor, poussée par les idées isolationnistes, une partie de l'opinion publique était pourtant encore bien insouciante. Mais les réfugiés venus d'Europe étaient, eux, très conscients de la menace nazie et de l'horreur de plus en plus omniprésentes. Personne, pensaient-ils, ne pouvait se sentir à l'abri. Il n'y aurait bientôt plus de coin dans le monde où trouver un refuge. Szilard, dont nous avons parlé tout à l'heure, est parmi ceux-là. Si la réaction en chaîne peut conduire à une arme terrifiante, il ne faut surtout pas qu'Hitler puisse le premier la faire mettre au point et en faire usage. Or, c'est à Berlin que la fission avait été découverte, et on savait que l'un des Instituts Kaiser Wilhelm travaillait activement sur le problème de l'uranium. Les Américains devaient prendre conscience de l'urgence à s'engager dans la course, et veiller aussi à ce que les matières premières nécessaires, comme l'uranium du Congo Belge, ne tombâssent pas entre les mains des Allemands.

Au début, les recherches furent surtout menées par quelques physiciens immigrés de renom, assistés de jeunes Américains. Le premier contact avec une instance gouvernementale américaine date du 16 mars 1939, au lendemain de l'occupation de la Tchécoslovaquie par les nazis : le doyen G. Pegram, de l'Université de Columbia, sur les instances de ses collègues, avertit le Département de la marine. Quelques mois plus tard, Szilard et Wigner décident d'alerter le plus illustre des savants européens réfugiés aux Etats-Unis, Albert Einstein. Ils viennent lui expliquer la possibilité d'une réaction en chaîne dans l'uranium. Après avoir pris un certain nombre d'avis, il est convenu qu'A. Einstein s'adressera directement au Président Roosevelt. La lettre est préparée par Szilard. Le conseiller économique d'une grande compagnie, A. Sachs, qui connaît personnellement le Président Roosevelt, accepte de transmettre, en mains propres, la lettre qui est signée par Einstein le 2 août 1939. Sachs ne la transmettra cependant qu'après l'entrée en guerre de la France et de l'Angleterre, au début du mois d'octobre. La lettre commence ainsi : « Quelques travaux récents de E. Fermi et de L. Szilard m'amènent à penser que l'élément uranium... » et plus loin : « Le nouveau phénomène pourrait conduire aussi à la construction de bombes.... Une seule bombe de ce type, amenée en bateau et explosant dans un port, pourrait bien détruire le port entier ainsi qu'une partie du territoire environnant... »

Quelques jours après avoir reçu cette lettre, Roosevelt décide de mettre en place un comité, sous la présidence du Directeur du *National Bureau of Standards*. La première réunion a lieu le 21 octobre. Le comité recommande notamment l'acquisition de quatre tonnes de graphite et de cinquante tonnes d'oxyde d'uranium. Une première subvention est accordée. C'est le début, encore modeste, de l'énorme effort américain.

Ce n'est, tout d'abord, que la poursuite accélérée des recherches dans les universités. Un certain nombre de progrès sont réalisés : mesures de sections efficaces, étude de l'absorption des neutrons dans différents matériaux. Fermi et Szilard s'étaient rendu compte, très vite, de l'importance qu'il y avait à utiliser des matériaux de grande pureté : Fermi et Anderson mesurent, en particulier, très soigneusement la section efficace d'absorption de neutrons par le graphite très pur et trouvent qu'elle est très faible, ce qui rend faisable un réacteur composé d'uranium et de graphite. Ils s'efforcent alors de déterminer la géométrie de cette structure. Comment alterner uranium et graphite ? Quelle taille donner aux différents éléments du réseau devant constituer la pile atomique ?

Le programme américain ne prit, en fait, son véritable essor qu'à la suite de l'entrée en guerre des Etats-Unis, en

à F.D. Roosevelt
Président des États-Unis
Maison Blanche
Washington D.C.

Albert Einstein
Old Grove Road
Nassau Point
Peconic,
Long Island

Monsieur,

2 août 1939

Quelques travaux récents de E. Fermi et L. Szilard, qui m'ont été communiqués sous forme manuscrite, m'amènent à penser que l'élément uranium peut devenir, dans un avenir immédiat, une nouvelle et importante source d'énergie. Certains aspects de la situation ainsi créée semblent demander une vigilance particulière et, si nécessaire, une action rapide de la part de l'Administration. C'est pourquoi, je crois qu'il est de mon devoir de porter à votre attention les faits et les recommandations suivants :

Au cours de ces quatre derniers mois, il est devenu probable – par le travail de Joliot en France, ainsi que celui de Fermi et Szilard en Amérique – d'envisager la possibilité de provoquer une réaction en chaîne nucléaire dans une grande masse d'uranium, réaction par laquelle pourraient être produites une énorme puissance et de grandes quantités de nouveaux éléments analogues au radium. Il apparaît maintenant presque certain que ceci pourrait être réalisé dans un avenir immédiat.

Ce nouveau phénomène pourrait aussi conduire à la fabrication de bombes et on peut concevoir – bien que ceci soit beaucoup moins sûr – que des bombes extrêmement puissantes d'un nouveau type pourraient être ainsi construites. Une seule bombe de ce type amenée par bateau et explosant dans un port, pourrait très bien détruire le port entier ainsi qu'une partie du territoire environnant. De telles bombes pourraient cependant bien s'avérer trop lourdes pour être transportées par avion.

Les États-Unis possèdent, seulement en quantités modérées, des minérais très pauvres en uranium. Il y a quelques bons minerais au Canada et dans l'ancienne Tchécoslovaquie, mais la source d'uranium la plus importante est le Congo Belge.

En raison de cette situation, il peut vous paraître souhaitable de maintenir des contacts permanents entre l'Administration et le groupe de physiciens travaillant sur les réactions en chaîne en Amérique. Une manière de parvenir à ce but serait pour vous de confier cette tâche à une personne qui aurait votre confiance et qui pourrait peut-être agir à titre officieux. Sa tâche pourrait inclure ce qui suit :

a) prendre contact avec les différents Ministères, en les tenant informés des développements ultérieurs, et proposer des recommandations pour une action gouvernementale, en veillant tout particulièrement à ce que les États-Unis soient assurés d'un approvisionnement en minerai d'uranium.

b) d'accélérer le travail expérimental qui est, jusqu'à présent, mené dans les limites des budgets des laboratoires universitaires, en procurant des fonds, si de tels fonds étaient demandés, par l'intermédiaire de ses contacts avec des particuliers prêts à apporter des contributions pour cette cause et peut-être aussi en obtenant la coopération de laboratoires industriels disposant de l'équipement nécessaire.

Je crois savoir que l'Allemagne a actuellement arrêté la vente d'uranium provenant des mines de Tchécoslovaquie dont elle a pris le contrôle. Qu'elle ait décidé d'une telle mesure aussi rapidement pourrait peut-être se comprendre par le fait que le fils du Sous-Secrétaire d'État Allemand aux Affaires Étrangères, von Weizsäcker, travaille à l'Institut Kaiser Wilhelm de Berlin où une partie du travail américain sur l'uranium est actuellement en train d'être répétée.

Avec mes sentiments dévoués

Albert Einstein

Traduction de la lettre du 2 août 1939 d'A. Einstein à F.D. Roosevelt et réponse du Président Roosevelt.

F. D. ROOSEVELT répond le 19 octobre 1939 :

Mon cher Professeur,

Je voudrais vous remercier pour votre lettre récente et les intéressantes et importantes informations qu'elle contient. J'ai trouvé ces données d'une telle importance que j'ai constitué une Commission, comprenant le Directeur du Bureau of Standards et des représentants désignés de l'Armée et de la Marine, pour examiner, d'une manière approfondie, les possibilités que vous suggérez concernant l'élément uranium. Je suis heureux de vous dire que le Dr Sachs coopèrera et travaillera avec ce Comité et je pense que ceci est la méthode la plus pratique et la plus efficace pour traiter de ce sujet.

Je vous prie d'accepter tous mes remerciements.

Avec mes sentiments très distingués.

F. D. Roosevelt

décembre 1941. Le dernier travail important sur la fission publié aux Etats-Unis fut celui de Mc Millan et Abelson, en juin 1940. Ces chercheurs signalaient l'obtention, grâce au cyclotron de Berkeley, du premier véritable élément transuranien, qui fut baptisé neptunium. Les recherches suivantes ne firent plus l'objet de publication. A Berkeley, Seaborg, Segré et leurs collaborateurs montrèrent que l'uranium 238, après avoir absorbé un neutron, devient de l'uranium 239 qui se désintègre en un isotope du neptunium, élément de numéro atomique 93 ; ce dernier se transforme, à son tour, en un isotope du *plutonium,* élément chimique de numéro atomique 94. Il fut rapidement démontré expérimentalement — ce qui était théoriquement attendu — que le plutonium 239 était plus fissile encore que l'uranium 235. Ce nouvel isotope, de masse impaire, était donc aussi une matière première possible pour une bombe. A la fin de 1941, après un rapport au Président Roosevelt et après de nouvelles informations reçues de Grande-Bretagne, en particulier à la suite d'une visite de H.C. Urey et de G. Pegram, il fut décidé de donner une ampleur nouvelle aux travaux américains.

Le gouvernement anglais, de son côté, en septembre 1941, à la suite du rapport du Comité Maud, avait décidé la création d'un nouvel organisme, auquel on donna le nom de code de « Direction de *Tube Alloys* (alliages pour tubes) » et qui devait superviser toutes les recherches sur la fission en Grande-Bretagne. Priorité était donnée aux méthodes de séparation de l'uranium 235, qui devait être l'élément constitutif d'une bombe. Le projet d'un réacteur nucléaire venait en deuxième priorité. La société industrielle britannique I.C.I. *(Imperial Chemical Industries)* était très intéressée par les développements futurs possibles de ce qui pouvait devenir une nouvelle source exploitable d'énergie. Des échanges d'information eurent lieu périodiquement entre Anglais et Américains. Cependant, au début, les Anglais ne souhaitaient pas communiquer tout ce qu'ils savaient aux Américains. Plus tard, à partir de 1942, il devint évident, pour les Anglais, que l'édification d'une usine atomique, à grande échelle, ne pouvait pas se faire sur le territoire anglais, trop exposé. Ce furent alors les Américains qui, ayant pris de l'avance, exprimèrent des réserves pour une fusion des deux programmes. Les Anglais décidèrent de poursuivre le développement de leurs travaux au Canada ; une partie de l'équipe de Cambridge avec H. Halban, rejointe par plusieurs autres Français qui avaient réussi à gagner la Grande-Bretagne ou les Etats-Unis, fut transférée à Montréal. Quelques physiciens anglais de renom participèrent cependant, par la suite, aux travaux dans les centres américains.

Le programme américain réorganisé avait été incorporé à l'Office du Développement des Recherches Scientifiques dirigé par Vannevar Bush, assisté de J.B. Connant, président de l'Université de Harvard. En 1942, toutes les recherches sur la fission et la bombe atomique, menées jusqu'alors dans le cadre de la section de l'uranium, furent regroupées dans un organisme qui reçut le nom de code de *Manhattan District*, à la tête duquel fut nommé le général L.R. Groves. Des sommes considérables furent, à partir de là, affectées à cette entreprise. Les laboratoires existants n'étaient plus suffisants, et de nouveaux centres de recherche, ainsi que des usines de production, furent construits sur des sites isolés à travers le territoire immense des Etats-Unis. Plusieurs compagnies industrielles furent chargées de réaliser certaines parties du programme. Et pourtant, malgré les prédictions théoriques, personne n'avait la certitude absolue que le projet allait effectivement aboutir. La crainte subsista jusqu'à la fin de la guerre que les Allemands pussent arriver au but avant les alliés. Il fut donc décidé, pour éviter un échec, que plusieurs voies seraient poursuivies parallèlement, lorsqu'il n'était pas évident qu'une orientation donnée était supérieure à une autre. Dès le début, le gouvernement américain était convaincu de l'importance de s'assurer des sources d'approvisionnement, notamment en uranium, et de la nécessité d'un effort particulier pour obtenir des matériaux extrêmement purs.

L'équipe de Fermi fut transférée à l'Université de Chicago où se constitua, sous la direction du physicien A. H. Compton, ce qui fut appelé le laboratoire métallurgique. C'est le 2 décembre 1942 qu'entra en fonctionnement, sous les tribunes du stade de squash de l'Université de Chicago, *la première pile atomique*. Le modérateur était du graphite très pur, l'élément combustible de l'uranium sous forme de lingots de métal et d'oxyde pressé, car on ne disposait pas encore d'une quantité de métal suffisante. Fermi et ses collaborateurs étaient couverts de poussière de graphite. Dans la phase finale, ils ajoutèrent, peu à peu, les briques de graphite et les lingots d'uranium, mesurant, chaque fois, l'augmentation du flux de neutrons qui en résultait. La dimension critique fut atteinte lorsque la pile atteignit les trois quarts des dimensions prévues par les calculs.

Le laboratoire d'Argonne, à quelques kilomètres de là, prit la suite. Une nouvelle pile atomique (on dit aujourd'hui réacteur nucléaire) devait fournir de l'énergie, mais aussi permettre la production du nouveau radioélément fissile, le plutonium 239, dont il fallait assurer ensuite la séparation chimique. Pour obtenir cet élément en quantité suffisante, il fallut construire une série de réacteurs fonctionnant en parallèle. Une installation-pilote de dimension intermédiaire fut d'abord réalisée dans le nouveau centre de *Clinton Engineer Works,* à Oak Ridge, dans la vallée du Tennessee. Plusieurs piles atomiques furent ensuite édifiées à Hanford, au Nord-Ouest des Etats-Unis, dans l'état de Washington. Ce sont elles qui fourniront le plutonium utilisé dans les premières bombes atomiques.

Une deuxième méthode envisagée pour fabriquer la bombe était de séparer isotopiquement l'uranium 235 peu abondant de l'uranium naturel. Plusieurs procédés étaient possibles et ils furent tous mis en oeuvre en parallèle. A Berkeley, sous la direction de l'inventeur du cyclotron, E. Lawrence, furent développés les premiers séparateurs électromagnétiques. Au début, les quantités séparées d'uranium 235 ne furent que de quelques microgrammes, mais c'était de kilogrammes dont on avait besoin. Pour en

Grande installation atomique américaine du projet Manhattan à Hanford.

obtenir davantage, on utilisa d'abord l'électro-aimant du cyclotron d'un mètre de diamètre, puis le grand électro-aimant de cinq mètres qui avait été construit pour réaliser un cyclotron géant. D'autres séparateurs s'ajoutèrent aux premiers ; ces appareils reçurent le nom de *calutrons* (CALifornia University cycloTRON). A un certain moment, six séparateurs d'isotopes travaillaient simultanément à Berkeley. Par la suite, des batteries de séparateurs d'isotopes furent installées à Clinton, où l'on construisit également une usine de séparation isotopique par d'autres méthodes, comme la diffusion gazeuse à travers une succession de barrières poreuses (la vitesse de diffusion n'est pas la même pour les deux isotopes). C'est à Clinton que fut ainsi séparé l'uranium 235 utilisé dans la bombe d'Hiroshima.

Les études et les travaux nécessaires à la construction même des bombes devaient faire l'objet de recherches spéciales. Dans ce but, un nouveau laboratoire fut édifié, sur un haut plateau du Nouveau-Mexique, sur le site de Los Alamos. Cet ensemble, dont la construction fut décidée en novembre 1942, commença à être opérationnel en 1943, sous la direction du théoricien J. R. Oppenheimer, de l'Université de Californie. Los Alamos était, en 1944, le laboratoire le plus richement doté du monde. Là, travaillèrent dans le plus grand secret, une pleïade de physiciens renommés dont plusieurs Prix Nobel : H.A. Bethe, R.R. Wilson, E. Segré, E. Teller, R. Peierls, E. Fermi ; N. Bohr y séjourna plusieurs mois. J. Chadwick y dirigeait la délégation britannique. Un village fut édifié pour les héberger avec leurs familles. Ces physiciens étaient assistés d'un grand nombre de jeunes, dont certains firent, par la suite, des travaux remarquables. Il n'était pas simple de faire collaborer, dans un lieu isolé, un aussi grand nombre de scientifiques sur un même objectif.

Cet objectif fut atteint le 16 juillet 1945, à 5 h 30 du matin, lorsque dans le désert du Nouveau-Mexique, à Alamogordo, fut essayé, au sommet d'une tour d'acier, le premier engin atomique au plutonium. L'explosion réussit au delà de toute attente. Un éclair incroyable illumina les chaînes montagneuses désertiques de cette région. Un nuage multicolore grimpa à une altitude de plus de 10 000 mètres. A la place de la tour se trouvait un énorme cratère. Le premier poste d'observation était dans un abri, à 10 kms, le second à 17 kms. Les scientifiques, les ingénieurs et les techniciens, isolés et mobilisés pendant une aussi longue période, donnèrent libre cours à leur joie d'avoir réussi l'expérience. Le jeune Richard Feynman, plus tard lui aussi Prix Nobel de Physique, raconte ce moment dans ses souvenirs : « Après l'explosion, l'excitation était à son comble. Nous avons dansé, chanté. Je me revois encore en train de jouer de la batterie, juché à l'arrière d'une jeep. Seul, Bob Wilson restait morne et silencieux dans son coin. « Qu'est-ce qui ne va pas ? lui ai-je demandé. — C'est terrible, ce que nous avons fait là. — Mais c'est pourtant vous qui nous y avez entrainés ! » Certes, mais voilà, au début nous étions lancés dans l'entreprise pour de bonnes raisons ; puis nous avons été pris par l'excitation des choses à faire et du travail à accomplir. Et alors, nous avons complètement cessé de réfléchir. Seul, Bob Wilson continuait à penser ».

How did he come into the business ?

Les physiciens nucléaires étaient-ils devenus des apprentis sorciers ?

La maîtrise des résultats de leurs découvertes ne leur appartenait plus ; elle était maintenant entre les mains des militaires et des hommes politiques. Rudolf Peierls a pu écrire, 40 ans plus tard : « Nous pensions que nos dirigeants politiques étaient des gens raisonnables et intelligents qui prendraient des décisions réfléchies d'hommes responsables. Rétrospectivement, il est clair que ce point de vue était trop optimiste... Nous surestimions leur vision de l'avenir. »

Bob Wilson n'était pas, à l'époque, le seul scientifique à être inquiet. Le savant danois, Niels Bohr, arrivé en 1943, était, pour ses collègues, l'autorité morale suprême. Il avait établi, en 1913, le premier modèle de l'atome. Il avait reçu le Prix Nobel, en 1922. Il avait créé, à Copenhague, comme on vous l'a raconté, un Institut de Physique Théorique, où vinrent travailler des savants de tous les pays. A Los Alamos, il se rend compte de la dimension de l'entreprise et songe aussitôt aux problèmes de l'après-guerre.

Au printemps 1944, Niels Bohr se rend à Washington et retrouve une ancienne relation, Felix Frankfurter, juge à la Cour Suprême, qui connaît bien le président Roosevelt. Bohr lui fait part de ses préoccupations ; si l'on ne profite pas du climat de coopération actuel entre les alliés, il ne sera pas possible d'établir, après la guerre, une entente internationale, notamment entre les Etats-Unis, la Grande-Bretagne et l'U.R.S.S., reposant sur un climat de confiance mutuelle. Sans entrer dans les détails techniques, il faut faire connaître le programme atomique anglo-américain au gouvernement soviétique ; il faut, ajoute-t-il, lui proposer un échange d'informations et parvenir à un accord international sur l'utilisation et le contrôle de l'énergie nucléaire. Niels Bohr est persuadé que les Russes, disposant de toutes les connaissances de base, auront rapidement les moyens, dès la fin de la guerre, de réaliser un programme similaire. Si l'on attend trop longtemps, cette occasion inespérée sera perdue. Frankfurter rapporte ce point de vue à F.D. Roosevelt qui est impressionné par les idées du savant danois. Il propose que Niels Bohr fasse part de ses suggestions à Winston Churchill, qu'il pense plus difficile à convaincre que lui-même.

N. Bohr part alors pour l'Angleterre et obtient, en mai, une entrevue avec Churchill, pourtant très occupé par les préparatifs du débarquement en Normandie. L'entrevue se passe mal. Churchill ne comprend pas bien N. Bohr ; il est effrayé par les contacts proposés avec l'U.R.S.S. Il est opposé à un contrôle international et souhaite le maintien absolu du secret. Pour lui, l'avance anglo-américaine dans ce domaine est de plusieurs dizaines d'années. Il pense qu'un avantage de cette nature doit être conservé, pour assurer aux Etats-Unis et à la Grande-Bretagne une influence décisive sur les affaires du monde. Il demande même à ses collaborateurs de faire surveiller Niels Bohr et leur dit : *How did he come into the business ?* (Comment est-il entré dans cette affaire ?). Bohr verra Roosevelt, fin août, après son retour de Londres ; mais à la conférence de Québec, à l'automne 1944, c'est le point de vue de Churchill qui l'emportera sur celui de Roosevelt. N. Bohr s'efforcera, une nouvelle fois, de rencontrer Roosevelt au printemps de 1945, mais le Président mourra subitement le 12 avril.

Léo Szilard, de son côté, celui qui avait préparé — on s'en souvient — la lettre d'Einstein au Président Roosevelt, se pose aussi des questions au printemps 1945 ; il se demande s'il est sage de tester les bombes atomiques et de les utiliser. Il dira : « Au début, nous étions fortement motivés pour réaliser une bombe, parce que nous croyions que les Allemands étaient en avance et que la seule manière de les empêcher de lancer des bombes sur nous était d'avoir nous-mêmes des bombes prêtes à temps. Mais maintenant que la guerre était gagnée, le but pour lequel nous travaillions cessait d'être clair ». Szilard décide alors, une nouvelle fois, malgré le secret, de s'adresser au Président des Etats-Unis. Il retourne voir Einstein, lui demande une lettre d'introduction et l'adresse à Madame Roosevelt afin d'obtenir un entretien avec le Président. Il prépare un mémorandum. Madame Roosevelt lui fixe un rendez-vous, mais le Président Roosevelt meurt. H. Truman, Vice-Président, lui succède. Moins d'une heure après avoir pris ses nouvelles fonctions, celui-ci est informé — lui qui n'avait pas la moindre idée de ce qui se préparait — par H. L. Stimson, Ministre de la Guerre, de l'énorme entreprise et des problèmes qu'elle pose. En 1945, l'activité nucléaire avait atteint les dimensions de toute l'industrie automobile américaine de l'époque.

Szilard cherche alors à rencontrer Truman. Celui-ci lui fait dire de prendre un rendez-vous avec James Byrnes, qui sera le nouveau Secrétaire d'Etat (Ministre des Affaires Etrangères). Szilard, accompagné de H.C. Urey et de W. Bartky, prend le train de nuit pour rencontrer J. Byrnes à Spartenburg, en Caroline du Sud, le 28 mai 1945 ; il lui remet son mémorandum et lui expose ses vues concernant la bombe après la guerre ; il plaide en faveur d'un contrôle international pour que les Etats-Unis n'aient pas à l'utiliser. Il explique qu'il est inévitable que l'U.R.S.S. devienne à son tour une puissance atomique, si la bombe est employée dans la guerre. Byrnes lui répond que le général Groves lui a assuré qu'il n'y avait pas d'uranium en Russie. Szilard lui rétorque que ceci est absurde, mais Byrnes pense que l'Union Soviétique sera impressionnée par la démonstration de la bombe et qu'elle deviendra, de ce fait, plus compréhensive. L'homme politique ajoute que, si la bombe n'était pas utilisée, on pourrait imaginer que l'immense effort n'avait pas abouti. Deux milliards de dollars avaient été dépensés pour réaliser la bombe ; le Congrès voudra constater les résultats de toutes ces dépenses. Le savant s'efforce alors d'expliquer que le lancement de la bombe ouvrira une course aux armements entre les Etats-Unis et l'U.R.S.S., qui pourrait se terminer par la destruction des deux pays, mais il ne parvient pas à convaincre le futur Secrétaire d'Etat.

Au cours de ces mois décisifs, plusieurs savants éminents du Manhattan District sont consultés. Deux thèses principales apparaissent : les uns pensent que la bombe atomique ne doit pas être employée et doit rester secrète, les autres, qu'elle doit être utilisée pour que le secret éclate et pour que, dans chaque pays, l'opinion publique puisse prendre conscience des nouveaux problèmes qu'elle pose. A Chicago, Compton réunit un comité présidé par James Franck. Ce comité souligne la responsabilité des Etats-Unis dans le monde d'après-guerre et la nécessité d'un contrôle international qui ne peut être réalisé que dans un climat de confiance mutuelle. Il s'oppose à l'utilisation de l'arme contre le Japon sans avertissement préalable, et il propose la démonstration publique de la puissance de la bombe dans une zone inhabitée. Ce rapport est envoyé à H.L. Stimson. Pour celui-ci, une telle démonstration n'est pas possible, car les Etats-Unis ne disposent, à ce moment-là, que de deux bombes, et il craint que l'Amérique ne perde la face si la démonstration rate. La guerre contre le Japon est en voie d'être gagnée, mais Stimson estime que de nombreuses vies de soldats américains seraient épargnées si les deux bombes existantes étaient lancées sur des cibles japonaises, conduisant le Japon à capituler sans condition. Szilard, quant à lui, se rend compte que les scientifiques ne parviendront pas à convaincre les politiques. Il souhaite cependant faire connaître cette crise de conscience ; il rédige une pétition destinée au Président qui sera signée par 68 participants du Manhattan District. Cette pétition souligne le danger d'une course aux armements nucléaires si les Etats-Unis utilisent la bombe ; en tout état de cause, les Japonais devraient être prévenus des intentions américaines, et ils auraient alors la possibilité de se rendre.

L'Allemagne capitule le 8 mai 1945. Seul reste en guerre le Japon. La fin paraît proche. Le Président Truman doit rencontrer Churchill et Staline à Postdam, près de Berlin, au mois de juillet, pour discuter de l'organisation de l'Europe après la guerre. Staline avait pris, lors de la conférence de Yalta, l'engagement d'entrer à son tour en guerre contre le Japon, trois mois après la défaite d'Hitler. Truman fait reculer la date de la conférence pour connaître auparavant le résultat de l'essai d'Alamogordo. La conférence de Postdam s'ouvre le 17 juillet. Truman décide avec Churchill, après avoir consulté ses principaux collaborateurs, d'avertir Staline, d'une manière impromptue, que les Etats-Unis et la Grande-Bretagne disposent d'une arme puissante et nouvelle ; cela et rien de plus. Le 24 juillet, à la fin de la séance de la journée, alors que les trois délégations attendent leurs voitures, Truman s'approche de Staline et de son interprète Pavlov. Il écrit dans ses Mémoires : « J'ai mentionné à Staline, en passant, que nous possédions une nouvelle arme d'une force destructrice inhabituelle. Staline ne manifesta pas d'intérêt particulier. Il dit seulement qu'il était heureux d'apprendre cette nouvelle et qu'il espérait que nous ferions un bon usage de cette arme contre les Japonais. » L'ancien ministre des Affaires Etrangères d'U.R.S.S., André Gromyko, a rapporté récemment dans ses Souvenirs que, de Postdam, Staline donna à I.V. Kurchatov, responsable du projet atomique soviétique, l'ordre d'accélérer ses travaux.

A la fin de la conférence, un appel à la capitulation sans

condition est lancé au gouvernement japonais, au nom des Etats-Unis, de la Grande-Bretagne et de la Chine.

Un Comité, mis en place auprès du Secrétaire à la guerre, Stimson, est chargé de préciser l'utilisation de la bombe et de choisir deux cibles. Le général Groves place en tête de la liste la ville historique de Kyoto, dont les temples et les monuments ont été épargnés jusque-là par la guerre. Stimson connaît Kyoto d'après les récits de jeunes orientalistes. Il refuse ce choix. Les cibles seront les villes portuaires d'Hiroshima et de Nagasaki.

Hiroshima sera frappée le 6 août 1945, peu après huit heures du matin, par une bombe à l'uranium 235, lancée par la forteresse volante « Enola Gay ». Le nombre de morts varie, selons les estimations, de 60 000 à 200 000. La majorité des victimes succombera sous l'effet du souffle et de la chaleur dus à l'explosion, mais ce sont les décès immédiats ou retardés dus aux radiations nucléaires qui frapperont surtout par la suite l'opinion publique. La deuxième bombe atomique, au plutonium celle-là comme l'engin d'Alamogordo, sera lancée sur Nagasaki le 9 août, faisant environ 70 000 victimes.

La nuit du 9 au 10 août, l'Empereur du Japon réunit le Conseil suprême et le Conseil des ministres, dans un abri bétonné, sous le Palais impérial de Tokyo. A deux heures du matin, à l'issue d'un débat très vif, le Premier ministre demande à l'Empereur, jusque-là silencieux, de faire connaître sa décision. L'Empereur indique qu'il convient d'accepter l'ultimatum de Postdam.

Les bombardements d'Hiroshima et de Nagasaki ne sont pas les seuls de la Seconde Guerre mondiale à avoir fait un aussi grand nombre de victimes. Le bombardement de Tokyo, du 9 au 10 mars 1945, avec des bombes incendiaires, en fit plus de 83 000. Celui de Dresde, par 3400 avions anglais et américains, dans la nuit du 13 au 14 février 1945, a tué, selon les estimations, de 135 000 à 250 000 personnes. Mais la destruction de chacun des deux ports japonais était due, chaque fois, à une seule bombe, d'un type inconnu jusqu'alors. Cependant, si l'on feuillette la presse de l'époque, par exemple les journaux français d'août 1945, on ne trouve encore aucune trace d'une réprobation morale. Rien que le soulagement de voir le Japon se rendre et la guerre se terminer en Extrême-Orient.

Centre de la ville d'Hiroshima après l'explosion de la bombe atomique.

On a beaucoup discuté, dans les années qui suivirent, notamment aux Etats-Unis, des considérations qui avaient joué le rôle le plus important dans la décision du Président Truman de lancer les deux bombes atomiques : le désir d'utiliser, avant la fin de la guerre, une arme nouvelle qui avait coûté autant d'efforts, le souci de terminer la guerre en épargnant le maximum de vies de soldats américains, la volonté de montrer la puissance des Etats-Unis en prévision des confrontations de l'après-guerre et de réduire la part de l'U.R.S.S. dans la victoire sur le Japon.

Alsos recueille de l'eau du Rhin

Que faisaient donc les Allemands pendant ce temps ? N'étaient-ils pas, eux aussi, en train de réaliser une bombe ?

Pour répondre à cette question, il me faut remonter à 1940. Dès cette année, des renseignements de différentes sources, obtenus par les alliés, notamment par les Anglais, indiquaient que les Allemands travaillaient sur la fission de l'uranium. Ils avaient saisi des stocks importants d'uranium en Belgique. On savait, par la résistance norvégienne, qu'ils avaient commandé de grandes quantités d'eau lourde. Des bruits couraient sur différentes armes secrètes allemandes. Niels Bohr avait appris, par Heisenberg, qu'une bombe atomique allemande était envisagée. Aussi, fin 1943, les américains décident de créer une mission de renseignement appelée *Alsos,* la traduction en grec du nom du général Groves (en français : bosquet). Son responsable scientifique est le physicien Samuel A. Goudsmit, américain d'origine hollandaise qui avait, en 1925, avec George E. Uhlenbeck, introduit la notion de spin de l'électron. La mission Alsos accompagne, dès le débarquement en Normandie, l'avant-garde des armées alliées afin de déterminer avec précision l'état des recherches allemandes sur la bombe atomique. Goudsmit et les officiers d'Alsos arrivent à Paris, alors que l'on tire encore dans les rues ; leur jeep s'arrête devant le Collège de France pour interroger F. Joliot sur ce qu'il peut savoir. Puis la mission suit la progression des troupes : les Pays-Bas, Strasbourg, Heidelberg, Berlin... Sa méthode de travail est simple : localiser, le plus vite possible, les dix ou vingt physiciens allemands les plus connus (parmi eux W. Heisenberg), dont la plupart, très certainement, sont impliqués dans les travaux atomiques. Dès qu'Alsos arrive au bord du Rhin, aux Pays-Bas, sous les tirs ennemis, un membre de la mission recueille, sous un pont, de l'eau du fleuve dans des bouteilles qui sont expédiées à Washington pour mesurer une éventuelle radioactivité. Une pile atomique allemande, construite sur le Rhin ou sur l'un de ses affluents, aurait laissé des traces de radioactivité, minimes mais mesurables. Rien de ce genre n'est observé.

C'est à Strasbourg que la mission trouve les premiers renseignements significatifs. La lecture, à la lumière des bougies, des documents recueillis dans cette ville, révèle que les Allemands n'ont pas réussi à séparer l'uranium 235, et qu'ils travaillent très activement à ce qu'ils appellent le « problème de l'uranium », sans avoir encore obtenu de résultat concret. Les physiciens allemands, capturés les uns après les autres, sont persuadés pourtant de la supériorité de leurs recherches ; ils pensent en savoir beaucoup plus que les

Américains. Ceux-ci se gardent bien de les détromper, car leur bombe n'a pas encore été testée à ce moment-là, et l'objet précis de leur mission doit rester secret. Même tombés entre les mains de l'ennemi, en effet, les Américains ne doivent pas pouvoir faire de révélation sur leur programme. A ce stade de la mission, Goudsmit se réjouit ; il confie à l'officier supérieur qui l'accompagne partout : « N'est-il pas merveilleux que les Allemands n'aient pas la bombe ? Maintenant nous n'aurons pas à utiliser la nôtre ». A sa surprise, le militaire répond : « Vous comprenez, bien sûr, Sam, que si nous avons une telle arme, nous allons l'utiliser ».

Alsos se porte en avant, sur les lieux où elle sait que se sont repliés les groupes allemands travaillant sur la fission. La mission arrive dans un village de Thuringe où elle s'attend à trouver un laboratoire nucléaire appartenant à l'armée. Quelques physiciens, avec leurs familles, sont encore cachés dans la cave de l'ancienne école. Ils sont étonnés d'avoir déjà des visiteurs. Le colonel commandant Alsos leur demande : « Que sont ces objets noirs là-bas ? » désignant ce qui ressemble à des briquettes. « Oh », répondent les autres, « ce n'est que du charbon. » Le colonel ramasse alors l'une des pièces et rétorque : « C'est très lourd pour du charbon ! » Les Allemands comprennent alors que le groupe américain n'est pas là par hasard. Ces briquettes sont, à l'évidence, des blocs d'oxyde d'uranium pressé.

La mission se dirige ensuite vers le Wurtemberg, au sud de Stuttgart, vers les bourgs de Hechingen et de Tailfingen, où elle sait que se sont repliés, de Berlin bombardée en permanence, les Instituts de la Société Kaiser Wilhelm, dirigés par W. Heisenberg et O. Hahn. En entrant dans le bureau de Heisenberg, les officiers de la mission Alsos sont surpris de voir, accrochée au mur, une photo montrant, côte à côte, W. Heisenberg et S. Goudsmit, en 1939, à l'Université du Michigan ! A quelques kilomètres de là, dans le village médiéval de Haigerloch, dans une caverne aménagée, ils trouvent une pile atomique en construction. Ils la détruiront plus tard à l'explosif.

En cours de route, la mission prend possession de l'uranium et de l'eau lourde qu'elle trouve en différents endroits. Alsos, finalement, se rend à Berlin. Elle découvre, au deuxième sous-sol de l'Institut de Physique, le laboratoire où l'on construisait une pile atomique, avant le déménagement à Hechingen.

Un certain nombre de physiciens allemands de premier plan sont maintenant entre les mains des alliés. M. von Laue, pendant toute cette époque, avait été un adversaire résolu du nazisme et l'avait manifesté en plusieurs occasions. O. Hahn, qui n'était pas un nazi, s'était efforcé de rester à l'écart ; juste avant l'arrivée des alliés, il avait réussi à convaincre le maire de Tailfingen de ne pas livrer de résistance afin de sauver la bourgade. W. Bothe, très scrupuleux, n'était pas non plus un hitlérien. W. Gerlach, par contre, était devenu le coordonnateur en chef de la recherche nucléaire. C. von Weizsäcker, d'une famille de diplomates, avait appris, dès le début de 1939, par O. Hahn, les conséquences possibles de la fission. W. Heisenberg, en tant que directeur de l'Institut Kaiser Wilhelm de Physique, était devenu l'un des responsables des

Une équipe d'Alsos démonte la machine à uranium dans une caverne à Haigerloch. Au centre, cubes d'uranium entourés par du graphite.

recherches sur la fission en Allemagne. Tout en étant contre ce qu'il appelait les excès du nazisme (il avait publiquement défendu la théorie de la relativité accusée par les autorités nazies d'être juive), il était sensible à l'honneur qu'on lui faisait. Il souhaitait que l'Allemagne conservât la première place dans les sciences. Il avait l'orgueil de réussir à résoudre le problème de l'uranium. Que se serait-il passé s'il avait abouti ? A l'automne 1941, le hasard avait fait que Heisenberg et son collègue C. von Weizsäcker avaient été envoyés à Copenhague en mission scientifique. Heisenberg en profita pour rendre visite à Niels Bohr et lui confier, à demi-mot, qu'il avait accepté, à la demande des autorités, de diriger les recherches sur la fission de l'uranium pour une éventuelle utilisation militaire. Le physicien allemand considérait Niels Bohr comme son père spirituel et souhaitait son absolution. Bohr, tout d'abord, ne saisit pas ce qu'Heisenberg voulait lui dire, puis, lorsqu'il comprit enfin, il fut scandalisé. Il était indigné que Heisenberg eût accepté une telle tâche pour Hitler et ne voulut plus l'écouter. D'autres diront, par la suite, que Heisenberg aurait souhaité, lors de cet entretien, proposer un engagement réciproque des savants de ne pas construire de bombe atomique. Heisenberg ne reviendra plus à Copenhague du vivant de Bohr.

Le projet allemand, tel qu'il apparaît, a posteriori, à la mission Alsos, était encore à une petite échelle. Il n'avait pas beaucoup dépassé la taille de la recherche universitaire. Des piles atomiques (machines à uranium) étaient en construction, mais on n'avait pas encore réussi à les faire fonctionner. Les physiciens allemands pensaient que la pile elle-même pourrait constituer une bombe, formée, par exemple, de couches d'uranium et de paraffine ; ils ne s'étaient pas rendu compte qu'une pile ne serait jamais une bombe ; ils n'avaient pas imaginé que la véritable bombe serait une masse de produit fissile dépassant la taille critique, dans laquelle l'explosion serait due à la réaction en chaîne par neutrons rapides. Ils soupçonnaient bien l'existence du plutonium et de ses propriétés mais ne savaient pas le produire. Ils n'étaient pas encore persuadés de pouvoir parvenir à résoudre le problème de l'uranium et, en tout état de cause, ils pensaient qu'il leur faudrait des années de travail avant d'aboutir.

Pourtant, très tôt, certains scientifiques allemands avaient saisi les autorités gouvernementales. Un « club de l'uranium » avait été constitué dès le printemps 1939. Une certaine concentration des moyens eut lieu en 1942, sous l'égide du maréchal Goering. Les moyens demandés, et obtenus, ne permettaient cependant pas d'atteindre l'ampleur industrielle nécessaire à une telle entreprise. Contrairement aux Américains, les responsables allemands n'avaient pas réussi à fondre en un seul ensemble les différentes équipes qui restaient rivales les unes des autres. La Gestapo et les S.S. avaient fait des coupes sombres, ce qui avait conduit des personnages de second ordre à occuper des postes-clés dans l'administration de la recherche. Goudsmit écrit que les physiciens allemands estimaient que, ne sachant pas encore eux-mêmes comment construire une bombe atomique, personne d'autre n'en était capable. Il attribue cet échec notamment au système totalitaire hitlérien, à l'incapacité de réaliser un effort scientifique collectif et au dogme de la science aryenne opposée à la science juive.

Après la capitulation de l'Allemagne, une dizaine de ces physiciens de premier plan furent internés dans une propriété, en Angleterre, aux environs de Cambridge, à l'insu de leurs collègues restés en Allemagne. C'est là qu'ils se trouvaient, lorsque la première bombe atomique fut lancée sur Hiroshima. Pour essayer d'apprendre ce que ces scientifiques avaient voulu cacher de leurs activités pendant la guerre, la maison était truffée de micros. C'est ainsi que leurs réactions, lorsqu'ils apprirent l'événement par la radio, sont connues, encore que les autorités anglaises n'aient pas voulu, jusqu'à présent, rendre publique la transcription de ces enregistrements. Totalement incrédules au début, les scientifiques allemands pensèrent qu'il s'agissait de propagande. « Cela ne peut pas être une véritable bombe atomique, disaient-ils, ce doit être un nouvel explosif que les Américains appellent atomique, mais cela n'a certainement rien à voir avec le problème de l'uranium ». Il leur fallut pourtant se rendre à l'évidence. Les réactions des physiciens furent cependant très différentes les unes des autres. Von Laue resta calme, se rendant compte de la signification à long terme de la nouvelle. Otto Hahn fut bouleversé, car il avait le sentiment d'avoir, de par sa découverte initiale, une part de responsabilité de cette utilisation désastreuse de la fission. Gerlach réagit violemment ; il avait l'impression d'avoir reçu une gifle, n'ayant pas lui même réussi.

Des mots amers furent échangés. Heisenberg, au début très sceptique, réfléchit toute la nuit et comprit enfin. Il réunit ses collègues et leur expliqua les principes de l'engin que les Américains avaient utilisé. Goudsmit raconte que les savants allemands étaient abasourdis. Comment avaient-ils pu passer à côté de la solution ? Mais ensuite, certains physiciens allemands pensèrent à l'avantage qu'ils pourraient tirer de cet échec : s'ils n'avaient pas réussi, c'est qu'ils ne l'avaient pas voulu. C'était peut-être vrai pour certains d'entre eux, mais pas pour tous.

Secret ou « monde ouvert » ?

On aurait pu imaginer que, à la fin de la guerre, les Américains lèvent le secret. Ce ne fut pas tout à fait le cas. Après la fin des hostilités, Américains et Anglais souhaitaient conserver le secret sur la réalisation même de la bombe atomique, de manière à en garder le monopole qui devait être un atout essentiel de la politique de l'après-guerre. Cependant, comme le fit remarquer Szilard, les deux secrets principaux avaient été rendus publics : Hiroshima et Nagasaki avaient montré que les bombes atomiques étaient une réalité, et la publication, peu après, du rapport Smyth, avec un avant-propos du général Groves, indiquait quelles avaient été les voies suivies dans la réalisation de cette arme et quelles étaient celles qui n'avaient pas abouti. Les scientifiques, pour leur part, estimaient que le secret était une entrave au progrès des recherches. A l'intérieur même du projet Manhattan, la compartimentation empêchait les uns de bénéficier des résultats acquis par les autres, et les travaux se faisaient parfois en double. Le maintien du secret affectait le développement ultérieur du programme américain.

Après la guerre, il n'était parfois pas si difficile, malgré le secret, pour un physicien européen expérimenté, de retrouver tel chaînon manquant. Ainsi, un enseignant parisien réussit à reconstituer, d'après le tableau des isotopes stables et radioactifs, constituant le fond flou d'une photo de Niels Bohr parue dans une revue américaine, la quatrième famille radioactive, celle du neptunium, restée encore secrète, et il la fit exposer au Palais de la Découverte, à Paris.

Un lien étroit semblait exister entre les armes nucléaires

et l'énergie nucléaire civile. D'une part, la connaissance des mêmes grandeurs caractéristiques était nécessaire à la poursuite des deux programmes et, d'autre part, les réacteurs produisant l'énergie fabriquaient aussi une matière première (le plutonium) constitutive des bombes. De ce fait, le secret couvrait également ce que l'on devait savoir pour développer un projet de centrale nucléaire.

Les Anglais bénéficiaient de leurs travaux pendant la guerre et de leurs échanges d'informations avec les Etats-Unis, couverts cependant par la politique du secret convenue à la conférence de Québec en 1943. Parallèlement à la réalisation en 1945 d'une pile atomique à Chalk River, au Canada, ils construisirent des réacteurs en Grande-Bretagne, à Harwell d'abord, en 1947, puis à Windscale.

En France, dans l'immédiate après-guerre, Frédéric Joliot, nommé par le général de Gaulle, Haut-commissaire à l'énergie atomique, entreprit la construction d'une première pile atomique au Fort de Châtillon. Il s'appuyait sur les travaux réalisés avant la défaite de 1940 et sur l'expérience acquise par certains de ses collaborateurs et collègues en Angleterre et au Canada. Le C.E.A. disposait de huit tonnes d'uranium, obtenues par Joliot en 1939-1940 de l'Union Minière du Haut-Katanga et cachées, en juillet 1940, dans une galerie de mine au Maroc. La pile Zoé entra en fonctionnement, dès décembre 1948.

Et les Russes, me direz-vous ? Dès la découverte de Hahn et Strassmann, les physiciens d'Union Soviétique s'étaient intéressés à la fission et à la possibilité d'une réaction en chaîne. Les calculs de J.I. Frenkel, ceux de A.I. Leipunskii, de Y. Khariton et ceux de Y.B. Zeldovitch sont connus. Le numéro de *Physical Review* du 1er juillet 1940, dans sa section Lettres, contient le texte d'un câble de G.N. Flérov et K.A. Petrjak de Léningrad, annonçant la découverte du phénomène de fission spontanée de l'uranium, c'est-à-dire la possibilité pour un noyau d'uranium de fissionner tout seul — par « effet tunnel » —, avec une très petite probabilité, sans apport d'énergie par des neutrons incidents.

En 1941, la guerre interrompt les recherches. Flérov lui-même est mobilisé. Lors d'une permission en avril 1942, il se rend à la bibliothèque de l'Université de Voronej pour voir quels travaux avaient été publiés dans l'intervalle, en Amérique, sur la fission. Il consulte la principale revue américaine, *Physical Review*. Stupéfait, il constate qu'aucun article sur la fission, portant la signature de Fermi, n'apparaît depuis le début de 1940. A part une seule note sur un aspect non essentiel, rien sur la fission au cours de l'année 1941. Ce silence ne pouvait signifier qu'une seule chose. Des travaux secrets étaient en cours aux Etats-Unis. Flérov, aussitôt, écrit une lettre à Staline pour l'avertir. Comme quoi, l'absence d'information peut constituer une information.

Nous n'avons pas beaucoup de documents sur la période qui suit, mais on sait qu'une réunion fut convoquée en haut lieu ; les travaux sur la réaction en chaîne furent repris très rapidement en 1942 sous la direction de I.V. Kurchatov, et accélérés à partir de la fin de la guerre. La première pile atomique soviétique entra en fonctionnement en décembre 1946.

On a dit que des secrets américains avaient été communiqués à l'U.R.S.S. qui a pu ainsi réaliser plus rapidement sa bombe. Au moment de la guerre froide, certains américains pensaient que seul l'espionnage avait pu permettre à l'U.R.S.S. d'avoir la bombe atomique. En plein Mac Carthisme, au début des années 50, les époux Rosenberg furent condamnés à mort et exécutés, accusés d'avoir transmis des secrets atomiques, sans que leur culpabilité n'ait jamais été démontrée.

En utilisant des chambres d'ionisation à 15 plaques ajustées pour la détection des produits de fission de l'uranium, nous avons observé 6 impulsions par heure, que nous attribuons à la fission spontanée de l'uranium. Une série d'exemples de contrôle semble exclure d'autres explications possibles. L'énergie des impulsions et les propriétés d'absorption sont en accord avec celles des produits de fission de l'uranium bombardé par des neutrons. On n'a pas trouvé d'impulsion pour l'uranium X et le thorium. On en déduit une vie moyenne de l'uranium comprise entre 10^{16} et 10^{17} ans.

Flérov, Institut Physico-Technique de Léningrad, Petrjak, Institut du Radium de Léningrad (U.R.S.S.), le 14 juin 1940, par câble.

Traduction du télégramme de Flerov et Petrjak à *Physical Review* annonçant la découverte de la fission spontanée de l'uranium.

Avril 1942

Cher Joseph Vissarionovitch,

Dix mois déjà se sont écoulés depuis le début de cette guerre, et pendant tout ce temps, je me suis senti dans la situation de quelqu'un qui chercherait à fendre un mur de pierres à coups de tête.

En quoi est-ce que je me trompe ?

Est-ce que je surestime la portée du « problème de l'uranium ? » – Non, ce n'est pas vrai. L'unique chose qui rende fantastiques les projets liés à l'uranium, c'est une perspective très prometteuse en cas de réussite. Je dois faire une réserve dès le début. Peut-être que je m'abuse – la recherche scientifique implique toujours un élément de risque et, dans le cas de l'uranium, il est plus élevé que partout ailleurs. (...)

Mais imaginons un instant que ca « marche » pour l'uranium. Il est vrai que cela n'entraînera pas une révolution dans la technique – cette certitude provient des travaux des derniers mois d'avant-guerre – mais en revanche, on obtiendra une véritable révolution dans le matériel de guerre. Elle s'effectuera d'ailleurs sans notre participation, uniquement parce que la routine prospère maintenant, comme autrefois, dans le monde de la science.

Savez-vous, Joseph Vissarionovitch, quel est le principal argument invoqué contre l'uranium ?

« Ce serait trop beau si l'on parvenait à résoudre ce problème. La nature comble très rarement l'homme » (...)

Il m'apparaît nécessaire, pour résoudre la question, de convoquer une conférence avec la participation des académiciens Ioffé, Fersman, Vavilov, Khlopine, Kapitsa, de l'académicien de l'A.S. de la R.S.S. d'Ukraine Leipunski, des professeurs Landau, Alikhanov, Artsimovitch, Frenkel, Kurchatov, Khariton, Zeldovitch et des docteurs Migdal et Gurevitch. Il serait souhaitable de convoquer aussi K.A. Petrjak.

Je vous prie de m'accorder 1 h 30 pour mon rapport. Il est très souhaitable que vous, Joseph Vissarionovitch, soyez présent d'une manière ou d'une autre. (...)

Jamais personne n'a dit nulle part que la bombe nucléaire était irréalisable, et pourtant on s'est mis en tête que cet objectif serait du domaine de l'anticipation.

De ce fait, la première chose sur laquelle j'insiste, c'est d'obtenir de tous les participants à la future conférence, des avis écrits sur la réalité du problème de l'uranium. La réponse doit permettre d'évaluer la probabilité de résoudre ce problème. Pour ceux des participants qui jugeraient leur érudition insuffisante pour émettre un avis écrit, cette question pourrait être retirée, mais ils ne doivent pas pour autant être dispensés de cette conférence. »

G.N. Flerov

Traduction d'extraits de la lettre de G.N. Flerov à J.V. Staline
« *Les Nouvelles de Moscou* », n° 16 (2171) 17 avril 1988.

Pourtant, des renseignements ont certainement filtré du projet Manhattan vers l'U.R.S.S. Le nom du physicien K. Fuchs, réfugié allemand en Angleterre puis associé aux travaux de Los Alamos, agissant par conviction politique, est souvent cité. L'importance réelle de ces renseignements pour le programme atomique soviétique ne doit cependant pas être surestimée.

Comme le soulignaient N. Bohr et L. Szilard, l'U.R.S.S. avait les connaissances et les ressources nécessaires pour construire, après la fin de la guerre, une bombe atomique par ses propres moyens. Le fait même de savoir que la réaction en chaîne était possible, de par le lancement des bombes atomiques sur le Japon, ainsi que le contenu du rapport américain publié dès août 1945, permirent d'arriver plus vite au but. Il n'est pas surprenant, dans ces conditions, que le premier essai de bombe atomique soviétique ait eu lieu, quatre ans après Hiroshima, le 20 août 1949, en Sibérie. Ce sont des prélèvements effectués par un avion de reconnaissance des services météorologiques américains, au large du Japon, qui firent connaître la nouvelle à Washington. Le président Truman refusa d'abord d'y croire : les savants les plus éminents avaient pourtant prédit un délai de cet ordre.

Ajoutons, pour les autres pays, que le premier essai atomique anglais eut lieu le 3 octobre 1952, le premier essai français, le 13 février 1960 et le premier essai chinois, le 16 octobre 1964.

Comme l'avait prévu Niels Bohr, en l'absence d'un accord international, la course aux armements s'engagea entre les anciens alliés. On construisit des bombes atomiques de plus en plus puissantes et de plus en plus nombreuses.

L'opinion publique s'émut. Aux Etats-Unis, était édité le *Bulletin des savants atomistes* qui, sur sa couverture, portait le cadran d'une horloge dont les aiguilles s'approchaient dangereusement de l'heure zéro. Lorsque la guerre froide et la course aux armements s'intensifièrent, l'aiguille des minutes fut encore avancée.

En mars 1950, à Stockholm, le Comité mondial des partisans de la paix, à l'initiative de F. Joliot, lança un appel — connu sous le nom d'appel de Stockholm — exigeant l'interdiction de l'arme atomique et l'établissement d'un contrôle pour assurer cette interdiction. Il ajoutait que le gouvernement qui, le premier, utiliserait, contre n'importe quel pays, l'arme atomique, commettrait un crime contre l'humanité. Cet appel, qui suscita des débats passionnés, fut signé par des dizaines de millions de personnes. Un mois plus tard, F. Joliot fut destitué de ses fonctions de Haut-commissaire à l'énergie atomique.

Dès la fin de la guerre, une controverse s'engagea, aux Etats-Unis, sur la construction d'une super-bombe, la bombe thermonucléaire — deutérium-tritium puis deutérium-lithium — ou bombe à hydrogène, mille fois plus puissante que celle d'Hiroshima, l'équivalent, en puissance, de toutes les bombes utilisées au cours de la Seconde Guerre mondiale. Sa mise en chantier fut proposée par E. Teller contre l'avis de R. Oppenheimer. Le Président des Etats-Unis finira par donner le feu vert à Teller ; R. Oppenheimer sera, malgré les services rendus à Los Alamos, victime d'une commission d'enquête et perdra son poste de conseiller atomique du gouvernement.

Un premier engin, non transportable, sera essayé en secret par les Etats-Unis, dans le Pacifique, en novembre 1952, dans l'atoll d'Eniwetok. Mais, à la surprise de tous, l'U.R.S.S. annoncera un essai thermonucléaire en août 1953. Les américains le détecteront ; il était moins puissant que celui d'Eniwetok. L'essai — annoncé officiellement cette fois — d'une bombe thermonucléaire américaine eut lieu à Bikini, le 1er mars 1954. L'explosion détruisit l'île, et des débris radioactifs vinrent tomber sur les habitants d'un atoll situé à 150 kilomètres de là, ainsi que sur un bateau de pêche japonais, « Le Dragon heureux », provoquant la mort de deux marins et des accidents graves de santé pour les autres. Ces nouvelles victimes, en temps de paix, créeront un choc dans l'opinion publique internationale.

En novembre 1955, eut lieu l'explosion expérimentale d'une bombe thermonucléaire soviétique de même puissance que la bombe américaine. Il était ainsi prouvé que le monopole atomique était un leurre. Le lancement du « Spoutnik », premier satellite artificiel de la Terre, confirma les capacités techniques de l'U. R. S. S.

Toute grande puissance était capable, par ses propres ressources intellectuelles et matérielles, de réaliser un armement atomique. C'était le début de ce que certains ont appelé l'équilibre de la terreur et d'autres l'équilibre par la dissuasion mutuelle, du fait de l'existence d'armes capables de détruire toutes les grandes villes du globe. Un véritable accord international, conclu dès 1945, aurait sans doute pu éviter l'escalade. A la suite en particulier d'un manifeste signé par le philosophe anglais Bertrand Russell en juillet 1955, et des efforts de F. Joliot et de C. Powell, une conférence de savants de différents pays se réunit à Pugwash, en Nouvelle-Ecosse, en juillet 1957. Sous la présidence de Powell, elle préconisa le désarmement nucléaire et souligna la responsabilité sociale des savants. La prise de conscience de l'importance des retombées radioactives des différents essais nucléaires conduisit à la conclusion d'un traité d'interdiction des expériences dans l'atmosphère, quelques années plus tard ; les méthodes de détection à distance permettaient facilement le contrôle nécessaire.

En ce qui concerne les applications pacifiques, après que le Congrès des Etats-Unis eut autorisé le transfert d'informations relatives au nucléaire civil à des pays amis, l'Assemblée Générale des Nations Unies décida de convoquer à Genève, en août 1955, une conférence internationale sur les applications pacifiques de l'énergie atomique. Cette conférence connut un grand succès, réunissant mille cinq cents représentants de l'Est comme de l'Ouest. L'U.R.S.S. y annonça le couplage au réseau électrique de la première centrale nucléaire, encore modeste, près de Moscou. Mille communications environ furent présentées à la conférence, rendant publics, pour la première fois, des résultats tenus secrets jusqu'alors et obtenus indépendamment dans différents pays. Il était ainsi intéressant de constater que les résultats des mesures de grandeurs caractéristiques, comme le nombre exact de neutrons par fission dans telles ou telles conditions, coïncidaient d'un pays à l'autre. Les modes de préparation des différentes matières premières d'intérêt nucléaire furent aussi rendus publics. A la suite de cette conférence, des négociations s'engagèrent pour créer un organisme international permettant des échanges d'informations sur le nucléaire civil et le minimum de contrôle permanent correspondant. Ce fut l'Agence Internationale de l'Energie Atomique (A.I.E.A.), instituée par les Nations Unies en octobre 1956.

C'est en décembre 1987 seulement, comme vous le savez, que fut conclu à Washington, entre Michael Gorbatchev et Ronald Reagan, le premier véritable accord de réduction partielle de l'arsenal nucléaire entre les deux grandes puissances.

Science, conscience et opinion publique

L'historienne anglaise Margaret Gowing a noté que l'évolution du nucléaire a été marquée par la coïncidence fatidique entre la découverte de la fission et, quelques mois plus tard, le début de la Seconde Guerre mondiale. Si la fission et la possibilité d'une réaction en chaîne avaient été mises en évidence au cours d'une période de paix, c'est la réalisation de centrales nucléaires destinées à la production d'énergie qui aurait été menée à bien en premier, avant la fabrication de bombes. L'opinion publique, alors, n'aurait sans doute pas eu les mêmes réactions.

Plusieurs des grands savants qui ont contribué, par leurs travaux, à la libération de l'énergie nucléaire et à la mise en oeuvre de la réaction en chaîne, se sont posé des problèmes de conscience et ont été, en particulier, très gravement préoccupés par les utilisations qui ont été faites de leurs résultats. Après la bombe, la négociation d'accords internationaux ainsi que le désarmement leur ont paru être des priorités absolues. Nous avons vu les combats de N. Bohr L. Szilard. A. Einstein et R. Oppenheimer se sont dressés contre le développement de la super-bombe à hydrogène. Frédéric Joliot a lancé l'appel de Stockholm et a souligné, à plusieurs reprises, qu'une guerre nucléaire pourrait détruire l'humanité et la civilisation. A. Sakharov, qui avait apporté une contribution importante au développement de la bombe à hydrogène soviétique, engagea, dans son pays, un combat pour la défense des droits de l'homme. Il est remarquable de constater que beaucoup de ces scientifiques ont eu des difficultés, parfois très sérieuses, avec leurs gouvernements, que ce soit Oppenheimer aux Etats-Unis, Joliot en France ou Sakharov en U.R.S.S., bien que les motivations et le contexte aient été différents d'un pays à l'autre.

Les spécialistes d'une même discipline ont souvent plus de relations avec leurs collègues étrangers qu'avec leurs propres compatriotes exerçant une activité différente. Oppenheimer pensait que c'était là une marque de notre civilisation. Cette faculté de compréhension mutuelle peut aider à progresser dans la recherche de solutions.

La catastrophe de Tchernobyl, en 1986, a montré ce que pouvaient être les effets pervers des retombées radioactives. Ils se situent, en effet, à l'échelle internationale, ce qui a souligné ainsi l'interdépendance des nations dans le monde d'aujourd'hui.

Les efforts pour le désarmement sont une oeuvre de longue haleine. On ne peut pas comparer la situation, dans ce domaine, à celle de deux joueurs d'échecs face à face, ayant au départ les mêmes pièces et ayant chacun une vue d'ensemble du jeu de l'autre ; rien de tel à l'échelle des pays et des continents, où les situations géographiques et économiques sont tellements dissemblables, où les moyens de l'un sont, en partie, cachés aux yeux de l'autre, les informations sur la nature et l'envergure des moyens étant d'ailleurs parfois notablement déformées par des services qui ont tantôt intérêt à les gonfler, tantôt à les minimiser ; on se demande parfois même, à la lecture de certains témoignages, si les gouvernements ont toujours une vision claire et objective des ressources de leurs propres pays.

I. Rabi, dont nous avons évoqué l'intervention en 1939, expliqua, en 1985, après avoir écouté la description, par une historienne, de cette période à laquelle il avait lui-même participé : « Dans le feu de la guerre, nous souvenant des bombardements des villes chinoises et des atrocités commises, nous n'avons pas fait d'objection au bombardement atomique du Japon. Mais préparer des programmes de bombardement en pleine paix, cela est terrible. Il faut que nous parvenions à renoncer à l'utilisation des armes nucléaires. »

Il n'est pas facile d'édifier ce « monde ouvert », reposant sur la confiance mutuelle, que Niels Bohr appelait de ses voeux.

L. Szilard rapporte, à la fin de ses Souvenirs : « On m'a demandé si je pensais aussi que la tragédie du savant est sa capacité à faire faire de grands progrès à nos connaissances, que l'humanité pourrait utiliser ensuite à des fins de destruction. Ma réponse est que cela n'est pas la tragédie du savant, mais la tragédie de l'humanité. »

Au XVIe siècle déjà, François Rabelais écrivait que « science sans conscience n'est que ruine de l'âme ». Cette conscience n'est pas seulement celle du savant. Les scientifiques ont certainement un rôle primordial à jouer, y compris dans l'information. Ce sont cependant les gouvernements qui ont la responsabilité finale et les moyens d'y faire face ; mais l'opinion publique des citoyens de tous les pays peut peser d'un poids considérable.

VII

SAMEDI

UNE ETOILE EN PLEIN JOUR

A la fin de la semaine, les visages étaient hâlés et les deux groupes avaient fusionné. Tout le monde était là, on devait aborder non seulement l'infiniment petit, mais aussi l'infiniment grand. Ce dernier récit allait être présenté par une physicienne d'origine chinoise.

Mon prénom chinois est Lian Yu, qui signifie Jade Pur, et mon domaine d'étude est l'astrophysique nucléaire.

Mon désir d'étudier les étoiles date de mon enfance. Je vivais, à cette époque, avec mes parents, à Kai-feng, dans le He-nan, à quelques kilomètres au Sud du fleuve Jaune, au coeur de la Chine classique. Cette ville avait été, sous le nom de Bian-liang — le pont sur le Bian — la capitale de la dynastie des Song du Nord. C'est vous dire combien cette période de l'histoire de mon pays me passionne, et vous verrez, par la suite, qu'il y a plusieurs raisons à cela. Chaque quartier de l'ancienne ville impériale, chaque monument historique rappelle un passé prestigieux.

Vue du fleuve le jour de la fête du printemps

Les Song du Nord régnèrent, sur l'ensemble de la Chine, de 960 à 1126. Cette dynastie succédait à celle des Tang, après un intermède de plus de 50 ans de désordres. Des états, dits barbares, au Nord et au Nord-Est, menaçaient le pays en permanence, et les guerres étaient nombreuses. Grâce à une série de compromis, les Song réussirent néanmoins à assurer la paix ; mais, en 1126, les barbares Jin occupèrent la Chine du Nord et investirent la capitale ; l'Empereur et la cour furent faits prisonniers. Un prince, qui avait réussi à s'échapper vers le Sud, se fit proclamer Empereur ; il choisit Hang-zhou comme capitale, lui donnant le nom de Lin-an, qui signifie Paix provisoire. Ce fut le début de la dynastie des Song du Sud. Les Jin furent, peu à peu, chassés à leur tour par les Mongols qui, sous le nom de Yuan, parvinrent à occuper l'ensemble du pays à la fin du XIIIe siècle.

Voyons comment se présentait Bian-liang au début du deuxième millénaire, alors que, dans l'Europe du Moyen Age, on se remettait à peine des frayeurs de l'an 1000.

La ville, qui comptait alors plus d'un demi-million d'habitants, nous est familière grâce à un rouleau de cinq mètres de long, peint par Zhang Ze-duan et conservé de nos jours à Bei-jing, dans le musée de la Cité interdite, à l'Est du Palais impérial, il est intitulé : « Vue du fleuve le jour de la fête Qing-ming ». On y voit vivre les habitants et on peut distinguer leurs différentes activités.

Les dames riches sont transportées en chaise à porteurs ; des chameaux apportent leurs fardeaux vers le port, au delà d'une des portes de la ville ; une vive animation règne jusque tard dans la nuit. Des bateaux sont halés le long de la berge, d'autres sont manœuvrés à la godille par huit hommes. Des ponts en arc-en-ciel (on dirait en français en dos d'âne), traversent la rivière aux Cinq toises, la rivière des Eaux d'or, le Bian. Certains ponts sont si difficiles à franchir que souvent deux ânes sont placés à l'arrière des charrettes pour freiner leur allure. Des éventaires en plein air se trouvent sur certains ponts. Le long des rives, des estaminets alignent tables et bancs ; ils invitent le passant à s'asseoir.

Les maisons des familles aisées ont des toits à deux pentes couverts de tuiles émaillées ; elles sont entourées de jardins aménagés comme des paysages miniaturisés avec

Fragment du rouleau peint par Zhang Ze-duan « Vue du fleuve le jour de la fête Qing Ming » montrant une avenue de Bian-liang au XIe siècle. ▷

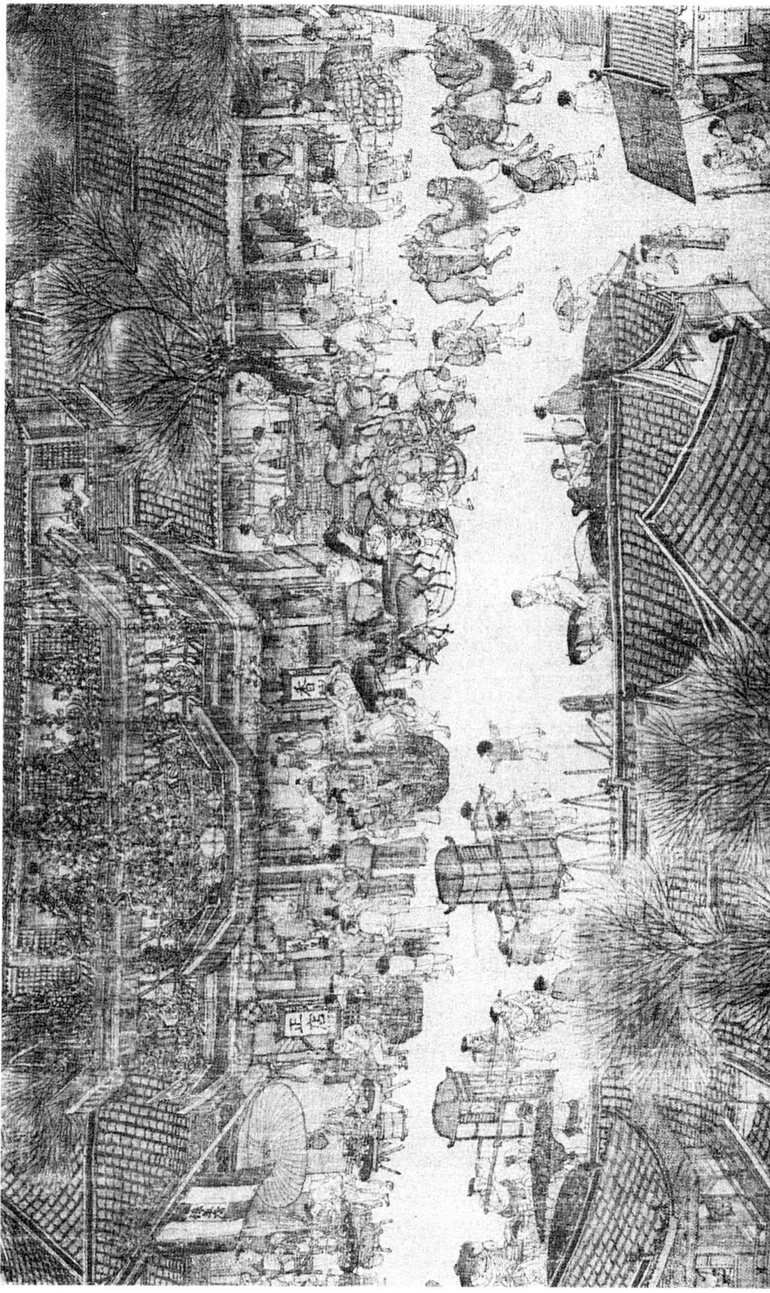

leurs montagnes, leurs lacs et leurs rivières. Derrière le porche d'entrée, un écran de deux mètres de haut arrête les influences néfastes et les regards indiscrets. Les Dieux de la porte, eux, interdisent l'entrée aux mauvais génies. Des pavillons, d'affectations différentes, se succèdent : pavillon pour le clair de lune, pavillon de musique, pavillon pour prendre le frais. On brasse l'air autour des fleurs avec une roue à vent afin que le parfum pénètre à l'intérieur des salons.

Comme dans bien des villes qui furent, à un moment ou à un autre, capitale de l'Empire, on trouve, au coeur, la Cité impériale, cernée de remparts et de portes dont la plus large s'intitule porte de la Promulgation de la Vertu. Le pavillon des Dragons est en bois, et chaque fois qu'un incendie le détruit, il est reconstruit et repeint, si bien qu'il semble toujours à peine terminé. Le couvent Protecteur du Pays est l'un des plus anciens couvents bouddhiques édifiés en Chine. Quant à la pagode de la Pureté céleste, elle est haute de neuf étages. Puis on traverse la vieille ville avec ses boutiques, ses tavernes, ses temples et ses portes aux noms évocateurs : porte des Jujubes acides, porte du Moineau rouge, porte de la Prospérité préservée. Enfin la ville neuve, la plus étendue, mais elle aussi à l'époque, entourée de murailles et de portes. La voie impériale, partant de la Cité interdite, traverse toute la ville jusqu'à la porte des Effluves du Sud. Cette avenue avait, ce qui est étonnant, trois cents mètres de large. Le passage central, réservé à l'empereur, était bordé de barrières vernies noires et d'une double barrière rouge. De chaque côté se trouvaient les galeries marchandes et des canaux avec des lotus, bordés de pruniers et de pêchers. « Au printemps, on aurait dit une broderie de couleur vive », a dit le poète.

A Bian-liang, on respecte la tradition. Le culte des ancêtres implique la répétition des rites. Certains d'entre eux étaient décrits dans l'ancien livre des rites, le *Li Ki*, dont des fragments ont été conservés. Ainsi, chaque année, l'arrivée des saisons était marquée, depuis des siècles, par les mêmes cérémonies. L'empereur était censé résider dans un grand édifice carré, le Palais de la Lumière, dont il devait occuper, à tour de rôle, douze emplacements successifs correspondant aux douze lunes ordinaires du calendrier chinois. De temps en temps, il fallait ajouter une treizième lune intercalaire, et l'empereur était alors supposé habiter dans la porte de communication entre deux salles adjacentes, ce que l'on représente par un idéogramme où l'on distingue le souverain entre les deux portes :

Le *Li Ki* précise : « A la première lune du printemps, l'empereur habite la salle qui est à gauche du Palais du Printemps. Il monte sur un char vert, il y fait atteler des chevaux appelés dragons verts ; il arbore un étendard vert, il se revêt d'habits verts, il orne sa ceinture de jade vert. Dans cette lune, le printemps commence. Trois jours avant le commencement du printemps, le grand intendant des cérémonies sacrées s'adresse à l'Empereur et lui dit : « Dans trois jours, le printemps commence. La vertu dominante réside dans l'élément du bois ». Alors l'empereur se purifie. Le premier jour du printemps, il se met à la tête d'un cortège composé de trois ministres, de neuf présidents, des princes feudataires présents et des magistrats ayant le titre de ta-fou et, avec eux, il va sacrifier au souverain et au génie du printemps pour saluer leur arrivée, dans les faubourgs de l'Est de la capitale ». Tous les habitants fixent au-dessus de leur porte des branches de saule, et la cité est tout à coup envahie de verdure.

La cérémonie du mariage, à la ville, constitue un autre rite qui peut durer plusieurs semaines. Les chroniqueurs nous la décrivent. Quand les entremetteuses ont échangé les cartes portant les noms et dates de naissance des promis, la « cérémonie des coupes » peut se dérouler chez la jeune fille. Un échange de tasses d'alcool se fait en même temps que les fiancés sont présentés l'un à l'autre : quatre tasses pour le fiancé, deux tasses pour sa belle. Si le mariage est décidé, un parent pique deux épingles de tête dans le chignon de la jeune fille. Il aurait fallu envoyer deux pièces de satin à la famille pour indiquer le refus. A présent, les échanges de cadeaux vont se succéder : du côté du garçon, ce sont ornements de tête, vases, alcool et friandises tandis que, de l'autre côté, on offre du tissu, une paire de baguettes, deux oignons et deux vases où nagent quatre poissons rouges. C'est ce qu'on appelle « l'envoi en retour des poissons et des baguettes ». Peu avant le mariage, la fiancée reçoit les trois ors : bracelet, chaînette de cheville et pendentif. Le jour du mariage, fixé par un devin, la fiancée se rend en chaise à porteurs chez ses futurs beaux-parents, accompagnée de chanteuses. On jette devant la porte des graines, des sapèques, de la monnaie en papier (qui venait d'être introduite) et des fruits pour écarter les mauvaises influences. Les chanteuses, munies de torches en forme de lotus et de bougies représentant des fleurs, précèdent la mariée. L'une d'elles marche à reculons, présente un miroir et guide la jeune épousée, les demoiselles d'honneur l'aident à marcher sur une natte de couleur verte et à enjamber une selle de cheval ainsi qu'une balance, symboles dont on ne connaît plus la signification. Après la cérémonie, la jeune femme ira vivre dans sa belle-famille à laquelle elle devra témoigner obéissance et piété filiale.

« Si vous désirez savoir ce qui arriva ensuite, alors il vous faut prêter l'oreille aux explications du chapitre suivant ». C'est ainsi que se termine chaque chapitre des romans écrits sous les Song.

Une étoile de bon augure

L'époque des Song est particulièrement réputée pour ses peintures, ses vases et ses poèmes raffinés. Elle l'est aussi pour ses conteurs publics. L'histoire nous dit que c'est l'un de ceux-ci qui attire, en ce début de l'an 1006, les gens de la campagne voisine venus faire leurs emplettes à l'un des marchés de Bian-liang. Avec sa plaquette de bois, sorte de crécelle, le conteur appelle les passants autour de lui. Il commence : « Son visage est couleur de pêche, ses lèvres sont comme des cerises, ses doigts délicats comme du jade, ses yeux sont brillants et ensorceleurs ; sa taille ondule lorsqu'elle chante ». Parmi les badauds se trouve un jeune paysan qui venait de s'arrêter devant plusieurs échoppes, devant le montreur de marionnettes, le poseur de devinettes et le dresseur d'insectes. Il avait goûté à diverses friandises, de la canne à sucre aux jujubes et il terminait par le conteur public.

Ce dernier hypnotise son auditoire ; cependant notre jeune paysan pense à sa fiancée qui l'attend au village. Ils vont bientôt se marier ; il est persuadé qu'elle saura bien s'occuper de ses vieux parents ; elle sait broder et tisser, lire, car, depuis l'âge de sept ans, elle apprend vingt caractères par jour. Elle ne manque pas chaque année, le 7e jour de la 7e lune, à la fête du tissage, de regarder l'astre de la nuit et de guetter dans le ciel les étoiles de la Tisserande et du Bouvier, deux étoiles séparées par la voie lactée, qui passent pour se rejoindre ce soir-là. Peu avant son départ, ils s'étaient promenés au clair de lune ; elle était triste, car son promis allait s'absenter plusieurs jours. Pour la consoler, il lui avait dit : « Que veux-tu que je te rapporte de la ville ? » Levant les yeux, elle regarda le ciel, les étoiles, la lune qui ne montrait encore qu'un de ses quartiers et, timidement, elle avait osé lui dire : « Ce que j'aimerais, c'est quelque chose qui brille autant que la lune dans le ciel, un petit objet en forme de croissant, que je mettrai dans mes cheveux le jour de notre mariage. » Notre futur marié avait terminé ses affaires ; il allait repartir pour son village, mais le cadeau n'était pas encore acheté. Que voulait-elle donc ? Il ne se souvenait plus exactement. Etait-ce un parfum, un savon fait de pois odorants et d'herbes, un peigne ou une épingle de tête ? Il voulut revivre le moment où elle avait exprimé son désir. Il tenta de se souvenir. C'était le soir, nous regardions ensemble le ciel. Elle voulait quelque chose qui brillait comme cet astre. Voilà, j'ai trouvé ! Elle voulait un miroir, rond comme la lune, comme cette pleine lune qui brille en ce moment. Elle voulait un miroir en métal poli. Il reprit sa promenade dans le marché parmi les marchands ambulants : le vendeur de thé, le peintre d'orchidées, le marchand de jouets, le joaillier. Il dénicha enfin un miroir rond, en bronze, copie de ces miroirs anciens des Han appelé « cheval des mers et grappes de raisin ».

Revenu au village, il court chez sa belle pour la revoir et lui remettre son présent. Toute heureuse, la jeune fille le reçoit, puis ouvre le paquet en l'absence de son fiancé, comme il est de coutume, et regarde le métal poli qu'elle voit pour la première fois ; elle s'effondre en larmes dans les bras de sa mère. Celle-ci, consternée, s'étonne et lui dit : « Mais pourquoi pleures-tu ? Ton futur mari a pensé à toi, à la ville ; il t'a rapporté un beau cadeau ». « Certainement, sanglota-t-elle encore émue, en se regardant dans le miroir de bronze, mais je sais qu'il ne m'aime plus. Il est revenu de Bian-liang avec une jolie femme ». Sa mère prit l'objet rond, s'y mira à son tour et s'exclama : « Bien sûr, il a ramené une femme, mais je la trouve bien plus vieille que toi ».

Tout s'arrangea finalement, et le mariage des jeunes gens eut lieu au début du printemps. Un mariage beaucoup plus simple, bien sûr, que celui décrit tout à l'heure.

Nos jeunes époux ne perdirent pas l'habitude de faire une promenade au clair de lune pour admirer le ciel étoilé. Un soir, on était le 2e jour du 4e mois de la troisième année du règne de l'empereur Zheng-zong, nous dirions aujourd'hui le 1er mai 1006, la nuit était limpide, et le jeune couple sortit après dîner. Il fut frappé par la clarté extraordinaire d'une étoile, au sud du firmament, étoile qu'il n'avait pas remarquée les jours précédents. La jeune femme murmura à son compagnon : « Cette étoile est apparue spécialement pour nous, elle est signe de bonheur. »

Ils n'étaient pas les seuls à avoir observé cette étoile, ce soir-là. Quelques jours plus tard, à Bian-liang, le directeur du Bureau astronomique impérial se présenta à l'empereur pour lui annoncer qu'à la première veille du 2e jour du 4e mois, une grande étoile de couleur jaune (couleur de l'empereur Zheng-zong), était apparue, à l'Est de la constellation Ku-lou et à l'Ouest de la constellation Chi-kuan, dans le troisième degré à l'Est de Di. Comme le rapportent les chroniqueurs, sa luminosité avait peu à peu augmenté ; elle brillait tellement que l'on pouvait la nuit distinguer les objets à sa lumière. L'apparition d'une telle étoile était considérée comme un présage dont il importait de déterminer la signification exacte pour la prospérité ou le malheur de l'empire. Chou Ko-ming, directeur du bureau du printemps, c'est-à-dire ministre des cérémonies et des rites, petit-fils du grand astrologue Chou-chien, revenait de mission. Sa biographie rapporte qu'il se présenta aussitôt devant l'Empereur et lui dit : « J'ai vérifié les observations astronomiques et les présages ; leur interprétation est claire. La nouvelle étoile doit être appelée une "chou-po", elle est jaune et resplendissante comme notre dynastie. Son apparition apportera la paix et la prospérité dans les pays où elle est visible, car c'est une étoile de bon augure. Sur mon chemin de retour, j'ai entendu que le peuple et les courtisans s'inquiètaient de cette apparition. Votre humble serviteur suggère à Votre Majesté que les fonctionnaires civils et militaires soient autorisés à célébrer cette étoile pour que les esprits se tranquillisent. » Le directeur du Bureau du Printemps avait baptisé l'étoile nouvelle chou-po, duc de Chou (le modèle de la sagesse pour Confucius) et non pas ke-xing, étoile-hôte, nom généralement attribué aux étoiles nouvelles. L'Empereur approuva aussitôt cette proposition, les officiers et fonctionnaires présents s'inclinèrent pour féliciter le souverain. L'Empereur ajouta aux fonctions de Chou Ko-ming le titre de bibliothécaire du palais et escorte du prince impérial. Après un traité de paix qui venait d'être signé avec les états barbares, l'année 1006 marqua le début d'une longue période de calme pour l'empire des Song. L'étoile de bon augure fut visible, jusqu'au huitième mois au cours duquel elle disparut derrière l'horizon. Au cours du 11e mois, elle réapparut dans la portion du ciel appelée Di. Il semble qu'elle resta visible, tout en diminuant progressivement d'éclat, pendant environ deux ans.

L'astronomie, qui servait de base à l'établissement du calendrier, était, en Chine, intimement liée à l'astrologie, aux prédictions des événements heureux et des calamités. L'Empereur était le conservateur suprême des lois du ciel dont il était le représentant sur terre. Comme l'a si bien rappelé l'astronome et physicien français Jean-Baptiste Biot, le système d'observation employé était en usage depuis environ 20 siècles avant l'ère chrétienne et s'était invariablement perpétué jusqu'au début des temps modernes. L'étude constante du ciel était considérée comme un rouage du gouvernement et un office de l'administration.

L'astronome impérial, ayant un nombre prescrit d'employés sous ses ordres, était officiellement chargé de signaler tout événement inhabituel dans le ciel ; il devait observer les astres au moment de leur passage par le méridien et noter la place qu'ils occupaient dans les divisions équatoriales du ciel. 28 étoiles, choisies comme fondamentales, toujours les mêmes au cours des siècles, servaient ainsi à définir les limites de 28 tranches, de dimensions inégales, de la voûte céleste. Ces tranches, les xiu, que l'on pourrait traduire par mansions ou hôtelleries, permettaient de repérer la position de chaque astre au firmament. Di, dans laquelle apparut la nouvelle étoile de 1006, est l'une de ces 28 divisions (voir p. 206). Parmi les instruments de mesure utilisés depuis la plus haute antiquité, à côté du gnomon, on trouvait un plan poli dressé verticalement selon la direction du méridien et une horloge à eau permettant de déterminer l'intervalle de temps qui s'écoulait entre les passages de l'étoile de référence et de l'étoile à observer. L'astronome impérial devait, en particulier, par extrapolation des observations journalières, prédire une éclipse de Lune ou de Soleil. Alors l'Empereur et sa cour s'y préparaient par le jeûne. « Au jour marqué, les mandarins se rendaient au Palais avec l'arc et la flèche. Quand l'éclipse commençait, l'Empereur lui-même battait, sur le tambour du tonnerre, le roulement du prodige, pour donner l'alarme. En même temps, les mandarins décochaient leurs flèches vers le ciel pour secourir l'astre éclipsé. »

Par ailleurs, un astrologue en titre, assisté de ses employés propres, était chargé d'interpréter les observations et de noter les changements survenus.

Au Japon, on en était à l'âge d'or de la période Heian. La famille Fujiwara exerçait la régence à Kyoto. La *Chronique Meigetsuki* rapporte que, la troisième année de l'ère Kanko, à la tombée de la nuit, vers le Sud, une étoile-hôte très brillante apparut. Peu après, derrière le rideau qui séparait traditionnellement l'Empereur de ses sujets, le deuxième ministre lut différents rapports sur cette étoile. Une décision devait être prise sur sa signification. Une autre chronique explique que le cabinet impérial ordonna qu'une divination fut pratiquée concernant cette apparition ; des offrandes furent présentées sur vingt-et-un autels. Quelques jours plus tard, le Général en second vint demander une amnistie en raison de la nouvelle étoile.

A la même époque, les pays arabes s'étendaient de la Perse à l'Espagne. A l'Est régnaient les Abassides, sur l'Afrique du Nord les Fatimides ; le Sud de l'Espagne, en pleine prospérité, constituait le califat de Cordoue. Ali Ibn Ridwan était un médecin et un polémiste connu du XIe siècle ; issu d'une famille très modeste de la région du Caire, il eut une jeunesse difficile. Autodidacte, il dut gagner sa vie en faisant des prédictions astrologiques. Il écrit que, au début de ses études, alors qu'il vivait à Fastat, la capitale des Fatimides, en Egypte, il vit un spectacle étonnant : l'apparition d'une étoile, dans le quinzième degré de la constellation du Scorpion. Elle était près de trois fois plus grande que Vénus. Le ciel brillait à cause de sa lumière et son intensité pouvait être estimée à un quart de celle de la Lune. C'était une étoile fixe, se déplaçant avec sa constellation. Ali Ibn Ridwan donne, avec précision, la position de la Lune et des planètes, ce jour-là.

La même observation est consignée dans les *Annales Regum Mauritaniae* qui relatent qu'en l'an 396 de l'Hégire, une étoile très brillante fut aperçue avant le coucher du Soleil. Elle fut visible pendant six mois. Le texte ajoute que le signe zodiacal du Scorpion étant de mauvais augure dans la religion islamique, il y eut, peu après, de grandes guerres, des sécheresses et des famines.

Quant à l'Europe, elle était alors en plein Moyen-Age. Les préoccupations des hommes n'étaient pas précisément tournées vers l'observation rigoureuse du ciel. A l'Ouest, en Normandie, Guillaume le Conquérant n'était pas encore né. Le fils d'Hugues Capet, Robert II le Pieux, régnait sur le domaine royal de l'Ile-de-France, qui ne dépassait pas beaucoup la région de Paris et d'Orléans ; Thibault File-Etoupe s'apprêtait à construire la Tour de Monthléry pour contrôler l'acheminement du blé vers Paris. Etienne Ier (Saint-Etienne) venait d'être couronné roi de Hongrie, et Vladimir Ier, connu sous le nom de Soleil Clair, régnait sur le royaume de Kiev. Sven à la barbe fourchue christianisait le Danemark. Ce qui devait devenir l'Allemagne, la Suisse et l'Italie du Nord était terre du Saint Empire romain germanique. En 1006, Henri II régnait sur cet immense territoire.

Les lieux de civilisation, de recueillement et d'observation étaient alors les monastères. Les annales du monastère Sainte-Sophie de Bénévent rapportent que, « la vingt-cinquième année de notre maître Pandolphe et dix-neuvième année de notre maître Landolphe », une étoile très brillante apparut, et une grande sécheresse dura trois mois.

L'abbaye de Saint-Gall, en Suisse, était alors la plus connue de la chrétienté. Fondée vers 614, elle venait d'être reconstruite et avait atteint son apogée. Elle donnait un enseignement à plus de trois cents étudiants attirés par sa réputation scientifique et religieuse. Les chroniques de cette abbaye, conservées jusqu'à nos jours, indiquent, qu'en l'an 1006, une étoile nouvelle, de dimension inhabituelle, apparut, particulièrement brillante et éblouissante, créant une certaine frayeur. On put la voir de l'abbaye pendant trois mois, à la limite Sud de l'horizon, au dessus de la chaîne de montagnes de l'Alpstein, dont le sommet, le Säntis, culmine à 2500 mètres.

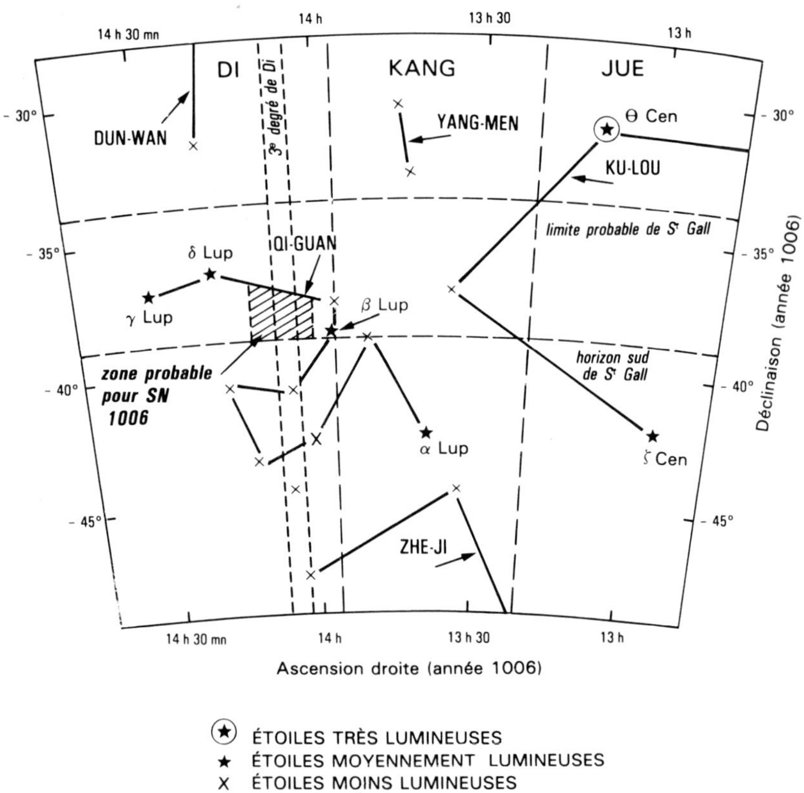

Carte de la portion du ciel où apparut la supernova de 1006 (avec les mansions et constellations chinoises et quelques dénominations modernes). L'emplacement probable de la supernova est hachuré (reconstitution d'après Clark et Stephenson).

L'étoile aperçue dans tous ces pays en l'an 1006 est la plus lumineuse des *supernovae* de notre galaxie dont l'observation a laissé une trace écrite. Elle n'était qu'à environ 3200 années-lumière de notre Terre. Elle était plus brillante que celle de 1054 (celle de la nébuleuse du Crabe), que celle de 1180, vue seulement en Extrême-Orient, que celle de 1572 décrite par Tycho Brahé — le premier à baptiser ce phénomène *stella nova* (nouvelle étoile) —, que celle de Kepler, en 1604, ou encore que celle retrouvée récemment sur une carte du ciel établie en 1680. Six étoiles de ce type ont été ainsi observées dans notre galaxie, au cours de ce millénaire. Grâce aux mesures chinoises et à la hauteur au-dessus de l'horizon rapportée par les moines de Saint-Gall, les astronomes anglais David H. Clark et F. Richard Stephenson ont pu déterminer les coordonnées astronomiques de la supernova de 1006, dans la constellation du Loup.

Vers 1920, les astronomes s'étaient rendu compte que certaines étoiles nouvelles qui avaient été observées dans des nébuleuses lointaines comme celle d'Andromède, étaient beaucoup plus brillantes que l'ensemble de la nébuleuse dont elles faisaient partie. Ils en avaient conclu que ces novae, apparues dans d'autres galaxies que la nôtre, étaient du même type que celles observées par les astronomes chinois, par Tycho Brahé ou par Kepler. Il ne pouvait s'agir que d'explosions gigantesques. Le nom de supernova a été introduit, pour la première fois, par Fritz Zwicky, en 1931, dans un cours au Caltech, l'Institut de Technologie de Californie. Walter Baade et F. Zwicky ont suggéré, en 1934, que cette augmentation soudaine et considérable de l'éclat d'une étoile lointaine était une nouvelle classe de phénomène. Zwicky entreprit systématiquement la recherche des supernovae lointaines. On en connaît aujourd'hui plusieurs centaines et on en signale environ dix par an. Une seule étoile qui explose peut être plus brillante qu'une galaxie de plusieurs dizaines de milliards d'étoiles.

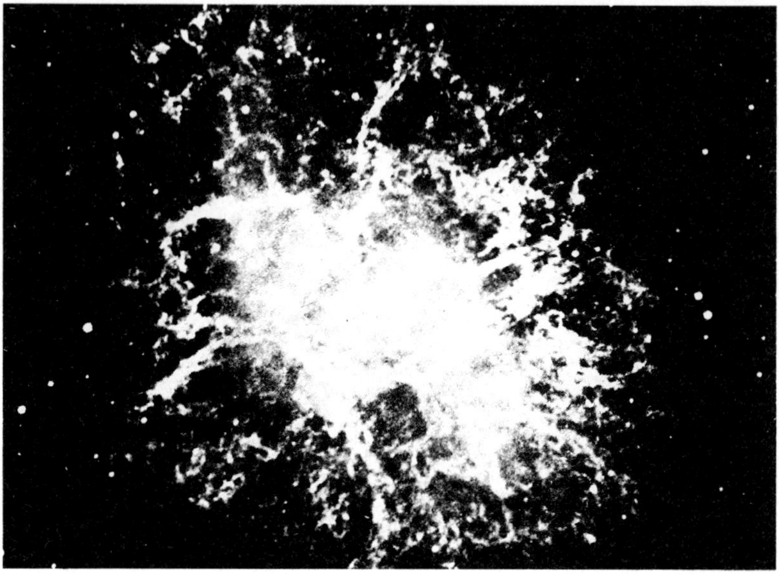

Nébuleuse du Crabe, résidu de l'explosion de la supernova de 1054.

L'âge de la Terre et du Soleil

Quel est le mécanisme de ces prodigieuses explosions ? D'où provient l'énergie colossale ainsi libérée, dont la lumière ne constitue qu'une petite partie ? C'est la physique nucléaire qui va nous apporter la réponse.

Quand on eut déterminé les différentes familles radioactives naturelles existant sur terre et que leur évolution dans le temps eut été bien comprise, on pensa que la radioactivité naturelle pouvait constituer une horloge géophysique permettant de déterminer l'âge de la formation des minéraux. La composition des roches en éléments lourds et en leurs différents isotopes n'est pas constante au cours du temps. La période du thorium 232 est de 14 milliards d'années ; en décroissant, il finira — passant par différents éléments intermédiaires — par se transformer complètement en un isotope stable du plomb, le plomb 208 ; celle de l'uranium 238 est d'un peu moins de quatre milliards et demi d'années ; en décroissant, il donnera un autre isotope stable du plomb, le plomb 206. L'uranium 235 a une période, nettement plus courte, de 700 millions d'années ; il n'est pas étonnant, dans ces conditions, que sa proportion ne soit aujourd'hui que de 0,7% par rapport à l'uranium 238 ; il se transforme finalement en plomb 207. La période du potassium 40 est de 1,28 milliard d'années ; sa proportion dans le potassium naturel est extrêmement faible ; il se transforme notamment en argon 40 stable. On a pu mesurer les proportions d'accumulation des différents isotopes du plomb et, par ailleurs, de l'argon 40 dans certaines roches anciennes et, de là, déduire leur âge. On peut penser que, à cette époque reculée de la formation des roches, les deux isotopes 235 et 238 de l'uranium étaient à peu près aussi abondants l'un que l'autre ; leur abondance relative constitue ainsi une méthode de datation. Une autre méthode de mesure plus récente repose sur la teneur des roches de la Terre et des météorites en rubidium 87, en strontium 87 et en strontium 86. Toutes ces déterminations sont concordantes, aux erreurs expérimentales près, et permettent de fixer l'âge de la formation de la Terre, à environ 4,5 milliards d'années.

Notre Terre reçoit de la chaleur du Soleil, mais elle en perd davantage par rayonnement dans l'espace. Elle se refroidirait donc relativement rapidement à l'échelle astronomique s'il n'y avait pas apport d'une énergie de compensation. Au siècle dernier, le naturaliste anglais Charles Darwin avait fait remarquer que le développement de l'intelligence à partir des micro-organismes les plus primitifs demandait, au minimum, un milliard d'années. Le physicien anglais Lord Kelvin pensait que le refroidissement de la Terre pouvait être ralenti par la libération progressive de l'énergie résultant de la contraction par gravitation du globe terrestre ; il parvenait ainsi à un âge de 100 millions d'années. Cependant, la découverte des corps radioactifs naturels montra qu'il y avait là une source de chaleur très importante qui nous obligeait à revoir complètement les idées sur l'équilibre thermique de notre globe. Bien sûr, nous ne connaissons réellement la proportion d'éléments radioactifs dans les minéraux qu'à la surface de la Terre et nous ne pouvons faire que des hypothèses sur la radioactivité en profondeur. Marie Curie, en 1934, se demandait si la Terre, de ce fait, ne se réchauffait pas lentement.

Notre globe ne reçoit qu'une toute petite partie de l'énergie rayonnée par le Soleil, car il en est situé à une distance de quelque 150 millions de kms, et la lumière solaire met un peu plus de huit minutes à nous parvenir. L'énergie rayonnée par le Soleil est considérable. Cette émission dure depuis 4,5 milliards d'années et devrait se poursuivre encore pendant autant de temps environ. Les savants s'étaient toujours demandé quelle était l'origine de cette gigantesque énergie, en apparence inépuisable. L'énergie des réactions chimiques était bien insuffisante, et l'énergie de gravitation ne semblait pas correspondre aux échelles de temps observées. Ce sont les astronomes et les physiciens A.S. Eddington, H.N. Russell, ainsi que J. Perrin, qui dès 1919-1920, ont émis l'idée que le rayonnement des étoiles pouvait avoir une origine nucléaire. Des calculs furent faits sur cette base dans les années trente. A partir de là, les travaux de H.A. Bethe, dès 1939, F. Hoyle, en 1946, G. Gamow, en 1950, E. et G. Burbidge, W. Fowler et F. Hoyle en 1957, nous ont permis de comprendre l'origine réelle de l'énergie solaire et de celle des étoiles. La masse du Soleil est un peu plus de 300 000 fois celle de la Terre. Sa composition chimique est surtout connue par les mesures de spectroscopie dans le domaine de la lumière visible, infrarouge et ultraviolette. Nous savons ainsi que le Soleil contient environ 73 % d'hydrogène, 25 % d'hélium et 2 % d'éléments plus lourds (que les astrophysiciens appellent « métaux »). Nous allons voir que, dans certaines conditions, quand la température est suffisamment élevée, des réactions nucléaires se produisent entre les noyaux des éléments formant le Soleil, et sa matière brûle ainsi lentement en se transformant au cours des temps.

Einstein a montré qu'il y avait équivalence entre masse et énergie ; cette équivalence est impressionante à l'échelle humaine. Par exemple, un kilogramme de matière, s'il était converti entièrement en énergie, donnerait 25 milliards de kilowatts-heure, c'est-à-dire près de 10 % de la consommation française d'énergie électrique pendant un an. Un noyau atomique est formé de protons et de neutrons qui perdent un peu de leur masse en se combinant les uns avec les autres. C'est, comme on vous l'a déjà dit, l'énergie de liaison du noyau. Un noyau d'hélium est formé de deux protons et de deux neutrons, un édifice particulièrement stable ; l'énergie de liaison de l'hélium 4 représente environ 7/1000 de la masse totale de ce noyau. Reprenons le diagramme (voir page 154) donnant l'énergie de liaison par nucléon des noyaux, en fonction de leur nombre de masse. Ce diagramme nous révèle un certain nombre de faits remarquables. Les noyaux les plus stables sont ceux du fer, proches du nombre de masse 60. Les noyaux plus lourds et les noyaux plus légers sont relativement moins liés, ce qui signifie qu'on gagne de l'énergie lorsqu'un noyau très lourd se divise en deux (fission) ou bien lorsque deux noyaux légers fusionnent. Sur le diagramme apparaissent aussi des pics pour quelques noyaux légers dont le nombre de masse est multiple de quatre : l'hélium 4, le carbone 12, l'oxygène 16, le néon 20, le silicium 28 en sont des exemples. Ces noyaux sont ainsi plus liés que leurs voisins ; ils vont donc jouer un rôle particulièrement important dans les réactions nucléaires ayant lieu dans les étoiles. Cependant, pour qu'une réaction nucléaire ait lieu entre deux noyaux possédant chacun une charge électrique positive, il faut vaincre la répulsion qui s'exerce entre charges de même signe, ce que l'on appelle la répulsion coulombienne. Pour cela, il faut que les deux noyaux acquièrent une énergie initiale minimum l'un par rapport à l'autre, pouvant résulter d'un échauffement à une température suffisamment élevée.

Les réactions nucléaires qui ont lieu dans les étoiles ont donc trois caractéristiques fondamentales :

- les réactions de fusion entre noyaux légers libèrent beaucoup d'énergie ;
- pour qu'elles puissent avoir lieu, il faut que les noyaux qui réagissent soient portés à une température suffisante, d'où le nom de *réactions thermonucléaires* ;
- l'élévation de température est apportée par une partie de l'énergie gravitationnelle libérée par la contraction de la matière formant l'astre ; l'autre partie est rayonnée. C'est une manifestation de la gravitation universelle découverte par Newton.

Je ne vais pas vous décrire en détail toutes les réactions nucléaires qui ont lieu dans le Soleil. Deux cycles sont en concurrence. La première chaîne de réactions thermonucléaires que l'on a imaginée est le cycle du carbone, découvert indépendamment par C.F. von Weizsäcker et par H.A. Bethe en 1938-1939 ; le carbone y joue un rôle de catalyseur, permettant à quatre protons de s'unir pour former un noyau d'hélium quatre. Ce cycle, très important dans certaines étoiles, ne joue cependant qu'un rôle modeste dans le Soleil.

La chaîne prépondérante — celle qui fournit plus de 98 % de l'énergie du Soleil — est ce que l'on appelle la chaîne proton-proton (ci-dessous). Elle a été proposée par H.A. Bethe et C.L. Critchfield, en 1938, puis complétée par d'autres astrophysiciens comme E. Schatzman et W. Fowler dans les années cinquante. C'est une suite de réactions nucléaires, dont la première, correspondant à la fusion de deux protons, est la plus lente, ce qui explique pourquoi le Soleil brûle aussi longtemps. Cette réaction, en effet, procède par interaction faible, l'interaction qui gouverne la radioactivité bêta. Sa section efficace, sa probabilité, est plus d'un mil-

	Réactions	Pourcentage
	$p+p \rightarrow {}^2H + e^+ + \nu$	(99,75 %)
	ou	
	$p+e^- +p \rightarrow {}^2H + \nu$	(0,25 %)
	${}^2H + p \rightarrow {}^3He + \gamma$	(100 %)
I.	${}^3He + {}^3He \rightarrow {}^4He + 2p$	(86 %)
	ou	
II.	${}^3He + {}^4He \rightarrow {}^7Be + \gamma$	
	${}^7Be + e^- \rightarrow {}^7Li + \nu$	(14 %)
	${}^7Li + p \rightarrow 2\ {}^4He$	
	ou	
III.	${}^7Be + p \rightarrow {}^8B + \gamma$	
	${}^8B \rightarrow {}^8Be^* + e^+ + \nu$	(0,015 %)
	${}^8Be^* \rightarrow 2\ {}^4He$	

Réactions thermonucléaires dans le Soleil : chaîne proton-proton proposée par H.A. Bethe et C.L. Critchfield en 1938.

liard de milliards de fois plus faible que celle d'une réaction nucléaire ordinaire rapide. On l'écrit : $p + p \rightarrow d + e^{+} + \nu$, qui conduit à la formation d'un noyau de deutérium et à l'émission d'un électron positif et d'un neutrino ; ce dernier, je vous le rappelle, est une particule sans charge électrique et d'une masse nulle ou extrêmement petite, mais dotée d'énergie. Cette réaction est suivie d'autres fusions qui conduisent finalement à la formation d'un noyau d'hélium quatre. On pense que cette phase, pour une étoile de la masse du Soleil, dure à peu près dix milliards d'années.

Comment obtenir des renseignements directs sur ce qui se passe à l'intérieur du Soleil ? Une première série d'expériences a permis de mettre en évidence le flux de neutrinos solaires d'une des réactions de la chaîne proton-proton. Ces expériences se poursuivent actuellement. Une autre méthode consiste à déterminer les ondes, les vibrations acoustiques, provenant des profondeurs du Soleil, que l'on peut observer à sa surface. Ce mouvement de houle peut se mesurer par le déplacement vers le rouge ou vers le bleu de la lumière émise par cette surface en mouvement.

Nous avons vu que, dans le système solaire, l'hydrogène d'abord, puis l'hélium, sont de loin les éléments les plus abondants. Le Soleil est en évolution constante, des éléments chimiques se transformant les uns dans les autres par réaction nucléaire. Ceci, pense-t-on, s'applique également à tout l'Univers, car notre Soleil n'est qu'une étoile relativement ordinaire parmi d'autres du même type.

Géantes rouges, naines blanches...

Comment se fait-il que certaines étoiles explosent soudainement, libérant une énergie, que l'on peut chiffrer à plus de 10^{51} ergs, apparaissant sous forme d'énergie cinétique de la matière projetée et d'énergie de tous les rayonnements électromagnétiques ? Excusez-moi de vous parler d'ergs — et parfois aussi de centimètres et de grammes — mais ce sont là des unités employées couramment par les astrophysiciens. Un erg est 1/10 000 000 de joule, l'énergie de l'explosion d'une supernova est donc de l'ordre de 10^{44} joules, soit 100 millions de milliards de milliards de milliards de milliards de joules. On se rend difficilement compte de l'énormité de ce nombre ! La supernova typique passe, en général, après quelques heures ou quelques jours par un maximum de brillance, puis sa luminosité diminue en quelques mois, voire en un ou deux ans, pour disparaître enfin.

La supernova est le résultat d'évolutions stellaires particulières, correspondant à une succession de réactions de fusion thermonucléaires et à des périodes plus brèves de contraction gravitationnelle. La première combustion est celle de l'hydrogène qui, nous l'avons vu pour le Soleil, forme de l'hélium. Dans cette phase, qui dure un temps très long, l'étoile est en équilibre, la contraction gravitationnelle étant contrebalancée par la libération d'énergie nucléaire (sous forme de particules ou de rayonnements). Quand une quantité très importante d'hélium a été formée au coeur de l'étoile, la réaction de fusion d'hydrogène s'épuise, l'équilibre est rompu, le coeur de l'étoile se contracte par gravitation, ce qui a pour effet une augmentation de température d'un facteur environ dix. Simultanément, l'enveloppe stellaire, encore riche en hydrogène, continue à brûler par l'intérieur en se dilatant considérablement. L'ensemble forme alors ce que l'on appelle une géante rouge. Une nouvelle réaction thermonucléaire est alors possible dans le cœur de l'étoile : celle de la combustion de l'hélium pour former du carbone. Il n'existe pas de noyau stable de masse cinq ou de masse huit, et il est nécessaire que trois noyaux d'hélium s'unissent pour former un noyau de carbone. La probabilité d'un tel processus n'est pas très grande ; l'astronome anglais Fred Hoyle, qui s'efforçait d'expliquer ainsi l'évolution des géantes rouges, arriva à la conclusion que cette réaction devait passer par un état excité, encore inconnu, du carbone 12, dont il prédit les propriétés. Il proposa, en 1953, lors d'une visite aux physiciens du laboratoire de l'Institut de Technologie de Californie, de rechercher cet état. En peu de temps, ceux-ci découvrirent que l'état prévu par F. Hoyle existait bel et bien. Ce fut l'un des premiers grands succès expérimentaux de l'astrophysique nucléaire.

Une nouvelle phase de stabilité et d'équilibre se produit alors, plus courte cependant que celle de la fusion de l'hydrogène. Les mêmes processus se répètent : quand l'hélium est en grande partie épuisé au centre, la gravitation de nouveau l'emporte. Il y a contraction, nouvelle élévation de température et ce sont les noyaux de carbone qui peuvent alors fusionner, produisant du néon. Le carbone est devenu maintenant le combustible qui donne naissance à des cendres de néon. Les cendres de chaque phase deviennent ainsi le combustible de la phase suivante, à condition que l'augmentation de température, résultant de la contraction du cœur, soit suffisante pour enflammer les cendres. Les phases suivantes sont de plus en plus courtes : la fusion du carbone est suivie par des réactions de fusion du néon, conduisant à la production d'oxygène qui lui même brûle rapidement, donnant du silicium. Ce dernier, à son tour, se consume très vite, car toutes les voies de réaction sont maintenant ouvertes, à une température du cœur de plusieurs milliards de degrés. Les noyaux de silicium se combinent pour donner des noyaux de fer (essentiellement de fer 56) et des noyaux voisins. L'étoile a alors une structure « en oignon ». Le centre est formé de fer. Autour de ce coeur, on trouve la succession Si, O, Ne, C, He et H, laissant subsister cependant certains mélanges. Mais seules les étoiles les plus massives parviennent à ce stade. Ce sont elles qui se consument le plus rapidement et ont, par conséquent, la vie la plus brève.

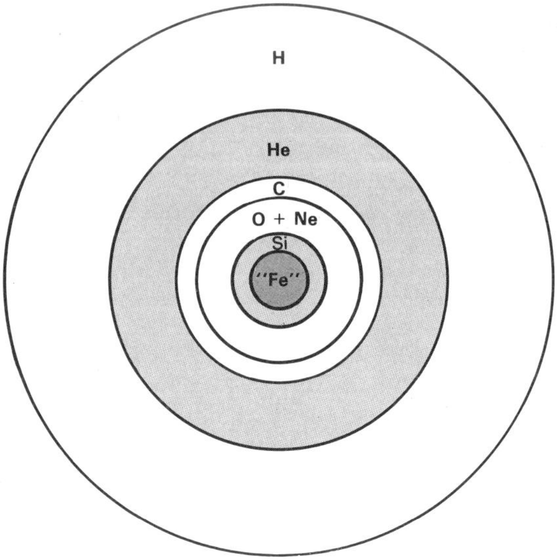

Structure en oignon d'une étoile massive avant son implosion.

Le Soleil, par contre, devrait s'arrêter à l'étape de la fusion de l'hélium, car l'énergie gravitationnelle ne serait pas assez grande pour aller plus loin. Les petites étoiles, comme le Soleil, lorsque tout leur combustible est épuisé, se contractent lentement et forment alors ce que l'on appelle des naines blanches, de faible luminosité. Dans ce cas, la contraction gravitationnelle est compensée par la résistance qu'opposent les électrons des atomes ; en effet, lorsque la pression au centre de l'étoile augmente, conduisant à un accroissement de la densité, le vide entre atomes voisins se réduit, les électrons se rapprochent et leur répulsion s'oppose à une contraction gravitationnelle supplémentaire, entraînant un nouvel équilibre.

Un physicien américain d'origine indienne, Subrahmanyan Chandrasekhar, a montré que cet équilibre ne se maintient que lorsque la masse de l'étoile est inférieure à ce que l'on appelle aujourd'hui *la masse de Chandrasekhar*. Lorsque le nombre d'électrons est égal à la moitié de celui des nucléons des atomes formant l'étoile, cette masse est égale à 1,4 masse solaire. Au delà d'une telle masse, les électrons « ne tiennent plus le coup », et l'étoile s'effondre sous l'action de sa propre gravité, conduisant à une supernova.

Les astrophysiciens ont distingué deux types de supernovae, que l'on a baptisés type I et type II. Dans le premier, on n'observe pas, dans les spectres émis, la raie caractéristique de l'hydrogène, alors qu'elle apparaît dans le deuxième cas. Cette distinction ne nous permet pas de savoir, avec certitude, à quels types appartenaient les supernovae dites historiques, c'est-à-dire celles observées dans notre galaxie jusqu'au XVIIe siècle. On pense cependant que les supernovae de Tycho Brahé et de Kepler seraient du type I et celles de 1054 et de 1181 plutôt du type II. Celle de 1006 pourrait être de l'un ou de l'autre type.

Une supernova de type II résulte d'une étoile très massive (plus de huit ou dix fois la masse solaire), à évolution rapide. En fin d'évolution, une telle étoile a la structure en oignon décrite tout à l'heure ; elle est entourée d'une enveloppe géante où l'hydrogène et l'hélium continuent de brûler ; son coeur est composé de noyaux de fer. Le fer étant le noyau le plus stable, il ne peut pas y avoir de nouvelles réactions de fusion. A ce stade, le cœur, à une température de plusieurs milliards de degrés, a un rayon de quelques milliers de kilomètres, de l'ordre de celui de la planète Mars.

Lorsque la masse du cœur de fer formé vient dépasser la masse critique de Chandrasekhar, une dernière contraction a lieu ; l'augmentation d'énergie permet la capture d'électrons par les noyaux, ce qui, réduisant leur nombre, a pour effet d'accélérer l'effondrement. Le processus est tellement rapide que seul le coeur s'effondre ; tout le reste de l'étoile n'a pas le temps de suivre ! La nouvelle augmentation de température conduit à un écrasement et à une dissociation des noyaux de fer en leurs constituants, protons et neutrons. Les protons capturent les électrons, formant des neutrons : $p + e^- \rightarrow n + \nu$; dans cette radioactivité inverse sont alors émis un très grand nombre de neutrinos, qui tout d'abord, à cause de la très grande densité de matière atteinte, ne peuvent plus s'échapper librement. On pense qu'il se forme alors un gigantesque noyau de matière nucléaire contenant une partie de la masse de l'étoile.

A ce stade, qui est atteint très rapidement, la contraction ne peut pas aller plus loin. En effet, les nucléons libres sont maintenant au contact les uns des autres : la densité atteinte est énorme, la région où les forces nucléaires sont attractives est dépassée ; à très courte distance, ces forces

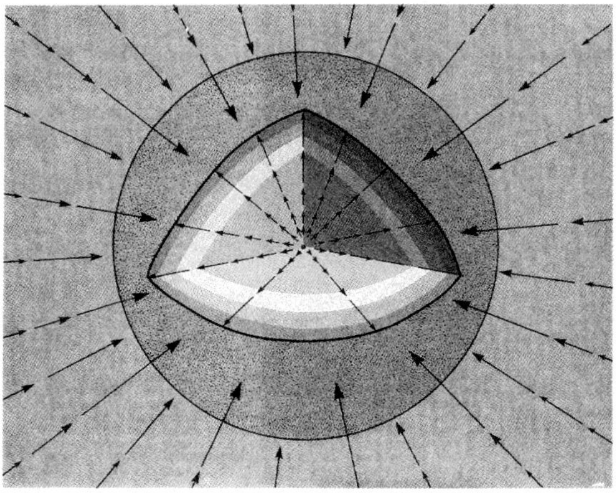

Implosion, rebond et onde de choc dans une supernova.

deviennent répulsives. Par suite de cette répulsion extrêmement forte et de l'action du principe de Pauli qui empêche deux protons ou deux neutrons d'occuper le même état, l'effondrement de la matière nucléaire s'arrête brutalement ; celle-ci rebondit avec violence en quelques centièmes de secondes ; elle rencontre alors, dans une zone intermédiaire du cœur, là où la vitesse d'effondrement est la plus grande, la matière des couches externes qui continue à « tomber » vers le centre. Ceci provoque la formation d'une onde de choc se propageant vers l'extérieur.

C'est l'explosion de l'étoile, projetant une grande partie de sa substance autour d'elle. Dans cette explosion, les noyaux qui « tombent » à grande vitesse sont complètement dissociés et les nouveaux protons libérés capturent à leur tour rapidement des électrons, produisant de grandes quantités de neutrinos qui, maintenant, soudainement, peuvent s'échapper de l'étoile. Selon une autre hypothèse, ces neutrinos chaufferaient d'abord la matière très dense qui les entoure avant d'être réémis au bout de quelques secondes. Dans les deux cas, il y aurait un gigantesque jaillissement de neutrinos. L'étoile peut avoir vécu des millions d'années, l'effondrement du cœur se produit en une seconde environ, et l'étoile est désagrégée en quelques heures.

On pense qu'il subsiste alors au centre de la supernova une masse de matière extrêmement dense, de plus de 2.10^{14} g/cm^3, formée à plus de 95 % de neutrons. C'est l'*étoile à neutrons*, de quelques kilomètres de diamètre, qui tourne très rapidement sur elle-même. Landau avait imaginé l'existence de telles étoiles, dès la découverte du neutron, en 1932. A la surface d'une étoile à neutrons, l'action de la pesanteur est plus de cent milliards de fois ce qu'elle est à la surface de la Terre, et l'énergie de liaison d'un fragment de matière correspond au dixième environ de sa masse au repos ! Une étoile de ce type, entourée d'un champ magnétique intense, est observée sous forme d'un *pulsar*, dont nous voyons l'émission d'ondes radio, optiques ou de rayons X, formant des pulses, qui se succèdent à intervalles réguliers de quelques secondes ou d'une fraction de seconde de période, comme le ferait le faisceau lumineux d'un phare balayant la Terre. On a aussi formulé l'hypothèse que, dans certains cas, si l'étoile d'origine est très massive, l'effondrement gravitationnel pourrait finalement conduire à un *trou noir*, toute matière et tout rayon-

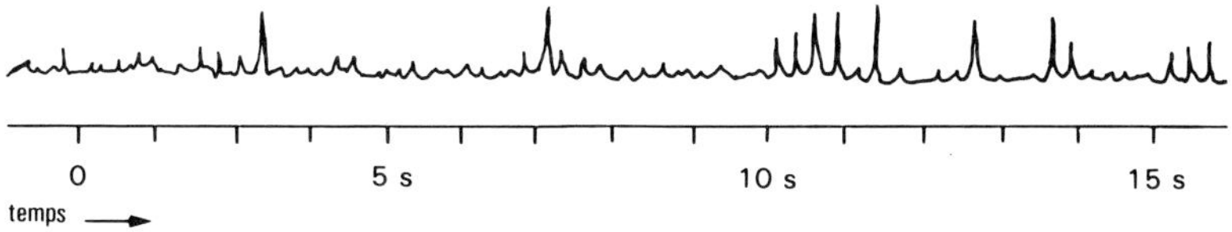

Rayonnement radio du pulsar CP0950 qui émet environ 4 pulses par seconde.

nement étant alors complètement absorbés dans un petit volume sans pouvoir ressortir.

Les supernovae de type I seraient, à l'origine, des étoiles moins importantes, de masse intermédiaire inférieure à huit fois la masse du Soleil. Plusieurs mécanismes ont été proposés, en particulier celui que je vais vous décrire. Au départ se trouve une naine blanche réduite à son coeur de carbone et d'oxygène, car des vents stellaires très forts ont chassé l'hydrogène et l'hélium des couches extérieures. La masse de cette naine blanche est inférieure à la masse critique de Chandrasekhar. Cependant, beaucoup d'étoiles sont, en fait, des étoiles doubles. Certains de ces couples sont formés d'une naine blanche et d'une étoile beaucoup plus jeune qui en est encore au stade de la combustion de l'hydrogène ou de l'hélium. Cette deuxième étoile peut devenir une géante rouge, et son enveloppe d'hydrogène en combustion se dilate considérablement. Le champ de gravitation de la naine blanche, dans un tel système binaire, peut attirer alors la matière de son compagnon, qui la recouvre peu à peu ; sa masse augmente, tandis que la combustion de l'hydrogène et de l'hélium se poursuit durant cette phase de transfert et d'accroissement. Dans ce processus d'accrétion, la masse peut, à un certain moment, dépasser la masse critique de Chandrasekhar ; il y a alors contraction, élévation de température et ignition de la réaction de fusion du carbone ; celle-ci conduit soit à une déflagration, soit à une détonation, suivie par la destruction de l'étoile et la dispersion complète de sa matière.

La courbe de lumière d'une supernova de type I est typique. Une augmentation initiale de brillance en quelques jours est suivie par une décroissance qui fait apparaître deux

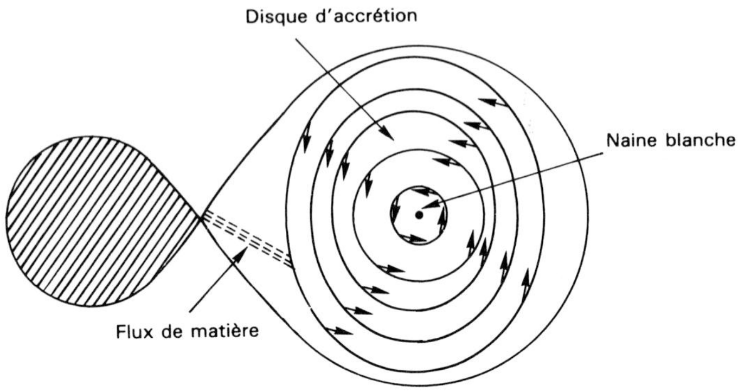

Accrétion, au sein d'un système binaire d'étoile double, conduisant à une supernova de type I. Le gaz provenant de l'étoile de gauche s'écoule vers naine blanche, au centre à droite.

périodes : la première de six jours et une seconde plus longue de 77 jours. On pense que cette évolution du rayonnement émis correspond à la formation d'une quantité très importante de noyaux de fer 56 résultant de la radioactivité du cobalt 56, provenant lui-même de la radioactivité du nickel 56 formé dans l'explosion (de l'ordre d'une masse solaire).

Lors d' une explosion de supernova, quel qu'en soit le type, une énorme bouffée de rayonnements et de particules de haute énergie, formant tout un spectre, est émise comme résultat de toutes les réactions nucléaires. Par ailleurs, la dispersion mécanique de la matière formant l'étoile conduit à son éjection dans l'espace à des vitesses pouvant atteindre plusieurs milliers de kilomètres par seconde. La masse projetée formera une nébulosité lumineuse géante, en expansion autour de ce qui peut rester de l'étoile. Cette dispersion de matière peut encore être observée plusieurs siècles après l'explosion, sous forme d'un résidu, comme la nébuleuse du Crabe, résidu de l'explosion de la supernova de 1054. On s'est efforcé d'identifier les résidus des différentes supernovae « historiques » de notre galaxie. Celle de 1006, d'après Clark et Stephenson, aurait pour résidu la radiosource G 3276 + 14,5. L'interaction de cette matière résiduelle avec la matière interstellaire produit des photons de toutes les longueurs d'ondes, depuis les ondes radio jusqu'aux rayons X, que l'on s'efforce de mesurer avec précision par des observations terrestres et à partir des sondes spatiales.

Beaucoup de questions n'étaient cependant pas résolues. On savait évaluer l'énergie énorme libérée par l'effondrement gravitationnel de la supernova, mais on ne retrouvait qu'une petite partie de cette énergie dans l'ensemble des rayonnements électromagnétiques et des projections de matière obervés. Les processus calculés sont tous de symétrie sphérique, mais les résidus de supernova observés dans la réalité sont fortement asymétriques, ce que l'on ne sait pas encore expliquer. D'autres mécanismes doivent donc intervenir.

Ces dernières années, on trouvait que la classification des supernovae, en type I et en type II, était trop simple. Quelques étoiles nouvellement apparues n'entraient pas facilement dans ce cadre. La raie de l'hydrogène caractérise bien

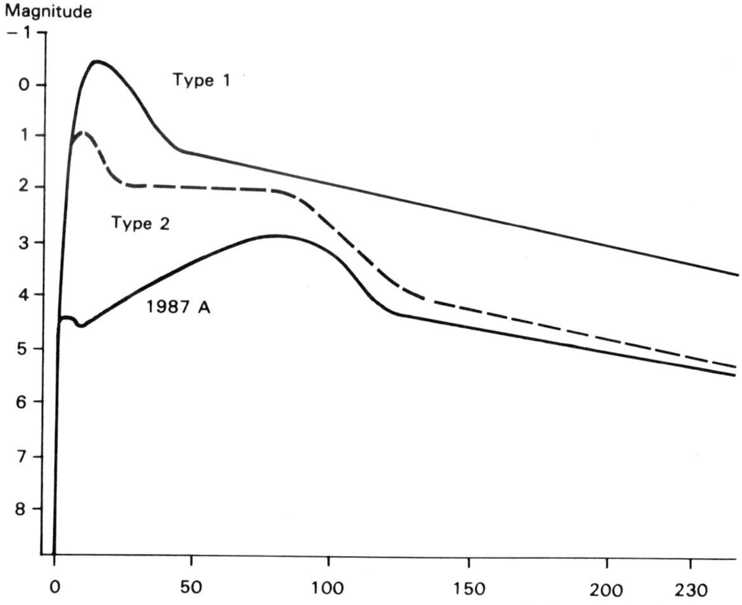

Luminosités typiques de supernovae de type I et de type II en fonction du temps (le zéro indique le moment de l'explosion). En comparaison, la luminosité de SN 1987 A en fonction du temps.

l'existence d'une enveloppe, mais cette enveloppe, dont l'hydrogène se consume, accompagne ou non le processus explosif, lui-même dominé soit par l'effondrement gravitationnel, soit par une forme d'explosion thermonucléaire. Ceci conduit à admettre des types de supernovae « hybrides » présentant des courbes de lumière différentes. Un grand nombre d'astrophysiciens, américains, français, allemands, japonais et soviétiques notamment, avaient entrepris des calculs théoriques élaborés sur ces questions.

Géantes bleues : la supernova de 1987

On était aux toutes premières heures de la journée du 24 février 1987, à l'Observatoire de Las Campanas, au Chili. L'astronome canadien Ian Shelton, de l'Université de Toronto, effectuait une photographie d'une petite portion du ciel, dans le Grand Nuage de Magellan. Ce nuage ressemble à une petite excroissance de la voie lactée — notre propre galaxie vue par la tranche. Il s'agit, en fait, d'une autre petite galaxie, satellite de la nôtre, observée pour la première fois dans l'hémisphère Sud par le grand navigateur portugais Fernand de Magellan, lors de son tour du monde en 1519-1521, comme l'a rapporté le chroniqueur italien de l'expédition, Antonio Pigafetta.

L'astronome canadien étudiait systématiquement le Nuage de Magellan, au moyen d'un petit télescope construit, il y a près de 70 ans, pour l'observatoire du Mont Wilson, en Californie. L'exposition de la plaque photographique prenait environ trois heures. Quelle ne fut pas sa surprise, en la développant, de voir apparaître une étoile extrêmement brillante, de magnitude cinq, qui n'existait pas sur les photographies des jours précédents. Il ne pouvait s'agir que d'une supernova. Peu auparavant, sur la terrasse de la coupole, un assistant de l'observatoire, Oscar Duhalde, qui regardait le ciel, avait vu aussi à l'oeil nu une étoile inconnue.

A des milliers de kilomètres de là, en Nouvelle-Zélande, un autre astronome, Albert Jones, expert des étoiles variables, aperçut également, en se promenant, le nouvel astre. Il alerta aussitôt l'un de ses amis à l'Observatoire anglo-australien, en Nouvelle-Galles du Sud.

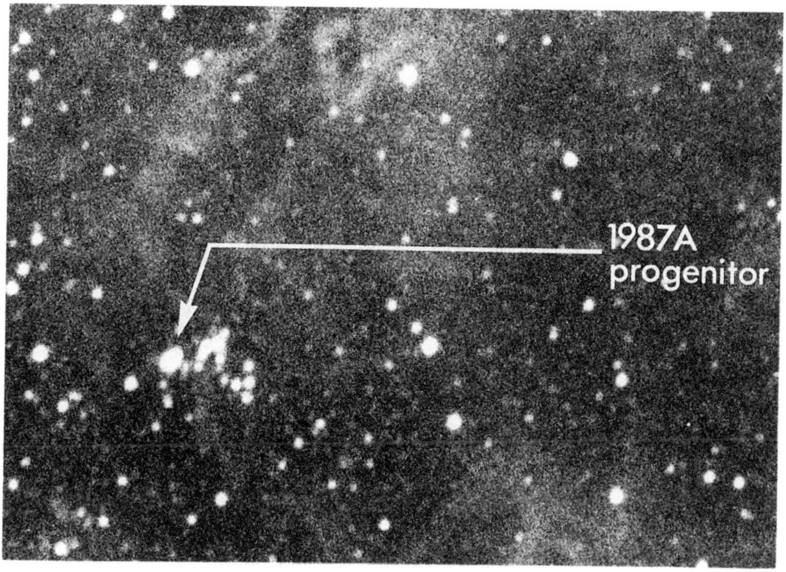

Partie du Nuage de Magellan photographiée en 1977. On distingue l'étoile d'origine de la supernova (European Southern Observatory).

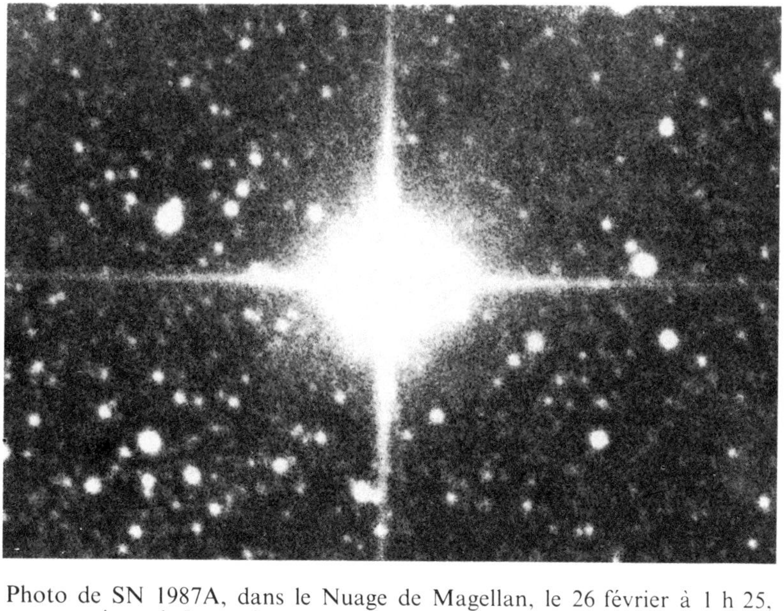

Photo de SN 1987A, dans le Nuage de Magellan, le 26 février à 1 h 25, temps universel. La croix est due à un effet d'optique (E.S.O.).

C'était la première supernova, proche de nous et visible à l'oeil nu, depuis près de quatre siècles. Sa distance à la Terre n'était que de 170 000 années-lumière ! Un télégramme de l'Union Astronomique Internationale fit connaître immédiatement la nouvelle à travers le monde. Conformément à la tradition, on l'appela SN 1987A.

Tous les télescopes disponibles de l'hémisphère Sud se dirigèrent vers l'étoile-hôte nouvellemment apparue. Moins de 14 heures après sa première observation, le satellite d'exploration international dans l'ultra-violet obtenait les premiers spectres de courte longueur d'onde. Il fallait agir vite car, dans cette partie du spectre, le rayonnement diminuait rapidement : la supernova changeait de couleur avec le temps. Des spectres furent mesurés à toutes les longueurs d'onde. On observa une émission intense de la raie caractéristique de l'hydrogène, indication d'une supernova de type II.

On s'efforça d'identifier l'étoile d'origine qui avait explosé ; après un débat animé et une analyse précise des photos dont on disposait, on constata qu'il devait s'agir de la super-géante bleue SK -69°202 du catalogue établi par l'astronome américain Nicholas Sanduleak. Les géantes bleues résultent probablement de l'évolution de certaines géantes rouges qui étaient considérées, jusque-là, comme étant les seules susceptibles de donner naissance à une supernova de ce type. La température effective d'une telle géante bleue est d'environ 12000° K. Son rayon — plus petit que celui d'une géante rouge — était vraisemblablement de l'ordre du tiers du rayon de l'orbite de Mercure. Sa masse devait être de 13 à 20 fois la masse du Soleil. La luminosité de SN 1987A a varié d'une façon inattendue en fonction du temps. Après la croissance et la diminution rapide des tout premiers jours, son éclat augmenta régulièrement pendant près de 80 jours, pour atteindre un maximum à une magnitude d'environ trois et décroître par la suite avec la période de 77 jours du cobalt 56. L'augmentation de luminosité jusqu'au mois de mai pourrait être due à l'effet du rayonnement provenant de l'intérieur de l'étoile et à une diminution, au cours du temps, de l'opacité de la matière qui l'entoure. La luminosité maximum, atteinte autour de la fin mai, demeurait cependant plus faible que celle d'une supernova classique de type II.

S'agissait-il d'un nouveau type de supernova ou d'une variante d'un des deux types connus ? Les astrophysiciens se mirent au travail pour expliquer les caractéristiques observées. Le centre de la supernova était encore, en grande partie, caché par tous les gaz à haute température et toutes les poussières projetés dans l'espace à une vitesse de plusieurs milliers de kilomètres par seconde.

Il existe cependant des particules capables de traverser de grandes quantités de matière. Il s'agit des neutrinos pour lesquels la masse de la Terre par exemple est un obstacle pratiquement imperceptible. Il se trouvait que les équipes de physiciens, qui étaient à l'affût d'une éventuelle désintégration du proton et avaient construit, dans ce but, de très grands détecteurs, étaient capables de mettre en évidence ces particules ténues. Plusieurs expériences étaient en état de veille, à des centaines de mètres sous terre pour échapper aux rayonnements parasites, enregistrant sur des bandes magnétiques tout événement intéressant. Au moment de l'explosion de la supernova, quatre groupes étaient en mesure de faire des observations, tous dans l'hémisphère Nord : une équipe au Japon, à Kamiokande II, la collaboration américaine Irvine-Michigan-Brookhaven au fond d'une mine de sel près de Cleveland, un groupe de physiciens de Turin et de Moscou dans un observatoire souterrain sous le Mont-Blanc et une équipe à Baksan, en U.R.S.S.

Dès l'annonce, par l'Union Astronomique Internationale, de l'observation optique, les physiciens des particules se mirent en devoir d'analyser dans ce sens leurs bandes magnétiques enregistrées dans les heures précédant le cliché de Ian Shelton. Les équipes japonaises et américaines obtinrent des résultats concordants. Elles mirent en évidence, le 23 février 1987, à 7 h 35, temps universel, quelques heures avant le début de l'observation optique, un pulse de neutrinos consistant, pour les Japonais, en 11 événements en 13 secondes, dont les 9 premiers en 2 secondes seulement, et 8 événements en 6 secondes pour les Américains : le cœur des détecteurs comprenait plusieurs milliers de tonnes d'eau pure regardée par des centaines de photomultiplicateurs. Les neutrinos, comme je vous l'ai dit, ont très peu d'interaction avec la matière ; très rarement l'un d'eux interagit en donnant naissance à un électron positif (par radioactivité inverse) ou négatif (par diffusion), qui est alors observé par les

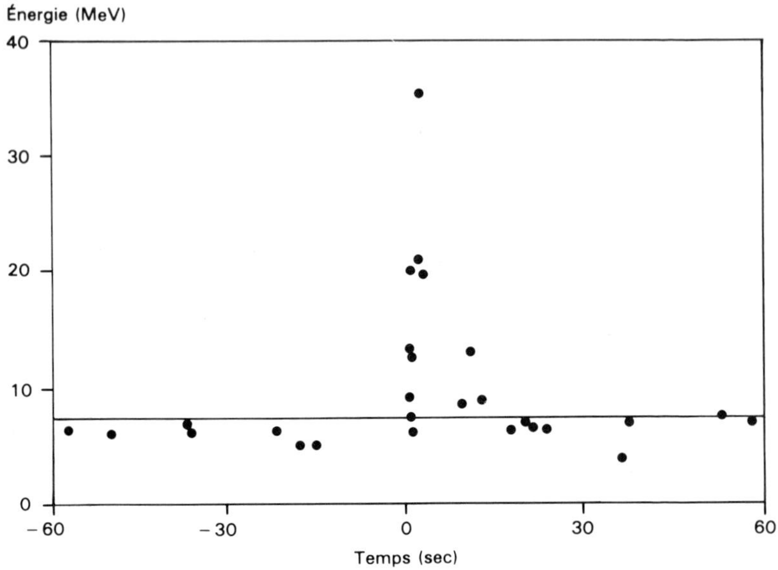

Neutrinos observés par le détecteur de Kamiokande II. En ordonnée, énergie du neutrino, en abscisse temps (en secondes) avant et après l'explosion (marquée par le temps 0). La ligne de base correspond à l'énergie-seuil retenue (d'après un dessin de A.K. Mann, collaboration Kamiokande, *Physics-Today*, août 1987).

photomultiplicateurs. Le porte-parole de l'expérience américaine, Frédérick Reines — celui qui, plus de 30 ans plus tôt, avait, avec George Cowan, détecté pour la première fois les neutrinos — a pu dire : « 170 000 années après l'explosion, 30 millions de milliards de neutrinos sont passés à travers le volume de notre détecteur, et 8 seulement ont été détectés. »

Ajoutons que la très courte durée des deux pulses de neutrinos observés à Cleveland et à Kamiokande a permis, compte tenu de l'énergie mesurée, de fixer une limite supérieure d'environ 20 électron-volts à la masse du neutrino. Les expérimentateurs soviétiques de Baksan ont vu 5 événements, en accord, semble-t-il, avec les équipes précédentes. Les expérimentateurs du Mont-Blanc ont observé 5 événements, situés, pour une raison non encore expliquée, plusieurs heures avant les observations des autres groupes.

Le calcul de l'énergie gravitationnelle libérée par un coeur de 1,4 masse solaire, qui s'effondre pour former une étoile à neutrons de 10 kilomètres de rayon, donne environ 3. 10^{53} ergs. Ce que l'on retrouve sous forme d'énergie cinétique de la matière projetée par l'explosion et d'énergie des différents rayonnements électromagnétiques émis par la supernova correspond tout au plus à quelques 10^{51} ergs. On s'attendait donc à ce que 99 % de l'énergie soit émise sous forme de neutrinos. Or, partant du nombre de neutrinos détectés, et tenant compte de leur énergie, de l'efficacité de leur détection, de tous les types de neutrinos qui peuvent être émis dans toutes les directions, on arrive effectivement à une énergie totale de neutrinos de l'ordre de 3.10^{53} ergs. C'est là un accord presque miraculeux, compte-tenu de toutes les hypothèses faites !

Au fur et à mesure que la matière éjectée par l'explosion se disperse dans l'espace, elle devient moins épaisse et donc plus transparente aux différents rayonnements ; la supernova devrait finir par nous révéler, par l'intermédiaire d'un pulsar, une éventuelle étoile à neutrons en son centre. Elle nous a déjà dévoilé l'un de ses secrets : grâce notamment à un satellite américain, on pense avoir observé, quelques mois après l'explosion, les raies gamma caractéristiques de la radioactivité du cobalt 56, preuve directe de la formation du fer 56 par nucléosynthèse stellaire. Des mesures dans l'infra-rouge confirment ces résultats. Le cobalt 56 provient de la décroissance radioactive du nickel 56. La quantité de nickel 56 formé lors de l'explosion de la supernova, à la limite entre le coeur de fer et la couche de silicium, est évaluée à 7/100 de masse solaire, ce qui expliquerait la courbe de lumière mesurée. Les observations de la supernova de 1987 vont se poursuivre encore pendant des années.

L'évolution des étoiles et l'explosion des supernovae constituent donc des mécanismes très puissants de formation d'éléments lourds à partir des éléments les plus légers. Les supernovae sont des sortes de chaudières de formation des noyaux lourds que l'explosion dispersera ensuite dans l'espace, ensemençant leurs galaxies. Le fer de nos globules rouges, par exemple, ou celui traité dans nos aciéries, provient ainsi des supernovae qui ont éclaté avant la formation de la Terre et du système solaire.

On a déterminé, avec une précision croissante, l'abondance relative des éléments et des différents isotopes de chaque élément dans le système solaire, y compris dans les météorites qui, de temps en temps, percutent notre globe. Des mesures ont aussi été faites de spectres d'étoiles lointaines, et l'on parle parfois de courbe universelle d'abondance des éléments, bien que, naturellement, il ne s'agisse que des objets observables qui ont pu être réellement mesurés, et que, dans certains cas, quelques différences significatives aient pu être mises en évidence. Cette courbe nous renseigne sur la nucléosynthèse, c'est-à-dire sur la formation et l'évolution des éléments formant l'Univers autour de nous.

A l'origine de l'Univers, il y eut, pense-t-on, une énorme explosion, baptisée « big-bang », à partir de laquelle se seraient formés l'hydrogène, l'hélium et peut-être une partie du lithium. Les autres éléments sont continûment formés, nous venons de le voir, par les étoiles des différents types ; certains sont produits d'une manière beaucoup plus soudaine dans les explosions mêmes des supernovae. On ne peut pas imaginer autrement la formation des éléments plus lourds que le fer, jusqu'à l'uranium. Différents processus, plus ou moins complexes, ont été proposés, et plusieurs concordances spectaculaires entre prédictions théoriques et observations ont été obtenues. Par exemple, les éléments plus lourds que le bismuth sont instables, et, jusqu'au thorium, ont des périodes de décroissance trop courtes pour avoir pu subsister depuis la formation de notre système solaire. La présence de noyaux de thorium et d'uranium ne s'explique actuellement que par l'intermédiaire de l'absorption soudaine et quasi-simultanée d'un grand nombre de neutrons produits lors des explosions de supernovae, et d'une succession de désintégrations radioactives.

Cette explication de la formation des éléments conduit à l'enrichissement progressif de la matière de notre galaxie en éléments plus lourds que l'hélium. La matière dispersée dans l'espace peut, dans certaines conditions, par l'effet de la gravitation, se condenser à nouveau en étoiles, dont on a ainsi des générations successives. Notre Soleil, d'après sa composition, serait une étoile de deuxième ou de troisième génération. Beaucoup de phénomènes restent cependant encore à élucider.

Le rayonnement cosmique primaire (on l'appelle ainsi avant qu'il ait interagi avec l'atmosphère), a deux composantes : l'une, d'origine solaire et l'autre, de plus haute énergie, qui provient, en majeure partie, de l'explosion des supernovae.

L'interaction de ces rayonnements de grande énergie avec les noyaux de la matière interstellaire rencontrée produit, en particulier, le lithium 6, le beryllium et le bore (très peu abondants) observés dans l'Univers. On dit couramment que l'espace interstellaire est vide, mais le vide n'est jamais parfait. La densité de matière interstellaire est extrêmement faible (de l'ordre de 0,1 particule par centimètre cube), mais les parcours des rayonnements cosmiques à travers la galaxie sont énormes (de l'ordre de plusieurs dizaines de milliards de milliards de kilomètres, soit plus de dix fois le diamètre de notre galaxie, par suite des chocs successifs et de la traversée de champs magnétiques).

La matière vivante est en évolution constante. Cette évolution résulte d'une suite continue de mutations suivies de sélections naturelles. Les causes de mutation sont multiples. L'une d'entre elles est constituée par les effets des rayonnements ionisants naturels qui, par l'énergie libérée au niveau moléculaire, cassent et transforment des chaînes de molécules biologiques. Les rayons cosmiques représentent une partie de ce rayonnement naturel auquel toute vie est soumise. On s'est ainsi posé la question de savoir quelle fraction — peut-être faible au demeurant — des mutations dans le passé serait due au rayonnement cosmique issu des supernovae.

Après un moment de silence, des exclamations et des remarques fusèrent. Les conversations s'engagèrent jusqu'à ce que la salle soit remplie d'un joyeux brouhaha. Un grand nombre de questions nous furent posées. Il y avait beaucoup de réponses à donner, les unes toutes simples, d'autres demandant un plus long développement. Tout au long de la semaine, un courant de sympathie s'était établi entre nos deux groupes. On échangea des adresses et on promit de s'écrire. Puis, comme il se faisait tard, on se résolut à prendre le chemin des chalets.

Dehors tout était calme sous la neige. Cette tranquillité cachait une agitation dont on ne soupçonnait pas d'ordinaire l'existence. C'est vrai, remarqua l'un de nous ; tout est mouvement, aussi bien dans l'infiniment petit que dans l'infiniment grand.

C'était notre dernière nuit à Ustebu. Involontairement, les regards se dirigèrent vers le ciel. Les étoiles scintillaient dans la nuit glacée. Peut-être un événement extraordinaire s'était-il produit dans l'un de ces astres lointains, il y a plusieurs milliers d'années ? Les particules et les grains de lumière qui en témoigneraient étaient alors déjà en route, mais ils ne nous parviendraient que dans un an, dans un siècle ou dans dix mille ans...

ANNEXES

QUELQUES COURTES BIOGRAPHIES

: lauréat du prix Nobel

ALBERT LE GRAND

(Lauingen, au bord du Danube, vers 1193 - Cologne 1280)

L'un des grands érudits du Moyen Age : philosophe, naturaliste et théologien. Il a comme disciple Saint-Thomas d'Aquin. Réhabilitant l'œuvre d'Aristote et s'appuyant sur les connaissances des savants arabes et des rabbins, Maître Albert s'intéresse aux sciences naturelles et à l'alchimie. Provincial de l'ordre des dominicains, il arbitre des conflits importants de son époque. Il est canonisé en 1931.

ARCHIMÈDE

(Syracuse 287 av. J.-C. - 212 av. J.-C.)

Sans doute le plus grand savant de l'Antiquité. Mathématicien (calcul des très grands nombres, détermination de la valeur de π*), il est particulièrement connu pour ses travaux de géométrie. Physicien et mécanicien, il fonde l'hydrostatique (principe d'Archimède) et développe de nombreuses applications.*

HENRI BECQUEREL 1903 avec P. et M. Curie

(Paris 1852 - Le Croisic 1908)

Professeur au Muséum et à l'École Polytechnique, il mène des travaux sur la polarisation de la lumière, le magnétisme et la phosphorescence. Il découvre, en 1896, les rayonnements émis spontanément par l'uranium (radioactivité naturelle).

HANS A. BETHE 1967

(Strasbourg 1906)

Physicien nucléaire et astrophysicien américain d'origine allemande. Sa découverte de deux cycles de réactions nucléaires explique l'origine de l'émission continue d'énergie par le Soleil et les étoiles : le cycle du carbone (en même temps que C.F. von Weizsäcker) et la chaîne proton-proton (avec C.L. Critchfield).

NIELS BOHR 1922

(Copenhague 1885-1962).

Physicien théoricien danois. Il imagine un nouveau modèle

de l'atome (modèle de Bohr) s'appuyant sur la mise en évidence du noyau par Rutherford. A Copenhague, il constitue autour de lui une école fameuse de physique théorique. Il développe la mécanique quantique et introduit le principe de complémentarité. Il conçoit le modèle du noyau composé. Il établit, en 1939, la théorie du phénomène de fission (avec J.A. Wheeler).

JOHANN FRIEDRICH BÖTTGER
(Schleiz 1682 - Dresde 1719).

Apprenti pharmacien à Berlin, il fait des expériences d'alchimie. Prisonnier d'Auguste II le Fort, Electeur de Saxe, qui veut le contraindre à fabriquer de l'or. Sur les conseils de E.W. Tschirnhaus, il se consacre à la fabrication de la porcelaine qu'il réussit à obtenir pour la première fois en Europe, au début de 1708. Fondateur de la manufacture de porcelaine de Meissen.

LOUIS DE BROGLIE N 1929
(Dieppe 1892 - Paris 1987)

Physicien théoricien français. Il établit, en 1924, les bases de la mécanique ondulatoire. Partant de la dualité onde-corpuscule de la lumière, il prédit que l'on peut, de la même manière, associer une onde à toute particule en mouvement. Cette hypothèse fut confirmée par la découverte de la diffraction des électrons.

JAMES CHADWICK N 1935
(Manchester 1891 - Cambridge 1974)

Physicien expérimentateur anglais. Il montre, en 1914, que le spectre en énergie des électrons de la radioactivité bêta est continu. A la suite des expériences de Frédéric et Irène Joliot-Curie, il met en évidence l'existence du neutron, constituant fondamental du noyau de l'atome.

SUBRAHMANYAN CHANDRASEKHAR N 1983
(Lahore 1910)

Astrophysicien américain d'origine indienne. Il est l'auteur de travaux sur la stabilité et la structure interne des étoiles aux différentes phases de leur évolution. On lui doit la démonstration de l'existence d'une masse critique, dite masse de Chandrasekhar, au-delà de laquelle une étoile s'effondre sur elle-même.

NICOLAS COPERNIC
(Torun 1473 - Frauenburg 1543)

Astronome polonais, chanoine de Frauenburg. Il bouleverse l'astronomie en développant, dans son ouvrage capital, « De revolutionibus orbium caelestium », publié quelques jours avant sa mort, la thèse selon laquelle les planètes et la Terre, tout en tournant sur elles-mêmes, tournent autour du Soleil.

MARIE CURIE-SKLODOWSKA (N) 1903 avec P. Curie et H. Becquerel — (N) 1911
(Varsovie 1867-Sallanches 1934)

Chimiste et physicienne française d'origine polonaise. Elle découvre, avec Pierre Curie, en 1898, deux nouveaux éléments particulièrement radioactifs, le polonium et le radium, dont elle avait postulé l'existence. Première femme professeur à la Sorbonne en 1906, fondatrice de l'Institut du Radium de Paris, elle détermine le poids atomique du radium.

PIERRE CURIE (N) 1903 avec M. Curie et H. Becquerel
(Paris 1859 - 1906)

Auteur de travaux sur les cristaux, sur les lois de symétrie et sur le magnétisme (point de Curie). Il découvre, avec son frère Jacques, le phénomène de piézo-électricité. On lui doit la découverte, en collaboration avec Marie Curie, du polonium et du radium. Il étudie l'émission d'énergie par le radium et ses applications médicales.

DÉMOCRITE
(Abdère vers 460 av. J.C. - vers 370 av. J.C.)

Philosophe grec. Auteur, à la suite de Leucippe, de la première théorie atomiste, considérée comme le premier système philosophique matérialiste ; il affirme que les corps sont faits de particules extrêmement petites, insecables, les atomes, en mouvement, accrochés les uns aux autres dans le vide.

PAUL ADRIEN MAURICE DIRAC (N) 1933
(Bristol 1902 - Floride 1984)

Physicien théoricien anglais. Il développe la mécanique quantique sur une base fondamentale et formule l'équation relativiste de l'électron, en 1928, qui prédit l'existence de particules et d'anti-particules dont il prévoit les propriétés. Sa théorie des systèmes à plusieurs particules conduit à la statistique de Fermi-Dirac pour les corpuscules de spin $\frac{1}{2}$.

ALBERT EINSTEIN 1921
(Ulm 1879 - Princeton 1955)

D'origine allemande, naturalisé suisse puis américain, un des plus grands physiciens et penseurs des temps modernes. Il se rend célèbre, en 1905, par l'étude du mouvement brownien, l'explication de l'effet photoélectrique et la théorie de la relativité restreinte. Une des conséquences de ses résultats sera l'équivalence entre masse et énergie : $E = mc^2$. Il développe la théorie de la relativité générale et s'efforce, par la suite, de parvenir à une théorie unitaire englobant gravitation et électromagnétisme. En 1939, sur les instances de L. Szilard, il avertit Roosevelt des implications de la découverte de la fission de l'uranium.

ENRICO FERMI 1938
(Rome 1901 - Chicago 1954).

Physicien théoricien et expérimentateur, il développe une nouvelle statistique quantique pour les particules de spin $\frac{1}{2}$. Il élabore la théorie de la radioactivité bêta. En utilisant des neutrons, il découvre un grand nombre de nouveaux radioéléments artificiels. Il étudie la réaction en chaîne et construit la première pile atomique qui diverge à Chicago, en décembre 1942. Après la guerre, il se consacre à l'étude de la production et des propriétés des mésons.

GALILEO GALILÉE
(Pise 1564 - Arcetri 1642)

Mathématicien, physicien et astronome italien. Il découvre les lois de l'oscillation du pendule, de la chute des corps et de la trajectoire des projectiles. Ses observations, à la lunette, de la Lune et du Soleil dont il découvre la rotation, ainsi que sa découverte des quatre Lunes de Jupiter lui permettent d'apporter la preuve que la Terre tourne autour du Soleil. Condamné à abjurer, en 1633, il aurait dit : « Et pourtant, elle se meut ! »

GEORGE ANTONY GAMOW
(Odessa 1904 - États-Unis 1968)

Venu à Göttingen en 1928, il utilise la nouvelle mécanique quantique pour la théorie de la radioactivité alpha. Il propose, à Copenhague, le modèle nucléaire de la goutte liquide. Aux États-Unis à partir de 1934, il développe la théorie de la radioactivité bêta puis se tourne vers l'astrophysique. Il travaille ensuite en biochimie et propose un code génétique déterminé par l'A.D.N.

MURRAY GELL-MANN (N) 1969

(New-York 1929)

Théoricien américain spécialiste des particules élémentaires. Il introduit un nouveau nombre quantique, l'étrangeté. Il développe ensuite, en utilisant la théorie mathématique des groupes, une nouvelle classification des particules basée sur le modèle des quarks. Cette théorie lui permet de prédire l'existence de nouvelles particules.

SAMUEL ABRAHAM GOUDSMIT

(La Haye 1902 - Reno 1978)

Physicien américain d'origine hollandaise. Il postule en 1925, avec George Uhlenbeck, l'existence du spin de l'électron, introduisant ainsi un nouveau nombre quantique. Il enseigne à l'Université du Michigan à partir de 1927. Responsable scientifique de la mission Alsos (1944-1945) chargée d'évaluer l'avancement des travaux atomiques allemands pendant la guerre.

OTTO HAHN (N) 1945

(Francfort-sur-le-Main 1879 - Göttingen 1968)

Chimiste allemand. On lui doit la découverte du radiothorium, du mésothorium, puis, en 1917, du protactinium avec Lise Meitner. Il met en évidence le phénomène d'isomérie nucléaire. En décembre 1938, avec F. Strassmann, il découvre la fission de l'uranium. Président de la Société Kaiser Wilhelm en 1946, il la transforme en Société Max Planck dont il devient le premier Président.

ADOLF VON HARNACK

(Dorpat en Estonie 1851 - Heidelberg 1930)

Historien allemand du christianisme primitif et théologien. Il accorde une importance essentielle au témoignage historique pour l'étude des origines du christianisme. Directeur de la Bibliothèque Royale de Prusse. Il conçoit et propose le premier organisme de recherche allemand créé en 1911, sous le nom de Société Kaiser Wilhelm. Il en sera le premier Président jusqu'en 1930.

WERNER HEISENBERG 1933
(Würzburg 1901 - Munich 1976)

Physicien théoricien allemand. Il développe, à Copenhague et à Göttingen, la mécanique quantique en utilisant une représentation matricielle et formule les relations d'incertitude. Après la découverte du neutron, il établit le modèle moderne du noyau. Il fut l'un des responsables des travaux atomiques allemands pendant la guerre.

FRÉDÉRIC JOLIOT 1935 avec I. Joliot-Curie
(Paris 1900 - 1958)

Après des travaux sur la projection de protons il découvre, avec Irène Joliot-Curie, la radioactivité artificielle. En 1939, il démontre la possibilité d'une réaction en chaîne dans l'uranium et s'efforce, avec H. von Halban et L. Kowarski, de réaliser une pile atomique. Directeur du C.N.R.S. en 1944, premier haut-commissaire à l'énergie atomique en 1945. Auteur de l'appel de Stockholm pour l'interdiction de l'arme atomique.

IRÈNE JOLIOT-CURIE 1935 avec F. Joliot
(Paris 1897 - 1956)

Fille de Pierre et Marie Curie. Ses travaux, avec son mari, sur la projection des protons, conduisent J. Chadwick à la mise en évidence du neutron. Avec F. Joliot, elle découvre, en 1934, la radioactivité artificielle. Elle étudie les radioéléments produits par l'action des neutrons sur l'uranium. Premier sous-secrétaire d'État à la recherche scientifique, en 1936.

JOHANNES KEPLER
(Weil der Stadt 1571 - Ratisbonne 1630)

Astronome allemand. A la suite des persécutions religieuses, il se réfugie à Prague, auprès de Tycho Brahé auquel il succédera, en 1601, comme astronome de Rodolphe II. Sur la base des observations de Tycho Brahé, Kepler formule ses célèbres lois, dont la loi des orbites elliptiques et la loi des aires.

LEV DAVIDOVITCH LANDAU 1962
(Bakou 1908 - Moscou 1968)

Physicien théoricien soviétique. Il crée une école de physique théorique et rédige, avec E. M. Lifschitz, un remarquable traité de physique théorique. Connu particulièrement pour ses travaux sur le magnétisme, sur la physique nucléaire, sur les très basses températures, la superfluidité de l'hélium II et les transitions de phase.

LISE MEITNER

(Vienne 1878 - Cambridge (G.-B.) 1968)

Physicienne autrichienne. Travaillant avec O. Hahn, à Berlin, à partir de 1907, elle découvre avec lui le protactinium. A partir de 1935, elle recherche, avec O. Hahn, d'éventuels radioéléments transuraniens. Réfugiée à Stockholm, en 1938, elle propose, avec son neveu O. Frisch, l'explication du phénomène de fission sur la base du modèle de la goutte liquide.

DIMITRI IVANOVITCH MENDELEÏEV

(Tobolsk 1834 - Saint-Pétersbourg 1908)

Chimiste russe. Il établit, en 1869, une classification périodique des éléments. Il y laisse des cases vides pour des éléments chimiques encore inconnus dont il prédit les propriétés et qui furent effectivement découverts par la suite. Il fut le promoteur du système métrique en Russie.

ROBERT ANDREWS MILLIKAN 1923

(Illinois 1868 - Californie 1953)

Physicien américain. Il détermine la charge élémentaire de l'électron au moyen d'une expérience célèbre et étudie l'effet photoélectrique, obtenant ainsi la valeur de la constante de Planck. Il mène différentes expéditions à travers le monde pour étudier l'effet de latitude du rayonnement cosmique.

ISAAC NEWTON

(Woolsthorpe 1642 - Kensington 1727)

Illustre mathématicien, physicien et astronome anglais. On lui doit une théorie de la lumière, l'étude de la lumière blanche et sa décomposition en couleurs. Il développe la mécanique et élabore, indépendamment de Leibniz, les fondements du calcul différentiel et intégral. Il publie, en 1687, son livre majeur « Principes mathématiques de la philosophie naturelle », dans lequel est exposée sa théorie de l'attraction universelle.

ROBERT OPPENHEIMER

(New York 1904 - Princeton 1967)

Physicien théoricien américain. Après des travaux sur l'atome et les rayons cosmiques, les forces et les réactions nucléaires, il devient, en 1943, le directeur du centre de recherches de Los Alamos, où se construit la bombe atomique américaine. Après la guerre, il s'oppose à la construction d'une bombe à hydrogène.

BERNARD PALISSY

(Près d'Agen vers 1510 - Paris 1589 ou 1590)

Arpenteur, verrier, céramiste, il réussit, après de longues années d'un travail épuisant, à découvrir un nouveau procédé de fabrication de la faïence émaillée. Il est aussi un géologue connu pour ses observations sur les fossiles et donne des cours publics à Paris. Refusant d'abjurer la religion protestante, il meurt emprisonné à la Bastille.

WOLFGANG PAULI 1945

(Vienne 1900 - Zurich 1958)

Physicien suisse, d'origine autrichienne. Après avoir rédigé, à l'âge de vingt ans, un remarquable exposé sur la théorie de la relativité, il participe à l'élaboration de la mécanique quantique. Il formule le principe d'exclusion qui porte son nom. Pour expliquer le spectre continu en énergie de la radioactivité bêta, il postule l'existence du neutrino repris par E. Fermi. Il travaille aux États-Unis de 1935 à 1954.

JEAN PERRIN 1926

(Lille 1870 - New York 1942)

Physicien français, auteur de l'expérience qui montra, en 1895, que les rayons cathodiques sont formés de particules chargées négatives, ouvrant la voie à la découverte de l'électron par J. J. Thomson. Il étudie la thermodynamique et le mouvement brownien, déterminant la valeur du nombre d'Avogadro. Un des fondateurs du Centre National de la Recherche Scientifique (C.N.R.S.).

MAX PLANCK 1918

(Kiel 1858 - Göttingen 1947)

Physicien théoricien allemand. Il étudie la thermodynamique et le rayonnement du corps noir. Il établit la théorie des quantas en 1900 et introduit le quantum élémentaire d'ac-

tion, appelé par la suite constante de Planck. La théorie des quantas conduit à montrer que la lumière consiste en grains d'énergie. Le nom de Max Planck fut donné, après la guerre, à la Société Kaiser Wilhelm.

PLATON

(Athènes 428 av. J.-C. - 348 av. J.-C.)

Philosophe grec, élève de Socrate, il fut le maître d'Aristote. Il expose ses conceptions philosophiques, morales, politiques et cosmologiques dans ses « Dialogues ». Il crée, dans les jardins d'Akademios, près d'Athènes, l'Académie. Sa conception de l'origine et de la structure du monde est décrite dans le « Timée ».

CECIL POWELL 1950

(Tonbridge, dans le Kent 1903 - Italie 1969)

Physicien expérimentateur anglais. Il développe, à Bristol, l'utilisation des émulsions photographiques pour étudier les réactions nucléaires et les rayons cosmiques. Animateur de l'équipe qui découvre, en 1947, le méson π*, prédit par Yukawa. Il met en œuvre de grandes collaborations internationales, travaillant sur des émulsions emportées par des ballons. L'un des fondateurs du mouvement Pugwash.*

CLAUDE PTOLÉMÉE

(Fin du Ier siècle - Canope vers 168)

Astronome, mathématicien et géographe grec d'Alexandrie. Dans « l'Almageste », il développe un système mathématique très élaboré où toutes les planètes tournent autour de la Terre selon des épicycles. Il décrit plusieurs procédés de projection cartographique. Le système de Ptolémée fut utilisé jusqu'aux travaux de Copernic, Galilée et Kepler.

PYTHAGORE

(Né dans l'île de Samos, il vécut au cours de la première moitié du VIe siècle av. J.-C.)

Mathématicien et philosophe grec, fondateur d'une école et d'une communauté qui jouèrent un rôle à la fois scientifique, philosophique, religieux et politique. Il s'installe à Crotone, vers l'âge de quarante ans. Auteur de plusieurs découvertes de géométrie (théorème de Pythagore), il s'intéresse aux propriétés des nombres auxquels il attribue une vertu mystique. Il estime que le monde repose sur l'harmonie des nombres.

ERNEST RUTHERFORD Ⓝ 1908
(Nelson en Nouvelle-Zélande 1871 - Cambridge 1937)

Physicien expérimentateur anglais. Au Canada, il découvre, avec F. Soddy, que la radioactivité est la transmutation d'un élément en un autre avec émission de rayonnement. Il identifie la nature de la particule alpha. En 1911, il met en évidence le noyau de l'atome. Il réalise la première transmutation artificielle (réaction nucléaire). Il eut de remarquables élèves, en particulier, Hahn, Geiger, Moseley, Chadwick, Blackett, Cockroft et Walton.

ERWIN SCHRÖDINGER Ⓝ 1933
(Vienne 1877 - 1961)

Physicien théoricien autrichien, émigré en Irlande en 1938. A la suite des travaux de Louis de Broglie, il développe, en 1926, la mécanique ondulatoire et formule l'équation dite de Schrödinger. Il montre l'équivalence de la mécanique ondulatoire et de la mécanique des matrices de Heisenberg, qui constituèrent toutes deux les bases de la mécanique quantique.

FREDERICK SODDY Ⓝ 1921
(Eastbourne 1877 - Brighton 1956)

Chimiste anglais. Avec Rutherford, à Montréal, il établit la loi des transformations radioactives (transmutations spontanées). Il met en évidence l'existence d'isotopes. Il prouve, en 1914, que les éléments stables finaux des familles radioactives naturelles sont des isotopes du plomb.

LEO SZILARD
(Budapest 1888 - Californie 1964)

Physico-chimiste américain d'origine hongroise. En Grande-Bretagne, il découvre, avec Chalmers, un procédé de séparation chimique des noyaux radioactifs. Il vit aux États-Unis, à partir de 1937. Il étudie la réaction en chaîne de l'uranium et incite A. Einstein à alerter le président Roosevelt sur la possibilité de réaliser une bombe atomique. Il travaille au projet Manhattan. Il craint le développement de la course aux armements nucléaires et se tourne, à la fin de sa vie, vers la biologie moléculaire.

THALÈS

(Milet, fin du VIIe siècle et début du VIe siècle av. J.-C.)

Le plus ancien des philosophes grecs et le premier des Sept Sages de la Grèce. Fondateur de l'école ionienne. Mathématicien, physicien, astronome et géographe. Célèbre pour sa prédiction d'une éclipse de soleil en 585 av. J.-C. Il développe la géométrie (théorème de Thalès). Sa science est rationnelle ; il s'efforce de la dégager du mythe.

JOSEPH JOHN THOMSON 1906

(Cheetham Hill 1856 - Cambridge 1940)

Physicien anglais. Il détermine le rapport de la charge à la masse des rayons cathodiques et montre ainsi qu'ils sont constitués d'électrons. Auteur de nombreux travaux théoriques ; inventeur de plusieurs instruments, il réalise le premier spectrographe de masse et met ainsi en évidence l'existence de deux isotopes du néon.

TYCHO BRAHÉ

(Knudstrup (Danemark) 1546 - Prague 1601)

Astronome danois, connu pour l'étendue et la rigueur de ses observations effectuées encore à l'œil nu. Il découvre une étoile nouvelle (supernova) en 1572. Soutenu par le roi Frédéric II du Danemark, il construit l'observatoire d'Uraniborg et établit un catalogue d'étoiles. Appelé à Prague par l'empereur Rodolphe II, il fait venir auprès de lui J. Kepler auquel il transmet ses observations.

HIDEKI YUKAWA 1949

(Tokyo 1907 - Kyoto 1981)

Physicien théoricien japonais. S'efforçant de comprendre le mécanisme des forces nucléaires, il formule l'hypothèse de l'existence d'une nouvelle particule (appelée par la suite méson) dont il prédit les propriétés. On crut découvrir cette particule en 1937, mais elle ne fut effectivement mise en évidence qu'en 1947, lorsque Powell et son équipe découvrirent le méson π.

GLOSSAIRE

Atome : la plus petite partie d'un élément chimique pouvant participer à la formation d'une molécule. L'atome comprend un noyau central entouré d'électrons. La charge positive du noyau est compensée par la charge négative des électrons.

Barrière coulombienne : l'effet conjugué des forces nucléaires — fortes, attractives et à courte portée — et des forces électriques (dites coulombiennes) — à longue portée, répulsives entre particules de même charge — crée autour du noyau une « barrière de potentiel » pour toute particule chargée positivement venant de l'extérieur (projectile) ou de l'intérieur. Une telle particule peut passer au-dessus de la barrière si son énergie est suffisante, ou sinon la traverser avec une certaine probabilité (selon la mécanique quantique).

Baryon : on appelle ainsi l'ensemble des nucléons et des particules plus lourdes de spin demi-entier (1/2, 3/2...). Les baryons sont soumis à tous les types d'interactions.

Constante de Planck : cette constante, appelée h, est égale à $6{,}63.10^{-34}$ joules.seconde ou encore à $4{,}14.10^{-15}$ électron-volts.seconde. L'énergie d'un photon (quantum d'énergie) est égale à sa fréquence multipliée par la constante de Planck.

Deuterium : Hydrogène lourd découvert par H.C. Urey, en 1932. Le noyau de deuterium — le deuton — est composé d'un proton et d'un neutron. On peut le combiner avec l'oxygène pour faire de l'eau lourde.

Électron : l'un des constituants des atomes. Particule élémentaire chargée d'électricité négative. Sa masse correspond à 0,51 MeV. Un électron a un spin 1/2. Sa charge définit la charge unité.
Électron positif (ou *positon*) : particule élémentaire chargée d'électricité positive. Sa masse est égale à celle de l'électron. C'est l'anti-particule de l'électron.

Électron-volt (eV) : énergie acquise par une particule de charge unité traversant une différence de potentiel de 1 volt. Multiple : 1 million d'électronvolts ou MeV.

Énergie de liaison
Énergie de liaison totale : énergie nécessaire pour séparer un ensemble en ses constituants. Exemple : énergie de liaison d'un noyau qui peut être séparé en tous ses protons et neutrons. A l'inverse, cette énergie se trouve libérée quand tous ses constituants fusionnent pour former un noyau.
L'énergie de liaison par nucléon (voir p. 154) est l'énergie de liaison totale du noyau divisée par le nombre de ses nucléons.
Énergie de liaison d'un électron : énergie qu'il faut fournir pour arracher cet électron d'un atome.

Fission : réaction nucléaire dans laquelle un noyau lourd se scinde en deux noyaux plus légers (et plus stables) en libérant une quantité importante d'énergie.

Fusion : deux noyaux légers se fondent l'un dans l'autre en donnant un noyau plus lourd (et plus stable) avec libération d'énergie.

Impulsion (ou quantité de mouvement) : produit de la masse d'une particule par sa vitesse.

Ion : atome ou ensemble d'atomes auquel on a retiré ou ajouté un ou plusieurs électrons. Un ion porte donc des charges positives ou négatives. Ioniser veut dire : « créer des ions ».

Isotopes : noyaux ayant le même nombre de protons (donc appartenant au même élément chimique) mais qui diffèrent entre eux par le nombre de neutrons. Exemple : uranium 235 et uranium 238 ; ces isotopes ont tous deux 92 protons, le premier contient 143 neutrons et le second 146 neutrons.

Longueur d'onde : un rayonnement électromagnétique (comme la lumière) peut se représenter par une onde qui se propage ; sa longueur d'onde se déduit de la *fréquence de vibration* du rayonnement, selon la relation :
longueur d'onde × fréquence = vitesse de la lumière (soit 3.10^8 m/sec).

Magnitude : nombre caractérisant l'éclat relatif d'un astre. Par suite des très grandes différences d'éclat entre étoiles, on utilise, pour les magnitudes, l'échelle logarithmique. Les magnitudes négatives correspondent aux étoiles les plus brillantes.

Méson : défini à l'origine comme une particule de masse intermédiaire entre celles de l'électron et du proton. Il est soumis à l'interaction forte ; le spin du méson est entier (0,1...). Exemples : méson π, méson K.

Méson π (ou pion) : particule positive, négative ou neutre dont la masse est environ 276 fois celle de l'électron. C'est la particule de Yukawa. Des pions sont échangés en permanence entre nucléons dans un noyau. Le pion porte l'interaction forte. Son spin est 0.

Molécule : la plus petite partie d'un corps simple ou composé, susceptible d'exister à l'état isolé. Une molécule est formée d'atomes.

Moment cinétique : dans un mouvement de rotation autour d'un point, produit (vectoriel) de l'impulsion d'une particule par sa distance à ce point. Le moment cinétique est perpendiculaire au plan défini par l'impulsion et le point.

Muon : particule analogue à un électron lourd, produite dans le rayonnement cosmique, de charge positive ou négative. Sa masse est égale à environ 212 fois la masse de l'électron. Son spin est 1/2.

Neutrino : particule élémentaire de masse nulle ou extrêmement petite, dénuée de charge électrique, émise en particulier dans la radioactivité bêta. Le neutrino a un spin 1/2 et n'est soumis qu'à l'interaction faible.

Neutron : l'un des constituants des noyaux, dénué de charge électrique, de masse sensiblement égale à celle du proton. Spin 1/2.

Noyau : partie centrale de l'atome, de taille extrêmement petite, dans laquelle se trouve concentrée presque toute sa masse. Le noyau contient des protons (dont le nombre définit le numéro atomique de l'élément) ainsi que des neutrons.

Nucléon : nom générique donné aux protons et aux neutrons. Un noyau est formé de nucléons.

Parton : nom générique donné aux quarks et aux gluons.

Période : pour un corps radioactif donné ou radioélément, c'est toujours la même proportion des noyaux présents qui se désintègrent par unité de temps, avec émission de rayonnement. Cette propriété entraîne une loi exponentielle de décroissance, caractérisée par sa période, temps au bout duquel le nombre de noyaux présents a diminué de moitié.

Photon : grain élémentaire de lumière, ou plus généralement de rayonnement électromagnétique. Spin 1. Il porte l'interaction électromagnétique.

Proton : noyau de l'atome d'hydrogène ; l'un des constituants des noyaux des atomes, de charge positive. Sa masse est environ 1 840 fois celle de l'électron. Spin 1/2.

Quantique
Mécanique quantique : nouvelle mécanique développée par N. Bohr, W. Heisenberg, E. Schrödinger, P.A.M. Dirac... ; elle s'applique à la micro-physique (molécules, atomes, noyaux et particules élémentaires). Elle se distingue par certaines de ses lois de la mécanique classique, qu'elle rejoint cependant dans la limite des grandes dimensions, des faibles énergies et des nombres quantiques très élevés (voir chapitre IV).
Nombre quantique : en mécanique quantique, il caractérise les valeurs possibles, discrètes, d'une grandeur physique. Exemples : le spin, la charge, l'étrangeté, la couleur...

Quark : constituant élémentaire quasi-ponctuel des particules subissant l'interaction forte, tels les nucléons ou les mésons. On en connaît plusieurs « saveurs » (u, d, s...) ; les quarks se présentent sous différentes « couleurs ». Saveur et couleur sont des nombres quantiques.

Radioactivité : propriété du noyau d'un élément qui se transforme spontanément en noyau d'un autre élément par émission de rayonnement. On distingue la radioactivité naturelle (radioélément existant dans la nature), de la radioactivité artificielle (radioélément que l'on produit artificiellement).
Radioactivité alpha : un noyau radioactif de Z protons et N neutrons émet un noyau d'hélium (particule alpha) et se transforme ainsi en un autre noyau de Z-2 protons et de N-2 neutrons.
Radioactivité bêta : radioactivité dans laquelle un noyau émet — par interaction faible — un électron (positif ou négatif) et un neutrino ou anti-neutrino ; dans cette transformation, le noyau conserve le même nombre de nucléons, mais un proton se transforme en neutron ou vice-versa. Des particules élémentaires comme le neutron ou le pion se désintègrent aussi par ce type de radioactivité.

Réaction nucléaire : interaction d'une particule incidente (projectile) avec un noyau-cible dans laquelle projectile et cible changent d'état ou bien se désintègrent. Lorsqu'il n'y a pas de changement d'état, et que le projectile rebondit simplement sur la cible, on dit qu'il y a diffusion élastique.

Section efficace : mesure de la probabilité de réaction d'une particule-projectile avec une particule ou un noyau-cible. Si le projectile est considéré comme ponctuel, on peut représenter la particule ou le noyau-cible par un disque, de surface égale à la section efficace, perpendiculaire à la direction de la particule incidente ; si le projectile rencontre ce disque, la réaction considérée a lieu.

Spin : mouvement de rotation intrinsèque d'une particule (analogue à celui d'une petite toupie), représenté par un vecteur. La projection du spin d'un proton ou d'un électron sur un axe ne peut prendre que deux valeurs : + 1/2 ou − 1/2 de $h/2\pi$, correspondant à des rotations en sens inverse l'une de l'autre.

Quelques radioéléments lourds

Plutonium : élément transuranien (n'existant pas dans la nature) de numéro atomique 94. Son isotope de masse 239 est très fissile et a une période de 24 100 ans.

Polonium : élément de numéro atomique 84. Son isotope de masse 210 a une période de 138 jours et appartient à la famille du radium.

Radium : élément de numéro atomique 88. Son isotope de masse atomique 226 a une période de 1 600 ans et porte aussi le nom spécifique de radium.

Radon : élément de numéro atomique 86, gaz radioactif (émanation). L'isotope de masse atomique 222 de cet élément porte aussi le nom spécifique de radon ; il a une période de 3,8 jours et est le descendant direct du radium.

Thorium : élément de numéro atomique 90. Existe naturellement sous la forme du thorium 232, de période 14 milliards d'années, le parent de la famille du thorium.

Thoron : gaz radioactif (émanation) de la famille du thorium, de période 55 secondes. C'est l'isotope de masse 220 du radon.

Uranium : élément de numéro atomique 92. Existe naturellement sous la forme de deux isotopes : l'uranium 238 (à 99,3 %) de période 4,5 milliards d'années, le parent de la famille du radium, et l'uranium 235 (à 0,7 %) de période 700 millions d'années, particulièrement fissile, le parent de la famille de l'actinium.

Écriture des très grands et des très petits nombres : On les exprime par un nombre multiplié par une puissance de 10. Exemple : 4.10^9 (10^9 représente un 1 suivi de 9 zéros, soit 1 000 000 000). De même, 10^{-9} représente un 1 divisé par 10^9 soit 1/1 000 000 000).

BIBLIOGRAPHIE

Chapitre I

– Lancelot Hogben, *Les mathématiques pour tous,* Payot, Paris 1962.

– André Warusfel, *Les nombres et leurs mystères,* Le Seuil (Points-Sciences), Paris 1961.

– *Les penseurs grecs avant Socrate,* Garnier-Flammarion, Paris 1964.

– Platon, *Sophiste, Politique, Philèbe, Timée, Critias,* G.F. Flammarion, Paris 1969.

– *Le matin des mathématiciens,* entretiens présentés par Emile Noël, Belin, Paris 1985.

– Camille Flammarion, *Astronomie populaire,* Flammarion, Paris 1955.

Chapitre II

– Philippe Erlanger, *Rodolphe II de Habsbourg,* Librairie Académique Perrin, Paris 1983.

– Norman Feather, *Lord Rutherford,* Priory Press, Londres 1973.

– David Wilson, *Rutherford, simple genious,* Hodder and Stoughton, Londres 1983.

Chapitre III

– Bernard Palissy, *De l'art de terre,* Lumen Animi, Paris, nouvelle édition, 1930.

– Klaus Hoffmann, *Johann Friedrich Böttger,* Neues Leben, Berlin 1985.

– Marie Curie, *Pierre Curie,* Denoël, Paris, réédition 1955.

– *50 Jahre Kaiser-Wilhelm-Gesellschaft und Max-Planck-Gesellschaft zur Förderung der Wissenschaften,* Generalverwaltung der Max-Planck-Gesellschaft, Göttingen, 1961.

– Jean Perrin, *L'organisation de la recherche,* Hermann, Paris 1938.

Chapitre IV

– *Niels Bohr, his life and work as seen by his friends and colleagues,* edited by D.S. Rozental, North-Holland Elsevier, Amsterdam 1967.

– *Niels Bohr, a centenary volume,* edited by A.P. French and P.J. Kennedy, Harvard University Press, Cambridge Mass, 1985.

– *Niels Bohr et l'infiniment petit,* Impact (UNESCO, Paris), n° 137, vol. 35, n° 1, 1985.

Chapitre V

– *Yukawa, l'itinéraire intellectuel d'un physicien japonais,* Belin, Paris 1985.

– Hideki Yukawa, *Creativity and Intuition,* Kodansha International, Tokyo 1973.

– *The Birth of Particle Physics,* edited by Laurie M. Brown and Lillian Hoddeson, Cambridge University Press, Cambridge 1983.

– *Biographical Memoirs of the Royal Society : C.F. Powell.*

Chapitre VI

– Spencer S. Weart, *La grande aventure des atomistes français,* Fayard, Paris 1980.

– Pierre Radvanyi et Monique Bordry, *La radioactivité artificielle et son histoire,* Le Seuil (Points-Sciences), Paris 1984.

– *Leo Szilard : His version of the facts,* edited by Spencer Weart and Gertrud Weiss Szilard, The MIT Press, 1980.

– Rudolph Peierls, *Bird of Passage,* Princeton University Press, Princeton 1985.

– *Rapport de H.D. Smyth, L'énergie atomique et son utilisation militaire,* 12 août 1945, complété le 1er septembre 1945, Reviews of Modern Physics, vol 17, oct. 1945 et Éditions de la Revue d'Optique Théorique et Instrumentale, Paris 1946.

– Margaret Gowing, *Dossier secret des relations atomiques entre alliés, 1939-1945,* Plon, Paris 1965.

– Herbert Feis, *The Atomic Bomb and the end of World War II,* Princeton University Press, Princeton 1966.

– Samuel A. Goudsmit, *The history of Modern Physics : volume I, Alsos,* Tomash Publishers, Los Angeles 1983.

– Bertrand Goldschmidt, *Le complexe atomique,* Fayard, Paris 1980.

– Bertrand Goldschmidt, *Pionniers de l'atome,* Fayard, Paris 1987.

Chapitre VII

– Jacques Gernet, *La vie quotidienne en Chine, à la veille de l'invasion mongole,* Hachette, Paris 1978.

– Luo Guan-Zhong, *Au bord de l'eau,* NRF Gallimard (La Pleïade), Paris 1978.

– Jean-Baptiste Biot, *Études sur l'astronomie indienne et sur l'astronomie chinoise,* (nouveau tirage) Librairie Albert Blanchard, Paris 1969.

– David H. Clark et F. Richard Stephenson, *The Historical Supernovae,* Pergamon, New York 1977.

– G. Gamow et C.L. Critchfield, *Theory of atomic nucleus and nuclear energy sources,* Oxford University Press, Oxford 1949.

– *Le grand Atlas de l'Astronomie,* sous la responsabilité de Jean Audouze et Guy Israël, Encyclopaedia Universalis, Paris 1983.

– Virginia Trimble, *Supernovae,* Reviews of Modern Physics, Part I, the events, vol. 54, oct. 1982, p. 1183 ; Part II : the aftermath, vol. 55, avril 1983, p. 511.

– Hans Bethe et Gerald Brown, *L'explosion d'une supernova, Pour la Science,* n° 93, juillet 1985, p. 42.

– David Helfand, *Bang : the supernova of 1987, Physics-Today,* vol. 40, août 1987, p. 24.

– Adam Burrows, *The Birth of Neutron Stars and Black Holes, Physics-Today,* vol. 40, sept. 1987, p. 28.

INDEX

(B) : *nom de personnalité figurant dans les biographies*

RÉFÉRENCES DES ILLUSTRATIONS

p. 9 : Golberg's Flyfoto, Hønefoss **p. 17 :** J. Gagnerault **p. 45 :** Skoklosters Slott **p. 49 :** Roger-Viollet **p. 53 :** M. Dietrich Hahn **p. 63 :** Institut du Radium **p. 66 :** Roger-Viollet **p. 73 :** Archives du Laboratoire Curie **p. 74 :** Archives du Laboratoire Curie **p. 77 :** Archiv der MPG **p. 81 :** en haut et en bas, Archiv der MPG **p. 85 :** N. Choucroun **p. 86 :** Coll. du Palais de la Découverte **p. 87 :** Keystone-Sygma **p. 93 :** Aip Niels Bohr Library **p. 95 :** Roger-Viollet **p. 101 :** Aip Niels Bohr Library **p. 102 :** Aip Niels Bohr Library **p. 105 :** Aip Niels Bohr Library (P. Ehrenfest) **p. 115 :** Aip Niels Bohr Library **p. 117 :** P. Radvanyi **p. 118 :** Bibliothèque Nationale **p. 133 :** à gauche, PMS Blackett et J.-G. Wilson, *Proc. Roy. Soc.* (1937) ; à droite, G.D. Rochester et C.C. Butler, *Nature* 160 (1947) **p. 140 :** *Nature* 159 (1947) **p. 142 :** Coll. Mme S. Yukawa **p. 147 :** Rapho **p. 148 :** J.-L. Charmet **p. 151 :** Archives du Laboratoire Curie **p. 152 :** M. Dietrich Hahn **p. 157 :** Carnegie institution of Washington **p. 172 :** Coll. PPP/IPS **p. 179 :** Roger-Viollet **p. 182 :** BNL New York **p. 195 :** IPS/PPP **p. 197 :** Coll. Marie-Salsa Brossollet **p. 208 :** Coll. PPP/IPS **pp. 215 et 217 :** d'après A. Burrows, *Physics today,* sept. 1987, vol 40 **p. 223 :** en haut et en bas, European Southern Observatory.

Imprimé en France par Pollina, 85400 Luçon - n° 10489
N° d'édition : 1112-01 — Dépôt légal : septembre 1988